Traducción y tecnologías

Traducción y tecnologías

Antoni Oliver
Joaquim Moré
Salvador Climent (coordinador)

Diseño de la colección: Editorial UOC

Primera edición en lengua española: octubre 2008

Realización editorial: El Ciervo 96, S.A.
Impresión: xxxxxxxx

ISBN: 978-84-9788-740-3
Depósito legal:

Autores

Antoni Oliver
Profesor de los estudios de Lenguas y Culturas y coordinador académico del postgrado "Traducción y Tecnologías" de la Universitat Oberta de Catalunya. Es Doctor en Lingüística, licenciado en Filología Eslava e ingeniero técnico de telecomunicaciones. Su área de investigación se centra en la aplicación de técnicas de procesamiento del lenguaje natural a las tareas de traducción. Participa en la docencia en diversos másters y cursos de postgrado en la Universitat Autònoma de Barcelona y en la Universidad Pompeu Fabra.

Joaquim Moré
Licenciado en Filología Eslava y Máster en Lingüística Computacional. Actualmente trabaja como lingüista computacional en el Servicio Lingüístico de la Universitat Oberta de Catalunya. Su área de investigación se centra principalmente en la evaluación de sistemas de traducción automática y otros aspectos del procesamiento del lenguaje natural aplicados a la traducción. Ha participado en cursos de postgrado en la Universitat Autònoma de Barcelona.

Coordinador

Salvador Climent
Profesor de los estudios de Lenguas y Culturas y director del postgrado "Traducción y Tecnologías" de la Universitat Oberta de Catalunya. Es Doctor en Filología Románica y Máster en Lingüística Computacional por la Universitat de Barcelona.

Índice

Introducción

Las tecnologías se están introduciendo rápidamente en todas las actividades humanas. La traducción no es una excepción y, en los últimos años, han aparecido una gran cantidad de herramientas y utilidades que pueden facilitar enormemente el trabajo del traductor. Ante esta avalancha de diferentes productos, el traductor se puede sentir perdido y puede acabar escogiendo una herramienta que no sea la más adecuada para sus necesidades.

En los últimos años, el movimiento del software libre ha visto renovadas sus fuerzas y ha encontrado apoyo en instituciones, empresas, gobiernos y fabricantes de hardware. El mundo de las herramientas de traducción asistida no es ajeno a todo este movimiento. El uso de software libre ofrece numerosas ventajas a un traductor. Este manual pretende contribuir a la extensión del uso de software libre entre los traductores. El manual empieza con un capítulo dedicado íntegramente al software libre, y en las prácticas que proponemos utilizaremos mayoritariamente este tipo de herramientas.

Este manual se ha confeccionado a partir de los materiales de la asignatura "Traducción y tecnologías" del curso de postgrado del mismo nombre que ofrece la Universitat Oberta de Catalunya. La estructura y el grado de explicación que ofrece este manual permiten que se pueda utilizar en diversas situaciones: como material para un curso universitario de grado o postgrado, como material para el aprendizaje autodidacta o como lectura para todas aquellas personas con curiosidad hacia las tecnologías aplicadas a la traducción.

En este manual presentamos con detalle los siguientes temas:

- Una introducción detallada a los conceptos fundamentales relacionados con el software libre, con el objetivo que el lector sepa distinguir una aplicación de software libre y valorar las ventajas que proporciona.
- Las herramientas de traducción automática, para que el lector conozca las principales técnicas y sepa valorar en qué situaciones pueden resultar de utilidad el uso de estos sistemas.

- Las herramientas de traducción asistida por ordenador, en un sentido amplio. Conocer los rasgos distintivos que permiten clasificar los diferentes tipos de herramientas de traducción asistida.
- Se profundiza en el tema de las memorias de traducción con el objetivo de conocer las principales técnicas de creación y organización de memorias de traducción. Se presentan también las técnicas de alineación automática de documentos.
- La terminología, especialmente en lo que se refiere a la creación de recursos terminológicos y su organización. Dedicaremos una atención especial a las técnicas de extracción automática de terminología. También se presentan una gran cantidad de recursos terminológicos gratuitos o de libre acceso.
- Dedicamos también un capítulo a los corpus lingüísticos y, muy especialmente a aquellos usos de los corpus que puedan ser especialmente interesantes para los traductores.
- Se presenta con gran detalle la codificación de información con ordenador, especialmente el tema de la codificación de caracteres, con una atención especial a Unicode.
- Se ofrece una introducción a los lenguajes de marcaje HTML y XML.
- Se presenta una introducción a la localización de software, que pretende presentar todos aquellos aspectos imprescindibles para los traductores que quieran participar en proyectos de localización.

La segunda parte del manual está dedicada a las prácticas. Encontraréis prácticas dedicadas a aprender a utilizar diferentes herramientas de traducción asistida gratuitas, a crear glosarios terminológicos mediante extracción automática de terminología, a aprender a alinear documentos de manera totalmente automática, a aprender a combinar traducción asistida y traducción automática, etc.

Dado que las tecnologías avanzan muy rápidamente y constantemente aparecen nuevas herramientas de traducción asistida o bien nuevas versiones de herramientas ya existentes, este manual tiene una página web asociada (http://lpg.uoc.edu/tit). En esta página web podéis encontrar:

- Los enlaces para descargar las herramientas necesarias para realizar las prácticas y otras herramientas que puedan ser interesantes para el traductor.

- Los archivos necesarios para poder hacer las prácticas que proponemos en este manual.
- Los manuales de instalación y uso de los programas.
- Nuevos capítulos y nuevas prácticas.
- Información actualizada sobre las tecnologías aplicadas a la traducción.

Los autores y el coordinador de este manual esperan sinceramente que sea de interés para el lector y que contribuya a difundir el uso de herramientas de software libre entre los traductores.

Antoni Oliver

Capítulo I

Software y recursos libres y de libre distribución

Introducción

Algunos de los programas que presentamos en este manual son libres y otros son propietarios, aunque ofrecen la posibilidad de utilizar versiones de demostración, o bien delimitadas en tiempo o en funcionalidades. El uso del adjetivo "libre" referido al software puede provocar confusiones. En este capítulo pretendemos presentar los conceptos fundamentales relacionados con el software libre y de libre distribución.

Objetivos

- Presentar de la forma más precisa posible las nociones de "software libre" y "software de libre distribución".
- Situar al alumno en el tipo de software aplicado a la traducción que trataremos en este manual.
- Aprender a clasificar el software según su licencia de uso y distribución.

Contenido

1. ¿Software *libre* significa software gratuito?

A menudo los usuarios creen que un programa es *libre* si pueden adquirirlo gratis. Esto tiene mucha relación con el sentido ambiguo del adjetivo *free* (libre o gratuito) del término original *free software*. Pero los distribuidores de software y los usuarios que saben programar también valoran la libertad que da un producto para el cual no hay que pagar ninguna licencia, que se puede modificar y que, además, permite añadir nuevas utilidades.

Es en el sentido de *libertad* que debemos entender el *software libre* desarrollado y aprobado por la Fundación del Software Libre (Free Software Foundation, FSF). Los miembros de esta fundación no aceptan la relación de dependencia extrema entre los usuarios de software y la mayoría de las empresas que lo producen y lo venden. A causa de esta relación de dependencia, los usuarios están obligados a comprar nuevas versiones, licencias de uso e incluso, en casos extremos, tienen que comprarse un ordenador nuevo.[1] Esta relación de dependencia tan rentable económicamente para los productores de software sólo es posible si el código fuente del programa no está abierto; es decir, si el usuario no lo puede ver ni modificar. Si el usuario pudiera modificar el código fuente, podría adaptar el programa a sus necesidades, con lo que se ahorraría la compra de nuevas versiones.

1. A menudo los usuarios están sujetos al llamado *lock-in effect*, que es la situación en que un cliente depende completamente de un producto y no puede cambiarlo si no quiere asumir unos costes considerables.

Para la FSF, un programa es libre si los usuarios de este programa tienen las siguientes libertades:[2]

- La libertad de usar el programa, con cualquier propósito (libertad 0).
- La libertad de estudiar cómo funciona el programa, y adaptarlo a sus necesidades (libertad 1). La disponibilidad del código fuente es una condición previa para ello.
- La libertad de distribuir copias (libertad 2).
- La libertad de mejorar el programa y hacer públicas las mejoras, de manera que toda la comunidad se beneficie (libertad 3). El acceso al código fuente es un requisito previo para que esto sea posible.

Pero la FSF va más allá. La fundación no otorga el título de *programa libre* a un programa si existe una sola restricción en su uso y distribución. Un programa sujeto a la obligación de ser adquirido de forma gratuita ya no es un programa libre para la FSF. El usuario debe tener la libertad de distribuir copias, incluso con modificaciones, y lo puede hacer gratis o cobrando. Por lo tanto, el concepto de *software libre* no es incompatible con la venta de copias. De hecho, para la FSF es importante que su software sea comercial ya que los miembros de esta fundación deben contribuir con lo que puedan a esta comunidad, y la ayuda económica es fundamental. Por esta razón, cada miembro se compromete a dar una parte de sus ganancias a la Fundación o a un proyecto que desarrolle software libre.

Así pues, en el sentido de la FSF, software libre no significa necesariamente software gratuito.

2. Algunas precisiones

El criterio de la FSF para distinguir un *programa libre* es muy claro: un programa con restricciones de uso, de modificación o de distribución no es libre.

2. A www.gnu.org/philosophy/free-sw.es.html encontraréis la declaración de *software libre* de la FSF.

De todas maneras, éste es un criterio ético y no comercial. Fuera de la FSF, el adjetivo ambiguo *free* del término original free software se utiliza para subrayar los aspectos que pueden ser más atractivos para el usuario. Si el usuario potencial no es un programador, se potencia el sentido de gratuito mientras que si el usuario es un programador se potencia la libertad de acceso al código fuente para modificar el programa y también la libertad de distribuir comercialmente copias con sus modificaciones.[3] Esto significa que el adjetivo libre no es lo suficiente informativo como para saber si el programa es gratuito o simplemente es un programa cuyo código fuente es abierto, que puede ser modificado libremente, lo que no necesariamente implica que se pueda adquirir gratis. En definitiva, el término *software libre* (*free software*) provoca malentendidos.

Por esta razón, creemos que es conveniente distinguir los distintos tipos de software que son susceptibles de ser denominados *libres*, a pesar de que, como explicaremos, no lo sean en el sentido estricto de la FSF.

2.1. Software freeware

El *software freeware* no tiene una definición muy precisa. En principio, es un software que su autor ofrece de manera gratuita. Un ejemplo muy conocido de software *freeware* es el Adobe Acrobat Reader. Una herramienta de traducción freeware es Transit Satellite PE de la empresa STAR.[4]

No podemos decir que sea un *software libre* en el sentido de la FSF ya que el autor retiene sus derechos, por lo que el usuario no puede hacer nada que no esté explícitamente aprobado por el autor. Generalmente, el autor no permite que se haga un uso comercial del programa. Por otra parte, tampoco es un *software libre* en el sentido de la FSF porque su código fuente no es abierto.

3. Sobre los sentidos de *libre* es interesante el artículo *It depends what you mean by free* http://blog.thingoid.com/2003/09/free-software-meanings/

4. http://www.star-ag.ch

2.2. Software *shareware*, de demostración y *crippleware*

El software *shareware* está muy presente en Internet. Son programas que el usuario puede probar y que están sujetos a un límite temporal o a un límite de usos. Pasado el límite temporal o de usos hay que pagar una licencia para continuar utilizando este programa. Evidentemente, no es un software libre, en el sentido de la FSF.

Algunos programas llamados de demostración pueden ser utilizados sin restricción de tiempo o de usos, pero acostumbran a ser *crippleware*; es decir, algunas de las funciones del programa están bloqueadas (para desbloquearlas hay que pagar la licencia de uso), o bien los programas tienen limitadas sus capacidades. Un ejemplo es la versión de demostración del programa de traducción asistida WordFast.[5]

Estos programas tienen derechos de autor. Por lo tanto, nadie que no sea el propietario los puede vender. En principio, se pueden hacer copias para colegas o amigos, pero éstos deben pagar la licencia si quieren utilizar el producto una vez ha pasado el periodo de prueba o lo quieren utilizar con todas sus funcionalidades.

2.3. Software de dominio público

A diferencia de los dos tipos anteriores, el software de dominio público no tiene derechos de autor. Es un software gratuito del cual se pueden hacer tantas copias como se quiera sin pagar licencias y se puede usar en cualquier aplicación sin restricción. Por otra parte, el código fuente *puede* ser abierto, pero no es obligatorio. Por esta razón, no podemos decir que sea un software libre en el sentido de la FSF, ya que se pueden distribuir copias sin el código fuente. Ahora bien, aunque el autor entregue el programa con el código fuente abierto, nada impide que un usuario reciba una modificación del programa en forma de programa propietario o que su código fuente esté incluido en un programa no libre. Es un software que no está protegido con *copyleft*. Esto significa que sus condiciones de libre distribución iniciales pueden cambiar a lo largo del tiempo.

---

5. www.wordfast.net

2.4. Software de código fuente abierto

Es un software gratuito que se puede distribuir sin restricciones. Además, su código fuente es accesible y puede ser modificado y mejorado. Sin embargo, las personas que modifican, mejoran o adaptan el programa a sus necesidades deben ofrecer la nueva versión para que otros usuarios y desarrolladores de software de código abierto se beneficien de su trabajo. De todas maneras, para que un programa pueda ostentar con toda propiedad esta denominación, debe obtener el certificado que otorga la Open Source Initiative (OSI).[6] Un ejemplo de programa de código fuente abierto es la herramienta de traducción asistida ForeignDesk.[7]

Algunos identifican el software libre con el software de código fuente abierto. Los miembros de la FSF, sin embargo, no están de acuerdo. Richard Stallman, el fundador de la FSF, considera que la visión de la OSI es más pragmática que la de la fundación, que es de carácter más ético.[8] Por otro lado, según la FSF, algunas de las licencias de desarrollo de programas de código fuente abierto son contrarias al ideario de la Fundación.[9] Por estas razones, están muy interesados en que no se identifiquen los dos términos.

Se está buscando un término alternativo al de software de código fuente abierto que no dé a entender simplemente que el código puede ser consultado. A menudo se habla de *FOSS* (*free and open source software*) o *FLOSS* (*free/libre and open source software*).

2.5. Free Software

Llamamos *Free Software* a los programas aprobados por la FSF. Esta fundación se dedica principalmente a producir software que pueda funcionar en el sistema operativo GNU-Linux (también completamente libre). Esto no significa que no existan programas *free software* que se puedan ejecutar en Windows. Este software está concebido para ser utilizado por cualquier persona u organización en cualquier tipo de sistema informático y en cualquier clase de trabajo.

6. http://www.opensource.org/
7. http://www.foreigndesk.net
8. http://www.gnu.org/philosophy/free-software-for-freedom.es.html
9. http://www.gnu.org/philosophy/historical-apsl.html

Curiosamente, la FSF ha tenido mucho interés en desarrollar herramientas de traducción asistida free software (p.e.: gettext,[10] KBabel,[11] gtranslator[12]). Estas herramientas se han creado para que los traductores que participan en proyectos de traducción del software aprobado por la Fundación.

2.6. Software semilibre

Se trata de un software que no es libre en el sentido de la FSF pero que se puede utilizar, copiar, distribuir y modificar siempre y cuando el autor dé el permiso para hacerlo y el usuario no obtenga un beneficio económico.

2.7. *Warez*

Se llama así al software comercial que ha sido 'pirateado' (la protección de copia ha sido desactivada) y se encuentra disponible para el público en Internet. El uso y la distribución de este tipo de software es una práctica totalmente ilegal.

3. Tipología de software

Es evidente que hemos presentado un paisaje en el cual es fácil perderse en sutilezas. La tabla 1.1 pretende ser una hoja de ruta para situarnos. En este manual presentaremos principalmente los programas y recursos asequibles para los traductores sin condiciones ni restricciones por parte de sus propietarios. Englobaremos el software de estas características con el término genérico software de libre distribución. Dicho software se encuentra en la parte sombreada de la tabla 1.1.

10. http://www.gnu.org/software/gettext
11. http://kbabel.kde.org/
12. http://gtranslator.sourceforge.net/

Tabla 1.1. Tipología del software.

Legal	Con condiciones del propietario	Gratuito	Con un límite de tiempo y de uso	**Software *shareware***	
			Sin límite de tiempo ni de uso	*Crippleware*	**Software de demostración**
				No crippleware	**Software *freeware***
			Software semilibre		
		No gratuito	**Software privativo**		
	Sin condiciones del propietario	Gratuito	Con *copyleft*	Aprobado por la FSF	**Software *free software***
				Aprobado por la OSI	**Software de código fuente abierto**
			Sin *copyleft*	**Software de dominio público**	
		No gratuito	Con *copyleft*	Aprobado por la FSF	**Software *free software***
				Aprobado por la OSI	**Software de código fuente abierto**
No Legal	**Software *Warez***				

Hablaremos del software de libre distribución que está disponible con todas sus funcionalidades y capacidades. En realidad, nuestro objetivo es mostrar las herramientas que dan libertad al traductor. Entendemos que un programa da libertad al traductor si es lo bastante flexible como para responder eficazmente a situaciones nuevas y, además, el traductor no tiene una dependencia respecto al creador del programa. Lo deseable es que el traductor no deba adaptarse a las exigencias del autor del programa sino que sepa adaptar el programa a sus exigencias. Tan sólo es necesario que el usuario tenga las ideas claras sobre qué está haciendo.

Para un traductor sin conocimientos de programación no es importante saber si un programa de libre distribución es de código abierto, de dominio público o es libre en el sentido de la FSF. Creemos que lo que le interesa es que la adquisición del programa no le resulte un gasto importante (y si puede adquirirlo gratuitamente mucho mejor), que sea flexible y que responda a sus exigencias profesionales. ¿Qué hace que un programa sea flexible? Pues un detalle muy importante es que el programa permita al usuario trabajar con recursos que se encuentran fuera del entorno del programa (en Internet, por ejemplo).

4. Recursos gratuitos

En este manual también hablaremos de recursos gratuitos disponibles en Internet que pueden ser útiles para el traductor. Entre estos recursos mostraremos los servicios de consulta terminológica online y software llamado de libre acceso, como por ejemplo traductores automáticos accesibles vía Internet.

Conclusiones

Hemos visto que el término *libre* no implica necesariamente que el software sea gratuito sino que se aplica también a un software cuyo código puede ser consultado y modificado, aunque hayamos pagado el programa. Esto ha originado una compleja tipología de programas que, a menudo de forma imprecisa, han sido considerados como software libre. Los programas libres tienen como características fundamentales la posibilidad de distribuir copias, la no dependencia del usuario respecto al creador del programa, la posibilidad de adaptar el programa a las propias necesidades y de utilizar el programa para cualquier propósito. En capítulos posteriores también presentaremos recursos gratuitos de consulta disponibles en Internet.

Para ampliar conocimientos

Recomendamos la tesis doctoral de Stefan Koots, *Open Source Assesment* para situar en una perspectiva económica las categorías del software. La podéis encontrar en http://mice.uni-muenster.de/mers/mers4-OpenSource_en.pdf

También os recomendamos los documentos de la FSF, que encontraréis en http://www.gnu.org, especialmente los que explican su filosofía (http://www.gnu.org/philosophy/philosophy.html)

Si os interesa el tema de las herramientas de traducción *free software*, podéis echar una ojeada a *La Traducción en el mundo del Software Libre* de J. R. Fernández García, que encontraréis en http://granada.sourceforge.net/jasl3/ponencias/ponencia9.pdf.

Si os interesa tener un compendio de herramientas de traducción, podéis consultar el *Compendium of Translation Software* de J. Hutchins (2002), que podréis encontrar en http://ourworld.compuserve.com/homepages/WJHutchins/Compendium-3.pdf

Para profundizar mucho más en los conceptos de software libre podéis consultar los materiales de la asignatura *Introducción al software libre* que podéis descargar de http://www.uoc.edu/masters/oficiales/master_oficial_software_libre/master_oficial_software_libre_materiales.htm

Capítulo II

La traducción automática

Introducción

Este capítulo está dedicado a la traducción automática (TA). La TA es una disciplina de la Lingüística Computacional con una larga tradición y abordable desde diversos puntos de vista (informático, lingüístico, empresarial, etc.). Aquí presentaremos una visión muy general de la disciplina y hablaremos de los aspectos que consideramos que debe conocer una persona neófita en tecnologías lingüísticas, que tiene un conocimiento básico de la existencia de la traducción automática o que esporádicamente la ha utilizado (por ejemplo, cuando ha traducido una página web con el traductor automático que ofrecen algunas páginas de búsqueda).

Objetivos

- Tomar conciencia de las limitaciones de la TA pero también valorar su utilidad.
- Conocer los distintos tipos de sistemas de TA y sus metodologías.

Contenido

1. Los mitos de la traducción automática
2. Las limitaciones de los sistemas de TA
    2.1. Limitaciones que afectan a la inteligibilidad y la fidelidad
    2.2. Limitaciones que afectan a la precisión

1. Los mitos de la traducción automática

La traducción automática ha sido mitificada. Como siempre ocurre cuando se plantea la posibilidad de automatizar tareas humanas, mucha gente ha pronosticado que las máquinas reemplazarían a las personas y, por tanto, los traductores humanos se convertirían en una especie en extinción. En los inicios de la disciplina (a mediados de los años 50 y comienzos de los 60 del siglo XX) existía entre algunos especialistas en inteligencia artificial estadounidenses el convencimiento de que la tarea de la traducción se podría automatizar, y que existirían sistemas capaces de traducir cualquier texto. Evidentemente, no eran tan ingenuos como para pensar que podrían traducir obras de Shakespeare tal como lo haría un traductor humano, pero sí pensaban que podrían traducir textos técnicos con un buen nivel de calidad. Dado que las máquinas son más baratas de mantener que los traductores humanos y además pueden producir mucho más y en menos tiempo, la TA se perfilaba como una línea de investigación que podía ser aplicada para reducir los costes de traducción de las empresas, los organismos internacionales y los servicios de inteligencia militar.

Los resultados, sin embargo, no fueron tan buenos como se esperaba. En parte porque ni el software ni el hardware estaban todavía lo suficientemente desarrollados como para abordar la simulación de la actividad humana de la traducción, y en parte porque la traducción automática de calidad de cualquier texto implica crear sistemas capaces de reproducir procesos cognitivos tan extremadamente complejos que difícilmente se podrán crear nunca, por mucho que mejoren el software y el hardware. Estos procesos cognitivos requieren de un conocimiento lingüístico completo de las lenguas implicadas, de un conocimiento enciclopédico inabarcable, del sentido común, de mecanismos de inferencia lógica, de estrategias comunicativas, de mecanismos mentales de interpretación de un texto –con todas sus sutilezas: poder de evocación, sobrentendidos...– etc.

El informe del *Automatic Language Processing Advisory Committee* (ALPAC), de 1966, que versaba sobre las posibilidades de la TA a partir de la evaluación de los resultados de los sistemas existentes, fue demoledor. Recomendaba a los especialistas que no fueran tan optimistas y que se centraran en proyectos menos ambiciosos. El informe obligó a los especialistas a redefinir su disciplina, por lo que a partir de ese momento los teóricos y los desarrolladores de sistemas buscan y fomentan los aspectos beneficiosos de la TA y asumen sus limitaciones. Pero la gente corriente, que no tiene un conocimiento suficiente del tema como para tener en cuenta las limitaciones de los sistemas de TA, traducen textos propios, de cualquier tema, con motores de traducción disponibles en Internet, con la misma creencia ingenua que los resultados serán tan buenos como si el trabajo lo hubiese realizado un traductor humano. Cuando comprueban los resultados, se sienten muy decepcionados, si no es que incluso se ríen, y extienden otro mito, este de tipo totalmente negativo: el mito que la TA es inútil porque las traducciones muchas veces son absurdas.

2. Las limitaciones de los sistemas de TA

Para que los sistemas de TA sean aceptados por la gente corriente (que, en realidad son los usuarios potenciales a los q hay que convencer de su utilidad), es preciso, sin embargo, que se tenga un conocimiento previo de sus limitaciones.

A priori, las limitaciones de un sistema de TA afectan sobre todo a la calidad de la traducción, que se evalúa de acuerdo con los siguientes parámetros:

- Inteligibilidad
- Fidelidad
- Precisión
- Estilo

2.1. Limitaciones que afectan a la inteligibilidad y la fidelidad

Si un sistema de traducción automática no tiene una representación correcta y fiel del significado de la frase original es más que probable que la traducción no se entienda o sea absurda. Como hemos dicho anteriormente, la comprensión de una frase requiere de un conocimiento muy completo de la lengua origen, de unos mecanismos que procesen la información lingüística y de conocimiento del mundo contenidas en la frase, y una planificación inteligente de cómo se generará la frase en la lengua destino de la manera más adecuada para la situación comunicativa, el contexto del discurso donde se debe insertar, etc. Evidentemente, el procesamiento de todo ello tendría un enorme coste en tiempo y probablemente los recursos de memoria del sistema se colapsarían rápidamente. Pero ante todo, declarar todo el conocimiento lingüístico y del mundo es imposible. Las limitaciones son evidentes cuando comparamos la calidad de las traducciones entre un par de lenguas muy parecidas (catalán-castellano, por ejemplo) con las traducciones entre un par de lenguas muy diferentes (castellano-alemán). La calidad de las segundas es muy inferior.

La traducción automática suele realizarse frase a frase, sin que se tenga en cuenta la frase anterior ni la que viene a continuación (si se hiciera así, aumentaría el coste en memoria y en recursos del sistema). Evidentemente, el sistema tampoco sabe cuál es el hilo argumental del texto. Esto tiene consecuencias no tan sólo para la inteligibilidad sino también para la fidelidad de la traducción del texto original. En (1) se ilustra un problema de fidelidad causado por un error de concordancia pronombre-antecedente.

*(1) the patient's leg was broken, so it was examined immediately => *la pierna del paciente estaba rota así que lo examinaron inmediatamente*

No examinaron al paciente sino a su pierna.

2.2. Limitaciones que afectan a la precisión

Si, como hemos comentado anteriormente, los sistemas de TA no tienen una buena representación del significado del original, se pierde la expresión precisa en la lengua de llegada. Ahora bien, la precisión en la denominación de conceptos se puede mejorar mediante la consulta automática a bases de datos terminológicas de un dominio específico en el par de lenguas del sistema. No todos los sistemas de TA, sin embargo, permiten que los usuarios incorporen bases de datos terminológicas.

2.3. Limitaciones que afectan al estilo

Los sistemas no pueden tener en cuenta los efectos que la lectura de la traducción produce en el destinatario. No cambian, por ejemplo, los conectores discursivos (conectores como y) para evitar una lectura pesada y reiterativa. Hay que tener en cuenta también que el sistema es incapaz de captar el tono de un texto ni el deseo de su autor de dar énfasis o subrayar datos, opiniones, etc. Dado que es incapaz de captar todos estos aspectos, también lo es de verterlos en la lengua de llegada.

3. Exigencias de la TA

Las limitaciones de los sistemas implican una serie de exigencias para que éstos sean rentables. Comentaremos dos que nos parecen muy importantes.

- Si el autor sabe que su documento se traducirá automáticamente, lo debería escribir utilizando oraciones cortas, con poca complejidad sintáctica, pocos pronombres, etc. Las empresas e instituciones que utilizan un sistema de TA suelen elaborar unas guías de estilo que los redactores han de seguir. Estas guías de estilo imponen una manera de escribir documentos que evita los aspectos no resueltos por el sistema. Esto supone realizar previamente una evaluación de la calidad lingüística del sistema y un informe de sus carencias y limitaciones.
- Es necesaria una inversión que va más allá de la traducción en sí. Cualquier traducción realizada automáticamente se debe revisar. Aunque las dos lenguas sean muy parecidas y los sistemas generen traducciones muy aceptables, siempre afloran unos determinados puntos negros que no se habían previsto. Algunos de los fenómenos problemáticos van más allá del limitado conocimiento lingüístico del sistema y tienen un gran impac-

to en la traducción, a menos que ésta se haya revisado. En (2) presentamos algunos ejemplos de traducciones no revisadas hechas por un sistema de TA catalán-castellano/castellano-catalán.

(2)	Fermí González	Sujeté González
	¿Cuáles son las etapas?	Quins són les etapes?
	Cerca avançada	Busca avanzada
	...dels vostres treballs	...de los vuestros trabajos

Se dan también otros problemas más prosaicos, como los originados por palabras en formatos no reconocidos por el sistema (negrita, cursiva, etc.), por la presencia de códigos ocultos (por ejemplo un salto de línea) que distorsionan el análisis sintáctico de la frase original, las faltas ortotipográficas, etc.

Es necesario, por tanto, invertir en la preparación de los originales de manera que no se produzcan estos problemas (preedición) y también hay que invertir en la corrección de las traducciones por parte de un corrector humano (postedición).

4. Ventajas de la TA

Una vez conocidas las limitaciones y las exigencias de los sistemas de TA, es el momento de preguntarnos qué ventajas proporcionan. A continuación presentamos unas cuantas y comentamos algunas situaciones y proyectos que no se hubieran podido realizar sin la intervención de la traducción automática.

- Los sistemas de TA permiten traducir grandes volúmenes de texto en un tiempo inferior a la traducción humana. Proyectos como la edición de la versión en catalán de El Periódico no serían factibles si no se llevaran a cabo con un sistema de TA.[1] Por otra parte, para organismos internaciona-

1. Sobre la traducción automàtica de la edición catalana de El Periódico, consultad: ttp://europa.eu.int/comm/translation/bulletins/puntoycoma/51/pyc514.htm

les como la Comunidad Europea, que tiene que generar grandes volúmenes de documentos en muchas lenguas en un tiempo relativamente corto, la traducción automática se ha convertido también en una necesidad. Por esta razón la Comunidad financió el proyecto Eurotra, que consistió en la elaboración de un sistema capaz de traducir automáticamente su documentación en las lenguas oficiales de la Unión Europea.

- La TA abarata costes cuando se trata de traducir periódicamente documentos escritos en un lenguaje controlado. Un documento está escrito en un lenguaje controlado si tiene unas estructuras sintácticas simples y rígidas, no es ambiguo, su léxico es restringido y tiene una fraseología establecida previamente. Algunos ejemplos son los manuales de electrodomésticos o las recetas de cocina. Con una representación no muy profunda del conocimiento lingüístico y del mundo (la estrictamente necesaria para la tarea) se obtienen traducciones de calidad aceptable y los costes de preedición y postedición son asumibles. Un sistema pionero en traducir textos controlados es Taum-Meteo (1971), desarrollado por la Universidad de Montreal, que traduce al francés informes meteorológicos en inglés.
- La TA es la única opción si se quiere superar las barreras lingüísticas en la comunicación online. Si queremos chatear con alguien de Liverpool, que no conoce nuestra lengua (ni nosotros la suya), o nos tenemos que comunicar por e-mail con clientes árabes en árabe, el uso de una herramienta de TA resuelve los problemas de comunicación en una situación marcada por la inmediatez en el intercambio de información.
- La TA también es la única opción posible cuando queremos comprender al momento las páginas web que nos presenta un buscador de Internet. A menudo el usuario tan sólo quiere tener una idea aproximada de su contenido, la suficiente como para poder seleccionar las páginas que realmente le interesan. Para ello, el usuario no tiene que esperar a que un traductor le asesore. La TA también es necesaria cuando queremos realizar consultas esporádicas a fuentes escritas en otras lenguas. Buscadores como Google o Altavista disponen de motores de traducción automática que traducen, si el usuario lo desea, las páginas web que ofrecen como resultado de la búsqueda. También están disponibles los portales de empresas como Systran,[2] WorldLingo,[3]

2. http://www.systran.org
3. http://www.worldlingo.com/products_services/worldlingo_translator.html

InterNostrum[4] o Translendium[5] que ofrecen de forma gratuita la traducción de páginas web y textos cortos (hasta 1000 caracteres generalmente).

- Es posible construir sistemas de traducción automática a *medida*. El usuario puede crear sus propios glosarios y diccionarios, y priorizar un sentido en el caso de que una palabra tenga más de una traducción posible según el dominio temático. Por ejemplo, si traducimos al español un texto inglés del dominio de la informática priorizaremos el sentido de la palabra *chip* que aparece en el glosario de informática por encima del sentido de la misma palabra en el vocabulario general (*patata frita*). También se pueden fijar registros (formales, no formales), formas verbales (forma de imperativo en la traducción de instrucciones), etc.

5. Tipos de sistemas de TA

Los sistemas de traducción automática se pueden dividir en dos tipos principales: Los *sistemas con conocimiento lingüístico* y los *sistemas sin conocimiento lingüístico*. Entre los primeros, tradicionalmente se distinguen los de *traducción directa* y los de *traducción indirecta*. Los sistemas de traducción directa traducen directamente a la lengua de llegada cuando disponen de suficiente información. Pueden sustituir las palabras originales por palabras de la lengua de llegada según las equivalencias de diccionarios bilingües y también generar la traducción según reglas sintácticas sencillas que establecen la posición de los constituyentes, las condiciones de concordancia (adjetivo-nombre, sujeto-verbo), la adición de nuevos elementos y otros aspectos gramaticales de la oración final. Estos sistemas son capaces de traducir grandes volúmenes de documentos en poco tiempo debido a que su motor no ejecuta procesos complejos y costosos. De todas maneras, dado que traducen sin haber analizado antes la frase entera, o dicho de otra manera, sin haberla *entendido* en su totalidad, generan muchas frases de baja calidad. Pero funcionan suficientemente bien

4. http://www.internostrum.com/ (únicamente catalán-castellano, castellano-catalán)
5. http://www.translendium.com/

si el usuario valora más la rapidez en proporcionar una idea general del contenido que la calidad de la traducción. Si se trata de lenguas muy próximas (catalán-castellano, por ejemplo) los resultados son bastantes espectaculares, considerando los recursos utilizados y la relativa sencillez del algoritmo del motor de traducción.

Por su parte, los sistemas de traducción indirecta tienen un *módulo de análisis* que construye una representación completa de la frase original en forma de árbol sintáctico. Si es posible construir un árbol sintáctico sin problemas podemos decir que el sistema ha *entendido* la frase, lo que da más garantías de que generará una traducción inteligible y fiel. A partir de esta representación sintáctica se crea una representación abstracta intermedia. La representación intermedia de los sistemas denominados de *transfer* es un árbol supralingüístico que le servirá de patrón al componente de generación de la oración tal y como se verá en el texto traducido, con todas las formas flexionadas. Decimos que es un árbol supralingüístico porque se crea según el conocimiento del sistema de las dos lenguas implicadas. La intervención del *componente de transfer* permite simplificar la construcción de sistemas para nuevos pares de lenguas. Por ejemplo, si es necesario construir un sistema alemán-español, el módulo de análisis del alemán será el mismo que el que utiliza el sistema alemán-inglés y el módulo de generación del español será el mismo que el del francés-español. El único componente que será necesario desarrollar será el de *transfer* entre el alemán y el español. En comparación con los de traducción directa, estos sistemas realizan procesos mucho más complejos y utilizan una información lingüística mucho más elaborada de las dos lenguas implicadas. Los resultados suelen ser mejores que los de la traducción directa.

Finalmente, tenemos los sistemas llamados de *interlingua*. Estos sistemas también llevan a cabo una representación intermedia, pero que no es de tipo gramatical sino conceptual. Esta representación, que supuestamente es común a todos los pares de lenguas (de ahí el término *interlingua*), se construye a partir del análisis de la frase original. Desde la representación conceptual, el componente de generación construye la frase en la lengua de llegada aplicando reglas de correspondencia entre el nivel conceptual y el lingüístico.

En la siguiente figura presentamos una representación del triángulo de Vaquois para ilustrar los sistemas de TA con conocimiento lingüístico.

Figura 2.1. Triángulo de Vaquois que representa los diferentes sistemas de TA con conocimiento lingüístico

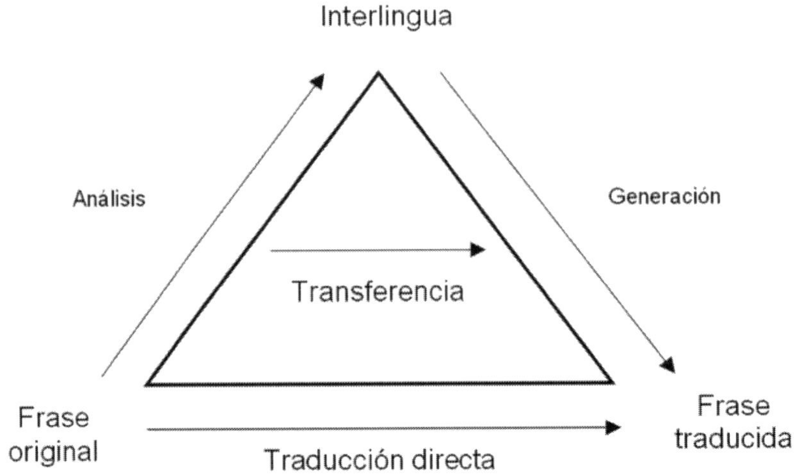

Los sistemas de *transfer* e *interlingua* han puesto de manifiesto que la declaración del conocimiento lingüístico y del mundo en un sistema informático es una tarea enorme, inalcanzable. Su elaboración es lenta y requiere de una gran inversión intelectual y tecnológica. Por ello ha ido ganando importancia la tendencia de construir sistemas con unos conocimientos lingüísticos y conceptuales mínimos. Esto es posible si los sistemas traducen documentos rígidos, con un lenguaje controlado, y disponen de un corpus considerable de documentos del mismo tipo ya traducidos. El sistema no actúa según las reglas que se han definido a priori sino que toma decisiones después de haber aprendido de los ejemplos que se encuentran en el corpus (*sistemas basados en ejemplos*).

Otros sistemas que no actúan según su conocimiento lingüístico son los llamados *sistemas de TA estadísticos o estocásticos*. Actualmente, la investigación en TA se ha centrado en estos sistemas porque los resultados obtenidos, sobretodo cuando se trata de lenguas cercanas, son muy prometedores y los costes en tiempo y dinero para construirlos son menores que los de un motor de traducción con conocimiento lingüístico. Según la TA estadística, la traducción consiste en buscar las palabras de la lengua de llegada que traducen mejor las palabras de la oración original y en encontrar la secuencia de estas palabras que es más adecuada para que sea una oración correcta en la lengua de llegada. Para hacer lo primero se utiliza un *modelo de traducción*, que indica la probabilidad de que una palabra sea la traducción de una palabra de la lengua de partida. Para hacer lo segundo, se utiliza un *modelo de la lengua de llegada*, que indica para cada secuencia de palabras de la lengua de llegada la probabilidad de que esta secuencia sea una oración bien formada en esta lengua. Para obtener los dos modelos es necesario disponer de un corpus paralelo [secuencia (una palabra u oración) en la lengua de partida, traducción en la lengua de llegada]. Estos corpus se denominan corpus paralelos. Para que los cálculos de las probabilidades sean significativos los corpus deben ser muy grandes.

6. La TA y el software de libre distribución

Dejando de lado su vertiente académica y de investigación, la TA ha sido promocionada porque puede obtenerse un rendimiento económico. Por esta razón, los sistemas normalmente se han creado para empresas o instituciones que los compran con el objetivo de mejorar su producción y reducir costes. Para los lingüistas, ha sido una puerta de entrada al mundo de la empresa, ya que han participado en proyectos cuyo objetivo es principalmente dar beneficios y han adoptado la mentalidad necesaria para convertir su capital intelectual en una fuente de ingresos.

La TA es también una tarea tan compleja y que implica tanta gente que aporte sus conocimientos, dedicación y esfuerzo que, evidentemente, hay que recuperar esta inversión económica en personal, además de la imprescindible inversión tecnológica. Por eso, hablar de programas de TA y software gratuito y de libre distribución puede parecer ilusorio. Pero no quiere decir que no los haya. Algunos sistemas de libre distribución se han creado con una motivación ética.

Un sistema de TA con esta motivación ética es Traduki ("traductor" en esperanto), un traductor automático de código fuente abierto multiplataforma que se ha construido porque sus desarrolladores consideran que todo el mundo tiene el derecho de expresarse en la lengua que quiera, y es una respuesta a la discriminación de muchas lenguas por no ser "rentables" económicamente. Así, además de traducir en lenguas como el inglés, Traduki incluye también lenguas de uso minoritario como el vasco. Se puede descargar desde *http://sourceforge.net/projects/traduki/*, pero está todavía en un estadio muy incipiente y su instalación no es demasiado intuitiva.

Más desarrollado está Linguaphile, un sistema similar al Traduki e inspirado por el mismo ideario. Además de lenguas como el inglés, el alemán o el francés, también trata lenguas como el búlgaro, el catalán, el danés, el irlandés y hasta un total de 56 lenguas. Se puede descargar de la página *http://linguaphile.sourceforge.net/* y es un programa escrito en Perl, por lo que para utilizarlo se debe disponer de un intérprete de Perl. Las traducciones se dan con el indicador de órdenes, indicando el nombre del fichero que queremos traducir, la lengua de partida y la lengua de llegada. También se puede acceder a una demostración on line de este traductor en *http://linguaphile.sourceforge.netcgi-bin/translator.pl.*

La buena voluntad que anima estos proyectos está por encima de la calidad de sus traducciones y, por lo tanto, no hay que tener demasiadas expectativas sobre los resultados que ofrecen.

El SALT, traductor del valenciano al castellano y viceversa, financiado por la Consejería de Cultura de la Generalitat Valenciana, es un ejemplo del interés de algunos organismos políticos por la TA porque la consideran un apoyo a la normalización del uso de una lengua. Se puede descargar de *http://www.cult.gva.es/salt/salt_programes_salt2.htm.*

De entre todas las iniciativas de liberalización de la TA hay que destacar el proyecto de creación del motor de traducción del sistema Apertium.[6] El sistema Apertium es un sistema de traducción automática de código abierto para lenguas bastante próximas entre sí. Concretamente, los pares de lenguas que ofrece son el español-catalán, el español-gallego y el español-portugués, entre otros. La primera versión apareció en julio de 2005. Posteriormente se han añadido los pares de lenguas catalán-francés, aranés-catalán e inglés-catalán.

El sistema Apertium se basa en el sistema interNOSTRUM para el castellano-catalán, desarrollado por el grupo Transducens de la Universidad de Alicante, y en el traductor Universia para el castellano-portugués, desarrollado también por la Universidad de Alicante, ambos están disponibles en la red.[7] También se basa en el castellano-gallego desarrollado en el consorcio OpenTrad,[8] en el cual

6. http://apertium.sourceforge.net/
7. http://traductor.universia.net
8. http://www.opentrad.org/

también se ha trabajado en un motor de traducción automática de código libre para el par castellano-vasco.

Además del hecho de tener gratuitamente un traductor automático para los pares de lenguas señalados, de esta iniciativa destacamos, por una parte, la posibilidad de desarrollar a partir de un motor básico motores para otros pares de lenguas o motores mejorados para un par de lenguas ya en funcionamiento, y por otra parte, y no menos importante, la posibilidad de adaptar los recursos del motor de traducción para otras finalidades, algo muy difícil de poder hacer en programas propietarios. Por ejemplo, la lista de todas las formas conjugadas y flexionadas de las palabras contenidas en el léxico del catalán puede utilizarse para elaborar un corrector ortográfico de esta lengua.

La adaptación de recursos de una herramienta de procesado del lenguaje natural para otra herramienta es también una característica de otras iniciativas de código abierto, como el paquete de procesamiento del lenguaje natural FreeLing,[9] desarrollado por el Departamento de Lenguajes y Sistemas Informáticos de la Universidad Politécnica de Cataluña. Por ejemplo, su etiquetador sintáctico y morfológico se puede utilizar para la recuperación de información o para la extracción automática de terminología.

La adaptación de los recursos de la TA a otros usos, el desarrollo libre del software básico y la posibilidad, inherente a la naturaleza del código abierto, de compartir recursos y ejecutarlos sin restricciones de software ni hardware, comporta necesariamente la codificación estándar de los datos lingüísticos. El formato básico es el XML, que tiene además la ventaja de ser muy fácil de procesar sea cual sea la finalidad, ya que los datos están perfectamente estructurados y organizados.

7. Los servicios de traducción web gratuitos

El propietario del módulo de traducción, si lo desea, puede implementar un servicio que permite que otras personas puedan aprovecharlo libremente. Esto

9. http://garraf.epsevg.upc.es/freeling/

es posible mediante un protocolo de comunicación entre la aplicación que solicita la traducción y el programa de traducción que reside en un servidor.

Un protocolo de peticiones y respuestas muy utilizado es el protocolo SOAP (*Simple Object Access Protocol*), que aprovecha los protocolos HTTP (*HyperText Transfer Protocol*) de transmisión de las peticiones de acceso a páginas web y de las respuestas de estas páginas. Las peticiones y las respuestas se transmiten en un formato estándar (el XML), como se muestra en las siguientes figuras. Algunos de los servicios de traducción web disponibles gratuitamente son el de interNOSTRUM y el de Babel Fish, que envía la traducción realizada por el motor de TA Systran.

No hemos dicho que estos servicios sean libres. En realidad, es el propietario del programa quien decide qué usuarios tienen la posibilidad de acceder al motor de traducción y si esta accesibilidad es gratuita o no. Excepto si existe la intención declarada de ofrecer el recurso libremente, como en el caso de interNOSTRUM, el acceso gratuito puede ser intermitente y siempre existe la posibilidad de que el propietario decida cerrar el acceso.

Petición al servicio de traducción de Babel Fish para que traduzca la frase alemana "Hallo Welt, Guten Tag"

```
POST /perl/soaplite.cgi HTTP/1.0
Host: services.xmethods.net:80
Content-Type: text/xml; charset=utf-8
Content-Length: 546
SOAPAction: ""

<?xml version='1.0' encoding='UTF-8'?>
<SOAP-ENV:Envelope xmlns:SOAP-ENV="http://schemas.xmlsoap.org/soap/envelope/"
                   xmlns:xsi="http://www.w3.org/2001/XMLSchema-instance"
                   xmlns:xsd="http://www.w3.org/2001/XMLSchema">
  <SOAP-ENV:Body>
    <ns1:BabelFish xmlns:ns1="urn:xmethodsBabelFish"
                   SOAP-ENV:encodingStyle="http://schemas.xmlsoap.org/soap/encoding/">
      <translationmode xsi:type="xsd:string">de_en</translationmode>
      <sourcedata xsi:type="xsd:string">Hallo Welt, Guten Tag</sourcedata>
    </ns1:BabelFish>
  </SOAP-ENV:Body>
</SOAP-ENV:Envelope>
```

Respuesta del servicio de traducción alemán-inglés de Babel Fish a la petición de traducción de la figura anterior

```
HTTP/1.1 200 OK
Date: Thu, 05 Sep 2002 08:01:13 GMT
Server: Apache/1.3.22 (Unix) Enhydra-Director
SOAPServer: SOAP::Lite/Perl/0.52
Content-Length: 546
Connection: close
Content-Type: text/xml; charset=utf-8

<?xml version="1.0" encoding="UTF-8"?>
<SOAP-ENV:Envelope xmlns:SOAP-ENC="http://schemas.xmlsoap.org/soap/encoding/"
                   SOAP-ENV:encodingStyle="http://schemas.xmlsoap.org/soap/encoding/"
                   xmlns:xsi="http://www.w3.org/2001/XMLSchema-instance"
                   xmlns:SOAP-ENV="http://schemas.xmlsoap.org/soap/envelope/"
                   xmlns:xsd="http://www.w3.org/2001/XMLSchema">
  <SOAP-ENV:Body>
    <namesp1:BabelFishResponse xmlns:namesp1="urn:xmethodsBabelFish">
      <return xsi:type="xsd:string">hello world, good day</return>
    </namesp1:BabelFishResponse>
  </SOAP-ENV:Body>
</SOAP-ENV:Envelope>
```

Conclusiones

La TA no sustituirá a la traducción humana. Tiene unas limitaciones que difícilmente podrán ser superadas. Ahora bien, se debe reconocer que la traducción humana tiene unas limitaciones que la TA no tiene. Un traductor humano no traduce tan rápidamente cantidades ingentes de documentos ni siempre está disponible. Principalmente, la TA es de ayuda cuando hay que traducir muchos documentos en un corto periodo de tiempo. También es útil por su inmediatez, que permite un diálogo multilingüe en línea, la comprensión de páginas web en una lengua desconocida, etc.

Para ampliar conocimientos

La TA es una disciplina con muchísimos aspectos interesantes. Para profundizar, recomendamos la página web del profesor Joseba Abaitua,[10] de la Universidad de Deusto, un gran especialista en TA. Dicha página contiene una recopilación, muy bien organizada, de artículos y libros sobre diversas cuestiones relacionadas con este tema. El lector podrá buscar y escoger los aspectos que más le interesen.

Recomendamos especialmente el apartado dedicado a las publicaciones de John Hutchins[11] para tener una idea completa de la evolución histórica de la traducción automática y de sus posibilidades en el futuro. Entre los artículos de Hutchins, se pueden encontrar descripciones y análisis de los sistemas que están en funcionamiento en la actualidad.

También podéis consultar a las publicaciones del profesor de la Universidad de Alicante Mikel L. Forcada[12] sobre TA y la filosofía que subyace al traductor InterNOSTRUM.

A continuación tenéis unas referencias por si queréis saber más cosas sobre los proyectos de traducción automática de código abierto

Antonio M. Corbí-Bellot, Mikel L. Forcada, Sergio Ortiz-Rojas, Juan Antonio Pérez-Ortiz, Gema Ramírez-Sánchez, Felipe Sánchez-Martínez, Iñaki Alegria, Aingeru Mayor i Kepa Sarasola (2005) *An open-source shallow-transfer machine translation engine for the romance languages of Spain, a Proceedings of the European Association for Machine Translation,* 10th Annual Conference, Budapest, 2005, p. 79-86.

http://www.dlsi.ua.es/~japerez/pub/pdf/eamt2005.pdf

Carme Armentano-Oller, Antonio M. Corbí-Bellot, Mikel L. Forcada, Mireia Ginestí-Rosell, Boyan Bonev, Sergio Ortiz-Rojas, Juan Antonio Pérez-Ortiz, Gema Ramírez-Sánchez i Felipe Sánchez-Martínez (2005) *An open-source shallow-transfer machine translation toolbox: consequences of its release and availabi-*

10. http://www.serv-inf.deusto.es/abaitua/konzeptu/ta.htm
11. http://ourworld.compuserve.com/homepages/WJHutchins/Compendium-3.pdf
12. http://www.dlsi.ua.es/~mlf/publ_en.html

lity a OSMaTran: Open-Source Machine Translation, A workshop at Machine Translation Summit X, Phuket, Tailàndia. 2005
http://www.dlsi.ua.es/~mlf/docum/armentano05p.pdf

También podéis ampliar vuestros conocimientos sobre los sistemas de traducción automática disponibles en Internet consultando el artículo:

A. Oliver (2007) *La traducció automàtica a Internet.* Revista Tradumàtica n. 4
http://www.fti.uab.es/tradumatica/revista/num4/articles/07/07art.htm

Capítulo III

La traducción asistida por ordenador

Introducción

En este capítulo explicaremos qué son las herramientas de traducción asistida por ordenador (TAO), sus diversos tipos y utilidades, y daremos a conocer las ideas básicas para entender su funcionamiento. Veremos que el rasgo distintivo de las herramientas de traducción asistida es el uso de memorias de traducción. Aunque dedicaremos un capítulo entero a las memorias de traducción, en este capítulo proporcionaremos una introducción básica para entender qué son y para qué sirven.

Objetivos

- Saber diferenciar los sistemas de traducción asistida de los sistemas de traducción automática
- Conocer los tipos principales de sistemas de traducción asistida
- Valorar las ventajas de los sistemas de traducción asistida en el proceso de traducción
- Conocer el funcionamiento básico de las herramientas de traducción asistida

Contenido

1. ¿Qué es la traducción asistida por ordenador?
2. El proceso de traducción con sistemas de traducción asistida
3. Características de los sistemas de traducción asistida

1. ¿Qué es la traducción asistida por ordenador?

Una herramienta de traducción asistida por ordenador (TAO en castellano y CAT en inglés, de *Computer Aided Translation*) es una aplicación informática diseñada para facilitar la tarea de traducción. A diferencia de los sistemas de traducción automática, en los sistemas de traducción asistida la traducción la realiza un traductor humano y la aplicación informática ofrece una serie de ayudas que facilitan esta tarea. El rasgo distintivo de las herramientas de traducción asistida es que trabajan con memorias de traducción.

Una memoria de traducción es un depósito donde se almacena contenido original y traducido de una manera organizada y que permite la recuperación posterior. En la mayoría de sistemas de traducción asistida, las memorias de traducción están implementadas como bases de datos. De esta manera, si tenemos que traducir un segmento igual o similar a un segmento que se encuentra en la memoria de traducción, la herramienta nos mostrará esta información y nos permitirá aceptarla, modificarla o rechazarla. La capacidad de trabajar con memorias de traducción es el rasgo distintivo básico de una herramienta de traducción asistida.

Normalmente las herramientas de traducción asistida trabajan también con otro tipo de bases de datos: las bases de datos terminológicas. Si bien las memorias de traducción almacenan segmentos originales con sus traducciones correspondientes, las bases de datos terminológicas contienen entradas terminológicas en diversas lenguas. Si el segmento que estamos traduciendo con la herramienta de traducción asistida contiene un término que se encuentra en la base de datos terminológica, este término aparecerá resaltado y la información asociada, como la denominación en la lengua destino, aparecerá también en pantalla.

Mientras que las memorias de traducción evitan tener que traducir de nuevo segmentos ya traducidos anteriormente, las bases de datos terminológicas evitan tener que perder el tiempo repitiendo consultas terminológicas a diccionarios u otras fuentes que ya hemos realizado anteriormente.

Existe una gran variedad de sistemas de traducción asistida por ordenador pero, en general, todos comparten las siguientes funcionalidades:

- Entorno de trabajo agradable, es decir, que permita trabajar cómodamente. Esto implica una distribución adecuada de toda la información necesaria para realizar la traducción: texto original, texto traducido, resultados de las consultas a la memoria o memorias de traducción, resultado de las consultas a la base o bases de datos terminológicas, etc.
- Capacidad para trabajar con archivos en diversos formatos, es decir, el sistema ha de ser capaz de trabajar con diferentes formatos (por ejemplo Microsoft Word, Open Office, HTML, etc.) y generar documentos traducidos en el mismo formato.
- Capacidad para trabajar con una o más memorias de traducción. El sistema ha de ser capaz de realizar consultas automáticamente a estas memorias y realizar diferentes operaciones de gestión de memorias, como creación, importación, exportación, etc.
- Capacidad para trabajar con una o más bases de datos terminológicas. El sistema ha de ser capaz de realizar consultas automáticamente a estas bases de datos terminológicas y realizar diferentes operaciones de gestión de las bases de datos terminológicas, como creación, importación, exportación, etc.

Además de estas funcionalidades básicas, las diferentes herramientas pueden ofrecer otras utilidades, como por ejemplo la conexión con sistemas de traducción automática, correctores ortográficos o gramaticales, funciones de recuento y análisis de proyectos, funciones que ayuden al control de la calidad, etc.

2. El proceso general de traducción con sistemas de traducción asistida

En este apartado explicaremos el proceso general de trabajo con un sistema de traducción asistida. Los detalles concretos pueden variar de una herramienta a otra, e incluso de un traductor a otro, pero aquí explicaremos unos pasos genéricos que pueden ayudar a comprender el funcionamiento de este tipo de herramientas.

- El traductor recibe un archivo para traducir en un formato admitido por la herramienta de traducción asistida.
- El traductor abre o importa el archivo con una herramienta de traducción asistida.
- El traductor selecciona una o más memorias de traducción que puedan ser útiles para el archivo que está traduciendo (memorias que contengan segmentos que se aprovechen para el par de lenguas concreto, que sean de la misma especialidad, que sean del mismo cliente, etc.) Si es la primera vez que trabaja con la herramienta de traducción asistida, o bien no dispone de ninguna memoria que pueda ser de utilidad, el traductor podrá crear una memoria de traducción nueva, que estará vacía, pero que igualmente le servirá para realizar consultas o en el caso que el texto contenga repetitividad.
- Opcionalmente el traductor puede seleccionar una o más bases de datos terminológicas que puedan ser útiles para el archivo que está traduciendo. Si es la primera vez que se utiliza la herramienta o bien no dispone de ninguna base de datos terminológica adecuada, el traductor podrá crear una base de datos terminológica que estará vacía y la podrá ir alimentando a medida que traduce.
- Cuando el traductor se dispone a traducir un segmento, la herramienta busca en la memoria o memorias de traducción si hay uno o más segmentos originales iguales o muy parecidos a los que está traduciendo y de los que disponga de traducción en la lengua de llegada. Si los hay, mostrará en primer lugar el que se parezca más. El traductor puede aceptarlo, modificarlo o rechazarlo. El traductor puede ajustar el índice o porcentaje de similitud mínimo para recuperar un segmento de la memoria. Si no tiene ninguno con una similitud suficiente, el sistema no muestra ningún segmento y el traductor tendría que traducir el segmento desde cero.

- Adicionalmente, si hay una o más bases de datos terminológicas seleccionadas, el sistema busca si dentro del segmento que se tiene que traducir hay alguna entrada de la base de datos seleccionada y, si la hay, remarca los términos y busca la información asociada.
- A medida que el traductor va traduciendo, el sistema almacena automáticamente los segmentos traducidos en una de las memorias o bien en una memoria interna, de manera que si un segmento del mismo archivo que se está traduciendo se repite de manera exacta o aproximada, este aparece automáticamente y no es necesario volverlo a traducir desde cero.
- Una vez el traductor finaliza la traducción y realiza las revisiones y los controles de calidad pertinentes, puede genera un archivo traducido con el mismo formato que el original.

Como se puede deducir de esta explicación, si trabajamos por primera vez con una herramienta de traducción asistida y no tenemos ninguna memoria de traducción ni ninguna base de datos terminológica, el sistema no recuperará automáticamente ningún segmento, excepto aquellos segmentos que se puedan repetir de manera exacta o aproximada dentro del mismo proyecto.

Para sacarle provecho a una herramienta de traducción asistida, será necesario saber gestionar adecuadamente estos dos recursos: las memorias de traducción y las bases de datos terminológicas. En los próximos capítulos explicaremos cómo realizar adecuadamente esta gestión.

3. Características de los sistemas de traducción asistida

Cada herramienta de traducción asistida tiene unas característica particulares que la diferencian del resto y que hacen que funcione mejor en determinados aspectos. En esta sección pretendemos exponer algunas de estas características con el objetivo de ayudar al lector a seleccionar la herramienta más adecuada a sus necesidades.

3.1. Entorno de trabajo

Sobre el entorno de trabajo existen básicamente dos posibilidades:

- Que la herramienta disponga de una interfaz de trabajo propia.
- Que la herramienta se integre a un procesador de textos, como por ejemplo Microsoft Word.

Figura 3.1. Ejemplo de entornos de trabajo. A la izquierda la interfaz propia de ForeignDesk y a la derecha la interfaz de SDL Trados Translator's Workbench integrada a Microsoft Word.

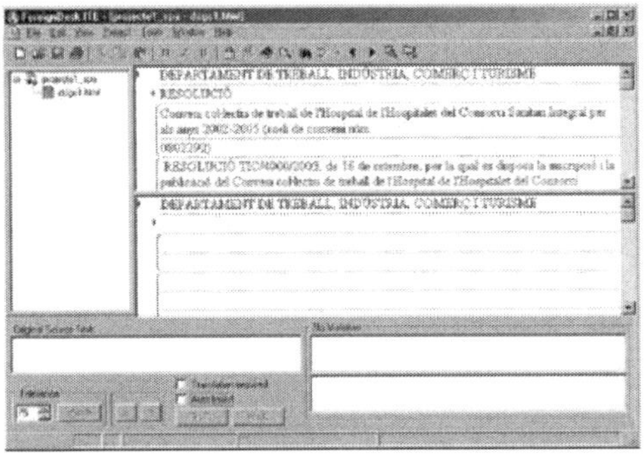

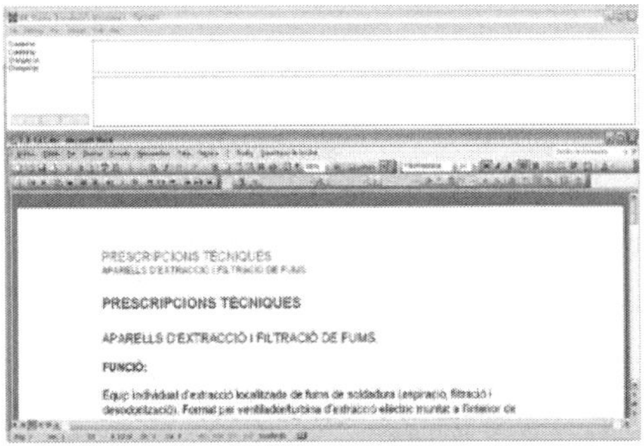

La preferencia por una modalidad u otra acostumbra a ser una cuestión de gustos personales. La ventaja principal de las herramientas que se integran a procesadores de textos es que el traductor utiliza un entorno de trabajo que le resulta familiar. Como inconveniente principal se puede destacar que si el procesador al que se integra no es de software libre, el traductor deberá disponer de una licencia del procesador y, si la herramienta de traducción asistida tampoco es libre, otra licencia adicional para la herramienta.

Por otro lado, si el sistema de traducción asistida dispone de una interfaz de trabajo propia, el traductor tendrá que aprender a utilizarla. Para traducir muchos formatos no será necesario disponer de ninguna herramienta adicional ya que será suficiente la herramienta de traducción asistida. Se debe tener en cuenta, no obstante, que algunas herramientas de traducción asistida, para poder importar documentos en ciertos formatos (por ejemplo documentos de Microsoft Word), necesitan tener instalada la herramienta necesaria para crear estos documentos (en este ejemplo, Microsoft Word).

Algunas herramientas de traducción asistida ofrecen la doble opción: traducir mediante una integración en un procesador de textos, o bien con un entorno de trabajo propio.

3.2. Indexación y recuperación de las memorias de traducción

Existen diversas metodologías para almacenar las traducciones y recuperarlas posteriormente. Este es, probablemente, uno de los puntos distintivos más importantes entre las diferentes herramientas de traducción asistida, aunque a menudo pase desapercibido para muchos usuarios.

El sistema de indexación y recuperación de las memorias de traducción más clásico consiste en disponer de una base de datos que contiene información del segmento original, del segmento traducido, información adicional que pueda ser interesante (veremos con más detalle este aspecto en el siguiente capítulo) y un conjunto de índices que permitan al sistema recuperar el segmento más parecido de manera muy rápida. Estos índices incluyen información sobre qué segmentos contienen determinadas cadenas (normalmente palabras o fragmentos de palabras de una longitud mínima determinada). Pongamos un ejemplo. Disponemos de una memoria de traducción que contiene los siguientes segmentos:

	Texto original	Texto traducido
1	XQuery is a language for finding and extracting elements and attributes from XML documents.	XQuery es un lenguaje que permite encontrar y extraer elementos y atributos de documentos XML.
2	XQuery is the language for querying XML data.	XQuery es el lenguaje que permite realizar consultas a datos en XML.
3	XQuery for XML is like SQL for a database.	XQuery es para el XML lo que el SQL es para una base de datos.
4	XQuery is built on XPath expressions.	XQuery se construye a partir de expresiones XPath.
5	XQuery is supported by all the major database engines (IBM, Oracle, Microsoft, etc.).	Los sistemas de bases de datos más importantes (IBM, Oracle, Microsoft, etc.) admiten XQuery.
6	XQuery is a W3C recommendation.	XQuery es una recomendación del W3C.

Esta memoria de traducción tendría unos índices similares a los siguientes:

XQuery	1, 2, 3, 4, 5, 6
language	1,2
finding	1
extracting	1
elements	1
attributes	1
documents	1
querying	2
data	2
databases	2,5

Así pues, los índices indican en qué segmentos se encuentra cada una de las palabras. Normalmente no se trabaja con palabras, sino con modificaciones de estas palabras, ni tampoco se indexan todas las palabras (para evitar indexar palabras demasiado frecuentes). Si tenemos que traducir el segmento

"XQuery is the language for querying XML data"

que ya se encuentra en la memoria de traducción, el sistema mirará los índices de las palabras *XQuery* (1, 2, 3, 4, 5, 6), *language* (1,2), *querying* (2) i *data* (2) y tomará como segmento más frecuente el que aparezca más veces en el índice, en este caso el segmento 2, y verificará la similitud con el segmento que tenemos que traducir (en este caso una similitud del 100%). De esta manera el sistema podrá presentar el segmento traducido correspondiente.

La misma estrategia sirve para recuperar segmentos parecidos. Por ejemplo, si tenemos que traducir el segmento

"XQuery is an international recommendation"

el sistema mirará los índices de las palabras *XQuery* (1, 2, 3, 4, 5, 6) i *recommendation* (6) y encontrará que el segmento más parecido es el 6, aunque no sea exactamente igual.

El método exacto de indexación y recuperación de los segmentos puede variar significativamente entre las diferentes herramientas de traducción asistida.

Algunas herramientas de traducción asistida, como por ejemplo Déjà Vu, van un poco más allá y aplican técnicas de traducción automática basada en ejemplos que les permiten reconocer coincidencias de fragmentos de segmentos. Por ejemplo, podría intentar componer la traducción del segmento

"XQuery is a language supported by all the major database engines."

A partir de la información de los segmentos 1 y 5.

En muchas herramientas de traducción asistida, la indexación y recuperación de segmentos se lleva a cabo sin utilizar conocimiento lingüístico. Esto se hace de esta manera para facilitar que la herramienta funcione correctamente para la mayoría de lenguas. Algunas herramientas, como por ejemplo Similis, utilizan información lingüística y herramientas de análisis para poder dividir cada segmento en unidades sintácticas (*chunks*) y añadir información gramatical a estos chunks. Estas unidades se indexan y cuando se realiza la búsqueda no se busca únicamente a nivel de segmento, sino también a nivel de *chunk*, de manera que la probabilidad de encontrar coincidencias aumenta. Si el sistema encuentra diversas coincidencias, selecciona aquellas que tengan la misma información gramatical asociada. Esta metodología presenta el inconveniente que funciona sobre un número reducido de lenguas, ya que añadir una nueva lengua al sistema implica desarrollar la información lingüística y las herramientas de análisis para esta nueva lengua.

Un caso especial en lo que hace referencia al tratamiento de memorias de traducción es STAR Transit. Esta herramienta no utiliza bases de datos para almacenar el material traducido, sino que utiliza una estructura basada en ficheros, que funciona como memoria de traducción virtual, que asocia los ficheros traducidos que pueden estar en cualquier directorio del ordenador. El usuario escoge los documentos traducidos que puedan ser relevantes para el nuevo proyecto y crea de manera automática la asociación entre ellos.

Algunas herramientas de traducción asistida utilizan otro tipo de concepto de memoria de traducción, que se conoce con el nombre de *memoria a texto completo*. Estos sistemas, en lugar de almacenar parejas de segmentos original-traducido, lo que hacen es almacenar textos enteros en la lengua de partida y sus correspondientes traducciones a una o más lenguas. A menudo, un texto completo con su traducción correspondiente recibe el nombre de *bitexto*. El sistema indexa los contenidos del original y de la traducción de manera que después es capaz de recuperar todas las posiciones de una cadena de caracteres del original y las posiciones aproximadas de las traducciones correspondientes. La longitud de la cadena de búsqueda puede ser cualquiera, desde una única palabra o una expresión, hasta una oración o párrafo. Un ejemplo de herramienta que utiliza este concepto de memoria de traducción es Multitrans. Esta orientación presenta algunas ventajas respecto a la más tradicional. Podemos destacar las siguientes:

- El sistema nos muestra la información dentro del contexto en que aparece. En las orientaciones tradicionales, cuando recuperamos un segmento de la memoria de traducción, se suele perder toda la información referente al contexto, de manera que no se puede saber cual es el segmento precedente o posterior en el documento a partir del cual se creó la entrada de la memoria.

- Para crear la base de datos a texto completo no es necesario llevar a cabo procesos de alineación complejos y se pueden crear bases de datos muy grandes en poco tiempo.

Como principal inconveniente se puede destacar que la recuperación de la correspondiente cadena de texto traducida es aproximada. Esta aproximación, teniendo en cuenta que se recupera con en contexto, es suficiente para que el traductor pueda ver el equivalente real. Esta limitación supone que no se puedan llevar a cabo recuperaciones automáticas de la base de datos textual e insertirlas automáticamente en el texto traducido.

3.3. Herramientas comerciales y herramientas gratuitas

Otro aspecto que podemos tener en cuenta para escoger una herramienta de traducción asistida es si se trata de una herramienta comercial o de una herramienta gratuita. Si escogemos una herramienta comercial, un aspecto importante que se debe tener en cuenta es el precio de la herramienta. En un primer momento, el precio de una herramienta de traducción comercial puede parecer en algunos casos muy elevado. Sobre este aspecto se debe tener en cuenta algunas cuestiones:

- Una herramienta de traducción asistida se puede amortizar en un periodo de tiempo relativamente corto. Si tenemos un volumen de trabajo importante y los archivos que traducimos contienen repeticiones, el aumento de productividad que supone el uso de la herramienta acostumbra a implicar una amortización rápida de la inversión.
- Las herramientas de traducción asistida comerciales a menudo se ofrecen en diversas versiones con diferencias de precio realmente significativas. Se debe analizar muy bien nuestras necesidades y adquirir la versión adecuada, la que ofrezca las funcionalidades que realmente necesitemos.
- Muchas herramientas comerciales permiten probarlas antes de comprarlas. Esto nos permitirá verificar si la herramienta se adapta realmente a nuestras necesidades.

Si escogemos, en cambio, una herramienta gratuita, será necesario fijarnos si el proyecto de desarrollo está todavía activo, de manera que se espere que aparezcan nuevas versiones y soluciones a posibles errores que puedan ir apareciendo. Las herramientas de traducción asistida gratuitas pueden ser una muy buena opción en muchos casos.

4. Otras funcionalidades interesantes de las herramientas de traducción asistida

4.1. Búsqueda en las memorias de traducción

Las herramientas de traducción asistida buscan automáticamente en la memoria de traducción para encontrar un segmento igual o muy parecido al que estamos traduciendo. La probabilidad de encontrar coincidencias en la memoria dependerá básicamente del tipo de texto que estemos traduciendo y de los que se han utilizado para crear la memoria (si contienen muchas repeticiones, la probabilidad, naturalmente, aumentará), el tamaño de la memoria de traducción y la longitud del segmento a traducir.

Las memorias de traducción también se pueden utilizar como material de referencia para realizar consultas manuales sobre la aparición de fragmentos de textos más cortos que un segmento. Es posible que tengamos que traducir un segmento nuevo que no recupere ningún segmento de la memoria de traducción, pero que contenga una expresión o combinación de palabras que nos haya aparecido anteriormente. Es posible utilizar la memoria para recuperar todos los segmentos originales y traducidos que contienen la expresión que queremos consultar. De esta manera podremos observar cómo se ha traducido esta expresión.

Este mismo tipo de consulta sirve para buscar términos que no tenemos recogidos en nuestra base de datos terminológica. Podemos recuperar todos los segmentos de la memoria que contienen este término y observar cómo se ha traducido.

Algunos sistemas de traducción asistida van incluso más allá y, además de recuperar los segmentos, proponen un equivalente de traducción muy probable mediante técnicas estadísticas.

4.2. Análisis de proyectos

Para poder realizar presupuestos precisos y poder evaluar el tiempo necesario para traducir un proyecto es necesario que las herramientas de traducción asistida dispongan de funciones de análisis que van más allá del simple recuento de palabras del documento o documentos originales.

Las funciones de análisis de proyectos suelen ofrecer la siguiente información:

- Número total de palabras o caracteres a traducir.
- Número de palabras o caracteres que se recuperan de la memoria o memorias de traducción seleccionadas de manera exacta (*exact match*, coincidencia exacta, 100% de similitud).
- Número de palabras o caracteres que se recuperan de la memoria o memorias de traducción seleccionadas de manera aproximada (*fuzzy match*, coincidencia parcial, similitud inferior al 100%). Esta información se acostumbra a dar para más de un índice de similitud o intervalos de índices (por ejemplo, se da para 95%-99%, 85%-94%, etc.). Estos valores en muchas herramientas son configurables.
- Número total de palabras o caracteres que se recuperan de forma exacta por repetición interna, es decir, segmentos que se repiten dentro de un mismo proyecto, sin que estuviesen almacenados previamente en una memoria de traducción.

El objetivo de las funciones de análisis del proyecto es doble:

- Saber con precisión cuánto podemos tardar a traducir el proyecto.
- Poder ajustar al máximo el presupuesto, ya que se pueden aplicar tarifas diferentes para los segmentos nuevos, para los que se recuperan al 100 % o se repiten dentro del mismo proyecto y para los que se recuperan con diferentes niveles de similitud.

5. Herramientas de traducción asistida

En el mercado existen muchos sistemas de traducción asistida. Constantemente aparecen nuevas herramientas y otras dejan de desarrollarse, o bien una empresa del sector absorbe a otra, etc. Por este motivo, se ha preferido no incluir en este apartado información referente a las herramientas de traducción asistida que existen en el mercado. En la página web de este manual ofrecemos información detallada y actualizada sobre las herramientas de traducción asistida que se pueden encontrar en el mercado.

Si el lector tiene interés por saber qué herramientas de traducción asistida son las más utilizadas por las empresas o por los traductores freelance, recomendamos la lectura de Lagoudaki (2006).

Conclusiones

En este capítulo hemos presentado una introducción a los conceptos fundamentales relacionados con la traducción asistida por ordenador. Uno de los rasgos distintivos de las herramientas de traducción asistida son las memorias de traducción. En el próximo capitulo profundizaremos en este tema y explicaremos cómo se crean y se gestionan las memorias de traducción.

Para ampliar conocimientos

Para profundizar más sobre las herramientas de traducción asistida, podéis leer alguno de los libros o artículos siguientes:

Bowker, L. (2002). *Computer-aided Translation Technology. A Practical Introduction.* Ottawa (Canadà): University of Ottawa Press.

Kay, M. (1980). *The Proper Place of Men and Machines in Language Translation.* Report CSL-80-11 Xerox Palo Alto Research Center, Palo Alto, Califòrnia. Reimprès a [1997] Machine Translation, 12, p. 3-23.

Kenny, D. i Way A. (2001). *Teaching Machine Translation & Translation Technology: A Contrastive Study.* MT Summit VIII Workshop on Teaching Machine Translation. Santiago de Compostel·la, p. 13-17. (http://www.dlsi.ua.es/tmt/docum/TMT2.pdf).

Lagoudaki, E. (2006). *Translation Memories Survey. Translation Memory Systems: Enlightening User's Perspective.* Imperial College. Londres. (http://www3.imperial.ac.uk/portal/pls/portallive/docs/1/7294521.pdf).

Nogueira, D. (2002). *Translation Tools Today: A Personal View* (http://www.accurapid.com/journal/19tm.htm).

Capítulo IV
Las memorias de traducción

Introducción

En este capítulo explicaremos qué es y para qué sirve una memoria de traducción. También explicaremos cómo se pueden crear memorias de traducción a partir de documentos originales y traducidos. En este sentido explicaremos algunas técnicas de alineación automática de documentos. Las memorias de traducción son un recurso muy valioso que requiere una organización y mantenimiento adecuados. En este capítulo explicaremos cómo podemos llevar a cabo esta organización y mantenimiento de una manera adecuada. Por último presentaremos el TMX, un formato estándar basado en XML que sirve para compartir memorias de traducción.

Objetivos

Los objetivos de este capítulo son que el lector:

- Sepa qué es una memoria de traducción y conozca sus usos.
- Conozca cómo se puede crear una memoria de traducción.
- Aprenda a organizar y mantener de manera adecuada las memorias de traducción.
- Conozca el formato TMX y valore su uso para compartir memorias de traducción entre usuarios de diferentes herramientas.

Contenido

1. ¿Qué es una memoria de traducción?

Una memoria de traducción, como ya comentamos en el capítulo anterior, es un depósito de textos en una lengua con sus correspondientes traducciones a una o más lenguas. Este depósito está organizado de forma que, cuando traducimos un nuevo segmento de texto, se puedan recuperar los segmentos originales iguales o muy parecidos y sus traducciones correspondientes.

En la mayoría de herramientas de traducción asistida este depósito está organizado en forma de base de datos. La base de datos guarda segmentos de texto originales y sus traducciones, además de información adicional que pueda resultar interesante. Además, la base de datos contiene unos índices que permiten una búsqueda rápida en las bases de datos.

2. ¿Para qué sirve una memoria de traducción?

Las memorias de traducción evitan tener que traducir de nuevo un segmento que ya ha sido traducido anteriormente. Cuando el traductor tiene que traducir un segmento igual o parecido a un segmento ya traducido anteriormente, la traducción se puede recuperar automáticamente de la memoria de traducción. La siguiente figura, adapta de Webb (1992), ilustra el proceso básico de traducción con una memoria de traducción.

Figura 4.1. Intervención de una memoria en el proceso de traducción

El uso de memorias de traducción supone numerosas ventajas para un traductor:

- Aumento de la productividad. Un traductor puede traducir más palabras en menos tiempo, ya que algunas traducciones se recuperan de la memoria. El aumento de productividad dependerá de diversos factores, pero podemos destacar dos: tipo de texto a tratar y medida y calidad de las memorias de traducción. Si nos encontramos ante textos repetitivos, o bien con actualizaciones de textos ya traducidos, el aumento de productividad puede ser considerable. Si además disponemos de una memoria de traducción grande y que contenga traducciones de buena calidad, aumentará la probabilidad de encontrar coincidencias interesantes que requieran poca edición. Algunos autores han intentado cifrar este aumento de productividad (Gow 2003) y las cifras varían considerablemente, pero podemos estimar que el aumento de productividad puede oscilar entre el 10 y el 30 %.

- Aumento de la coherencia. El uso de memorias de traducción puede ayudar a mantener la coherencia en las traducciones, ya que ayudarán a traducir de la misma manera segmentos iguales que puedan aparecer repetidos en un documento o en diferentes documentos. Si disponemos de memorias de traducción en red, en grandes proyectos de traducción en los que intervengan más de un traductor, se conseguirá una mayor coherencia entre las traducciones de los diversos traductores, ya que tendrán un acceso inmediato a los segmentos traducidos por el resto de traductores.
- También se pueden utilizar las memorias de traducción para realizar búsquedas de segmentos que contengan una determinada cadena. De esta manera podremos observar cómo se ha traducido anteriormente una determinada expresión.
- La traducción suele ser uno de los últimos pasos en la producción de documentación y en este proceso suelen realizarse cambios de última hora. Esto suele significar que los plazos de entrega de las traducciones sean muy ajustados. Si se utilizan memorias de traducción, el proceso de traducción puede iniciarse en el momento que se disponga de las primeras versiones de los documentos. Cuando el documento final esté acabado se podrán recuperar buena parte de las traducciones de la memoria y únicamente será necesario traducir los fragmentos que hayan cambiado o que sean nuevos. Este hecho es especialmente significativo en los proyectos de localización de software, en los que las versiones localizadas de los programas deben salir al mercado muy poco tiempo después de haberse acabado la versión original.

Para poder sacar el máximo provecho de las memorias de traducción, hay que dedicar un cierto tiempo a hacer un mantenimiento correcto. Tenemos que estar seguros de que el contenido de la memoria sea correcto y que contenga toda la información adicional necesaria para poder aprovecharla en proyectos futuros. En secciones posteriores explicaremos cómo hacer este mantenimiento de manera adecuada.

3. La pretraducción

La pretraducción es un proceso automático realizado por un sistema de traducción asistida que recupera las traducciones de los segmentos originales mediante la consulta a una o diversas memorias de traducción. Este proceso se puede llevar a cabo antes de que el traductor empiece a trabajar. Consiste en la comparación de todos los segmentos que hay que traducir con todos los segmentos originales guardados a la memoria de traducción. Si el sistema encuentra un segmento original idéntico (*exact matching*), traduce el segmento escribiendo el segmento traducido correspondiente. Si el traductor quiere recuperar la traducción de segmentos que son muy parecidos aunque no idénticos, busca el segmento en la lengua de partida que tiene el grado de coincidencia más alto con respecto al segmento que se tiene que traducir. Si el grado de coincidencia supera el umbral establecido por defecto por la herramienta o por el usuario (*fuzzy matching*), traduce el segmento con el segmento traducido correspondiente. La siguiente figura, también adaptada de Webb (1992), ilustra la pretraducción con *exact-matching* y *fuzzy-matching*.

Figura 4.2. Proceso de pretraducción con exact matching y fuzzy matching

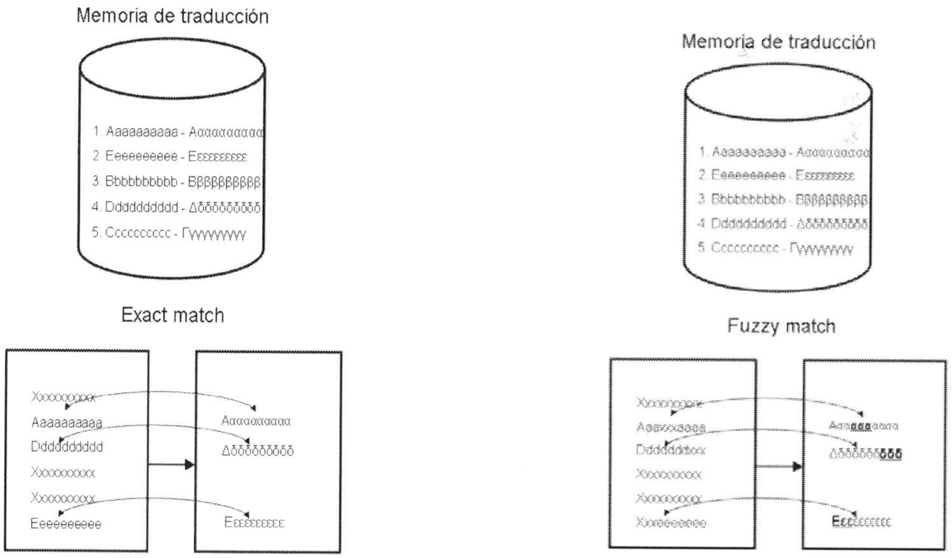

El resultado del proceso de pretraducción es un proyecto parcialmente traducido. Los sistemas de traducción asistida indican cuáles son los segmentos pretraducidos que se han recuperado de manera exacta y de manera aproximada.

4. Creación de memorias de traducción

Si trabajamos con una herramienta de traducción asistida, la creación y alimentación de memorias de traducción es una tarea inmediata y automática. Los segmentos traducidos con la herramienta de traducción asistida se podrán incorporar a una nueva memoria de traducción o a una existente. Este proceso es dinámico, es decir, la memoria se alimenta (tanto si es nueva y está vacía como si ya contiene información) a medida que el traductor traduce, ya que los nuevos segmentos se incorporan a la memoria y la hacen crecer.

Las herramientas de traducción asistida generalmente segmentan el texto de entrada y presentan al traductor un segmento detrás del otro. De esta manera, la herramienta de traducción asistida ya tiene establecida la relación entre los segmentos originales y los segmentos traducidos. La generación de la memoria de traducción, pues, es una tarea trivial.

Ahora bien, es posible que un traductor disponga de un volumen considerable de documentos originales y documentos traducidos y que la traducción de estos documentos no se haya realizado con la ayuda de un sistema de traducción asistida. Este material puede ser muy valioso y puede ser interesante para crear memorias de traducción. Para poder crearlas, será necesario llevar a cabo un proceso que se conoce con el nombre de *alineación de documentos*. La alineación de documentos consiste en relacionar los segmentos de un texto original con los segmentos correspondientes del texto traducido.

4.1. El proceso manual de alineación de documentos

El proceso genérico de alineación de documentos se puede dividir en dos pasos:

- Segmentación de los documentos originales y traducidos
- Relación de los segmentos originales con los segmentos traducidos correspondientes

La segmentación consiste en dividir el texto de los documentos en segmentos a partir de un conjunto de reglas de segmentación. Las reglas de segmentación nos indican dónde acaba un segmento y dónde empieza el siguiente. La mayoría de sistemas de traducción asistida ofrecen la posibilidad de especificar las reglas de segmentación que utilizan. Para sacar el máximo provecho de una determinada memoria de traducción conviene utilizar las mismas reglas de segmentación en la creación del proyecto que las que se utilizaron en la creación de la memoria de traducción. Por este motivo se ha creado un formato estándar de intercambio de reglas de segmentación basado en XML que se denomina SRX (*Segmentation Rule eXchange*). La mayoría de sistemas de traducción asistida nos ofrecen una interfaz gráfica que nos permite relacionar manualmente los segmentos originales con los correspondientes segmentos traducidos. Mediante una serie de operaciones básicas el usuario puede corregir la alineación manual inicial propuesta por el sistema.

Figura 4.3. Ejemplo de interfaz gráfica de un programa de alineación manual de documentos

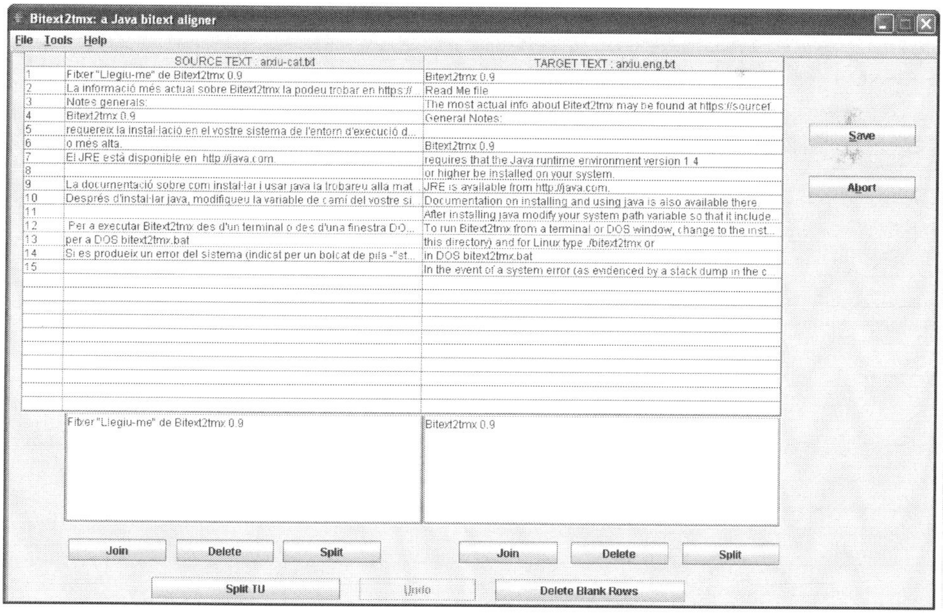

Si los documentos original y traducido se parecen en cuanto a formato y puntuación y la mayoría de segmentos originales tienen una relación 1:1 (es decir, cada segmento original se corresponde con un segmento traducido) la alineación obtenida únicamente a partir de la segmentación será bastante precisa y requerirá poca intervención humana para completar la alineación. Ahora bien, esto no siempre ocurre. Muy a menudo un único segmento original se traduce por dos segmentos (relación 1:2) o bien dos segmentos originales se traducen por uno solo (relación 2:1). Incluso a veces pasa que un segmento original simplemente no aparece a la traducción (relación 1:0) o que en la traducción aparecen nuevos segmentos (relación 0:1). Esto hace que la alineación manual de documentos llegue a ser una ser una tarea realmente pesada y que requiera una gran intervención humana. Por este motivo se han desarrollado diversas metodologías y herramientas de alineación automática de documentos.

4.2. La alineación automática de documentos

La alineación manual de documentos puede llegar a ser una tarea realmente pesada y que requiera un elevado grado de intervención humana. Por este motivo se han desarrollado diversas metodologías y herramientas de alineación automática de documentos. La alineación automática de documentos sigue los pasos genéricos de segmentación y relación de segmentos, pero la relación de segmentos se lleva a cabo de manera automática y sin intervención del usuario.

Se pueden distinguir tres metodologías de alineación automática:

- Basada en la longitud de los segmentos (en caracteres o palabras)
- Basada en un diccionario bilingüe
- Basada en técnicas gráficas

La primera de las metodologías se basa en el hecho de que normalmente los segmentos originales más largos se traducen por segmentos más largos. A partir de la relación inicial entre segmentos originales y traducidos de los documentos se computan parámetros estadísticos basados en la longitud de los segmentos y se calculan estos mismos parámetros estadísticos de diversas variaciones de la relación entre segmentos originales y traducidos. Se elige como mejor relación entre segmentos aquélla que presenta una distribución más uniforme de la relación entre las longitudes de los segmentos originales y de los segmentos traducidos.

La segunda metodología se basa en el hecho de conocer la traducción de ciertas palabras o grupos de palabras. Si estas palabras aparecen en el segmento original se espera que el segmento traducido aparezcan las traducciones correspondientes. El sistema buscará la alineación que haga que el número de palabras del diccionario que se encuentren en los segmentos originales y las traducciones de las cuales se encuentren en el correspondiente segmento traducido sea máximo.

La tercera de las metodologías utiliza técnicas gráficas (representando gráficamente diversos parámetros de los documentos originales y traducidos) para encontrar la alineación más probable.

4.3. Bilingual Sentence Aligner de Moore

A este algoritmo le dedicamos un apartado entero por dos motivos:

- porque el algoritmo está libremente disponible para investigación y para docencia y, por lo tanto, lo podremos utilizar y evaluar fácilmente
- porque combina de una manera muy original el método basado en longitud de segmentos y el método basado en diccionarios bilingües

Moore (2002) presenta un algoritmo de alineación de documentos que permite encontrar las alineaciones 1:1 de un conjunto de documentos. Es decir, el algoritmo nos da todas las alineaciones de los segmentos originales que se correspondan con un único segmento traducido. El resto de alineaciones (por ejemplo 1:2, 2:1, 0:1, 1:0) no las da. Aún teniendo esta limitación, este algoritmo puede resultar de gran utilidad para detectar todas las alineaciones 1:1 y, posteriormente, analizar los segmentos no alineados y realizar, si se considera necesario, una alineación manual.

El algoritmo de Moore pretende realizar la alineación automática a partir de un diccionario bilingüe (palabras o grupos de palabras originales relacionados con palabras o grupos de palabras traducidas), pero sin disponer de este diccionario, es decir, aprendiendo este diccionario a partir de los textos que se quieren alinear. A partir de un conjunto de textos alineados es relativamente sencillo obtener un diccionario bilingüe o bien, como en el caso del algoritmo de

Moore, un modelo estadístico de traducción. El modelo de traducción que adquiere Moore consiste en un conjunto de n-gramas con sus posibles traducciones y las probabilidades de cada posible traducción. El problema que tiene Moore es que no dispone de un conjunto de textos alineados, sino de un conjunto de textos para alinear.

La solución que propone Moore es hacer una primera alineación basada en la longitud de los segmentos y quedarse únicamente con aquellas alineaciones muy seguras. A partir de estas alineaciones seguras aprende el modelo de traducción que le permite alinear el resto de los segmentos.

5. Organización y mantenimiento de las memorias de traducción

Como el lector ya se ha podido imaginar, las memorias de traducción se convierten en un recurso muy valioso para un traductor. A medida que el traductor va traduciendo con la herramienta de traducción asistida va creando nuevas memorias o enriqueciendo las ya existentes. Con el tiempo, el número de memorias o la medida de éstas que tiene que gestionar un traductor puede llegar a ser considerable. Si hablamos ya no de un único traductor, sino de un equipo de traductores o de una empresa de servicios de traducción, el volumen de información contenida a las memorias puede ser muy grande.

Esto supone que sea imprescindible organizar y mantener las memorias de traducción de una manera adecuada. La idea básica de esta organización y mantenimiento es que el usuario de las memorias sepa en todo momento de qué recursos dispone, dónde se encuentran y su nivel de calidad. Ante un nuevo proyecto de traducción hay que saber rápidamente qué memorias tenemos disponibles que puedan ser interesantes.

5.1. Información contenida en una memoria de traducción

Una memoria de traducción contiene mucha más información además de los segmentos originales y los segmentos traducidos. Esta información adicional pude variar según la herramienta, pero en general puede disponer de la siguiente:

- Identificador del usuario que ha creado la memoria de traducción.
- Identificador del usuario que ha creado o modificado una determinada entrada de la memoria.
- Fecha de creación y modificación de las entradas de la memoria.
- Evidentemente incluirá identificadores de las lenguas en que están escritos los segmentos y, normalmente, también incluirá la información sobre si los segmentos son originales o traducciones.
- Información sobre el área temática.
- Información sobre el cliente.
- Información sobre el proyecto de traducción del cual proviene un segmento.
- Información sobre el estado de las unidades de traducción (aprobadas, pendientes de revisión).

Toda esta información puede resultar de mucha utilidad, tanto en el momento de utilizar la herramienta de traducción asistida como cuando tenemos que llevar a cabo tareas de mantenimiento. Cuando utilizamos la memoria de traducción es posible que se encuentre más de un segmento de la memoria que tenga el mismo índice de similitud que el que estamos traduciendo. La herramienta puede utilizar la información adicional sobre los segmentos para dar preferencia a un segmento recuperado sobre el otro. Por ejemplo, si uno de los segmentos tiene la información sobre el área temática coincidente con el que estamos traduciendo y el otro no, la herramienta mostrará en primer lugar el segmento recuperado con la misma área temática. Lo mismo sucedería si un segmento recuperado proviniera de un proyecto del mismo cliente y el otro, en cambio, se hubiera utilizado para un cliente diferente. También podemos configurar que la herramienta dé preferencia a los segmentos más nuevos, o bien a los más antiguos.

5.2. Mantenimiento de las memorias de traducción

La información adicional también será muy útil para realizar el mantenimiento de las memorias de traducción. Por ejemplo, podemos seleccionar todos los segmentos correspondientes a una determinada área temática y crear una memoria de traducción más pequeña que contenga únicamente esta especialidad. También podemos eliminar todas las entradas hechas por un determinado usuario si se ha verificado que no son de suficiente calidad.

La calidad del contenido de las memorias de traducción es un factor de vital importancia. Para asegurar la calidad del contenido hay que tener la precaución de alimentar o actualizar las memorias de traducción con el contenido del proyecto cuando se haya revisado y haya pasado los controles de calidad establecidos.

5.3. Organización de las memorias de traducción

La mayoría de las memorias de traducción están implementadas como bases de datos terminológicas que están contenidas en archivos que residen en algún directorio de nuestro ordenador o bien de un servidor. La organización de las memorias de traducción nos tiene que permitir encontrar la memoria o memorias de traducción adecuadas para cada proyecto de una manera rápida.

Un primer punto que conviene tener en cuenta es si decidimos trabajar con memorias de traducción muy grandes que contengan segmentos de diferentes áreas de especialidad y clientes o, si en cambio, decidimos trabajar con memorias de traducción más pequeñas. Esta decisión dependerá de diversos aspectos. Por un lado, si la memoria de traducción acaba siendo muy grande y nuestro hardware o nuestra herramienta no es capaz de trabajar adecuadamente con memorias tan grandes, será necesario controlar el tamaño de la memoria. Si nuestra herramienta nos permite seleccionar diversas memorias de traducción para un determinado proyecto, también será posible trabajar con memorias de traducción más pequeñas. Sea como sea, utilizando la información adicional presente en los segmentos, siempre podremos dividir una memoria muy grande en diversas más pequeñas, o bien juntar diversas memorias para crear una más grande.

Para poder encontrar fácilmente las memorias de traducción conviene seguir unos criterios para guardarlas, que nos permitan buscarlas fácilmente con las herramientas propias del sistema operativo. Una buena idea es darles un nombre que contenga un código de especialidad, un código de cliente y añadir también el código de las lenguas. Por ejemplo, si codificamos la especialidad de cardiología como "MC", nuestro cliente tiene el código "2341" y la memoria contiene segmentos en catalán e inglés, un nombre adecuado para la memoria sería MC-2341-cat-eng.

Las memorias de traducción tendrán que estar almacenadas en uno o más directorios de nuestro ordenador o de un servidor. Tenerlas bien ordenadas nos permitirá hacer fácilmente y con regularidad copias de seguridad de todas nuestras memorias.

6. Intercambio de memorias de traducción: el formato TMX

Cada herramienta de traducción asistida utiliza un formato propio para almacenar las memorias de traducción. Los formatos de las memorias de las herramientas de traducción asistida suelen ser formatos de bases de datos. Como ya hemos comentado en el capítulo anterior, estas bases de datos almacenan, además de los segmentos en las diferentes lenguas y la información asociada, un conjunto de índices. Estos índices permiten la recuperación rápida de los segmentos más parecidos a un determinado segmento original.

La existencia de diferentes formatos dificulta la posibilidad de compartir las memorias de traducción entre traductores que utilizan herramientas de traducción asistida diferentes. En el año 1998, el consorcio LISA (*Localization Industry Standards Association*) presentó un formato especial para el intercambio de memorias de traducción independiente del sistema operativo y del software utilizado por el traductor, el TMX (*Translation Memory eXchange*), un formato que cumple las especificaciones del XML. El propósito del TMX es "permitir el intercambio sencillo de memorias de traducción entre herramientas y proveedores de servicios de traducción sin que se produzca una pérdida (por lo menos una pérdida no muy considerable) de los datos cruciales durante el proceso". Es interesante destacar que las compañías comerciales de herramientas de traducción se han visto obligadas a adaptar sus productos para que admitan (importen) memorias en TMX y también exporten al formato TMX las memorias creadas con su formato. Hoy día, la mayor parte de herramientas de traducción asistida son compatibles con el formato TMX.

A continuación presentamos un fragmento de una memoria de traducción en formato TMX:

```
<tu
   tuid="0001"
   datatype="Text"
   usagecount="2"
   lastusagedate="19970314T023401Z"
  >
   <note>Text of a note at the TU level.</note>
   <prop type="x-Domain">Computing</prop>
   <prop type="x-Project">Localization231 </prop>
   <tuv
    xml:lang="en-EN"
    creationdate="19970212T153400Z"
    creationid="ToniO"
   >
    <seg>Open file</seg>
   </tuv>
   <tuv
    xml:lang="ca-ES"
    creationdate="19970309T021145Z"
    creationid="ToniO"
    changedate="19970314T023401Z"
    changeid="ManonD"
   >
    <seg>Obrir arxiu</seg>
   </tuv>
  </tu>
```

Podéis encontrar las especificaciones del formato TMX en la página web http://www.lisa.org/standards/tmx.htm.

Conclusiones

En este capítulo hemos explicado la utilidad de una memoria de traducción y como gestionar adecuadamente este recurso. Una memoria de traducción es el resultado del trabajo considerable que ha llevado a cabo un traductor o un grupo de traductores. Este recurso es fácil de compartir, especialmente si se utiliza el formato estándar TMX.

Para ampliar conocimientos

Para conocer más a fondo el rendimiento económico que se puede sacar de las memorias de traducción, recomendamos la tesis doctoral de L.E. Webb, del 1992, *Advantages and Disadvantages of Translation Memory: A Cost/Benefit Analysis* (http://www.webbsnet.com/translation/thesis.html).

Quien conozca los lenguajes XML o HTML no le costará mucho de entender cómo se codifican las memorias en TMX. Una buena introducción es *Una guía al TMX. De la traducción automática a la Traducción Asistida* (http://sirio.deusto.es/abaitua/deli/xtrabi-e341.htm) de Josu Gómez, del Grupo DELI de la Universidad de Deusto. También se puede visitar la página de LISA http://www.lisa.org/tmx/ y consultar más documentación útil sobre memorias de traducción, y en concreto sobre el TMX.

Sobre la propiedad de las memorias de traducción es interesante el artículo de Valderrábanos, del 2002, *Who owns what? Some insights on TM ownership* (http://transref.org/default.asp?docsrc=/u-articles/TMownership1.asp).

Direcciones de interés

En http://tcc.itc.it/people/forner/multilingualcorpora.html#corpora encontraréis textos (corpus) paralelos y alineados disponibles en Internet.

También puede ser interesante consultar, www.tumatxa.com/es, donde encontraréis información sobre Tumatxa, una herramienta de libre distribución de gestión de memorias de traducción vía web creada por la empresa del País Vasco CodeSyntax.

Bibliografía

Gow, F. (2003). *Metrics for Evaluating Translation Memory Software.* MA thesis. University of Ottawa. Canadà.

Moore, Robert C. 2002. *Fast and Accurate Sentence Alignment of Bilingual Corpora. In Machine Translation: From Research to Real Users* (Proceedings, 5th Conference of the Association for Machine Translation in the Americas, Tiburon, Califòrnia), Springer-Verlag, Heidelberg, Alemanya, p. 135-244. http://research.microsoft.com/users/bobmoore/sent-align2-amta-final.pdf

Webb L. E. (1992). *Advantages and Disadvantages of Translation Memory: a Cost/Benefit Analysis.* Tesis doctoral. http://www.webbsnet.com/translation/thesis.html

Capítulo V

La terminología

Introducción

En este tema veremos los aspectos teóricos y prácticos relacionados con la terminología y su importancia en el campo de la traducción. Las bases de datos terminológicas son unos recursos de vital importancia en todo proceso de traducción. Por este motivo es necesario aprender a crear y mantener bases de datos terminológicas de una manera adecuada.

Objetivos

- Introducir los aspectos teóricos básicos relacionados con la terminología.
- Valorar la utilización de las bases de datos terminológicas en el proceso de traducción.
- Aprender a crear, organizar y mantener bases de datos terminológicas.
- Presentar las prestaciones básicas de los programas de gestión de bases de datos terminológicas.
- Entender el funcionamiento y la utilidad de los programas de extracción de terminología.

Contenido

1. Terminología y traducción
2. Glosarios y bases de datos terminológicas
3. Organización y clasificación de las bases de datos terminológicas

1. Terminología y traducción

Sin querer profundizar mucho en la teoría de la terminología, cosa que podría provocar largas discusiones, sí que queremos presentar los principios teóricos básicos relacionados con esta disciplina que son especialmente interesantes para los traductores. Nos interesa sobre todo comprender el concepto de *término*.

Un término es una unidad constituida por un *concepto* y su *denominación*. Si queremos profundizar en esta definición será necesario definir también qué es un concepto y qué entendemos por denominación.

Un concepto es una unidad del pensamiento que comprende las características comunes asignadas a los objetos y que sirven para reconocer objetos, comunicarse sobre ellos y ordenarlos mentalmente. Los conceptos no están vinculados a determinadas lenguas, aunque reciben la influencia del trasfondo social y cultural de cada momento.

Una denominación es la designación, formada por un mínimo de una palabra, de un concepto en el lenguaje especializado.

Si queremos hacer una recopilación monolingüe de términos de una determinada especialidad, será necesario incluir tanto el concepto como la denominación. Recoger la denominación no es complicado, ya que simplemente se debe escribir la palabra o palabras que forman la denominación. Pero, ¿cómo se puede recoger el concepto? Esto normalmente se hace con ayuda de definiciones, fotografías o esquemas.

Ahora bien, si estamos en el ámbito de la traducción, querremos disponer de recopilaciones de términos bilingües o multilingües. En este caso, trataremos de tener la denominación del término en más de una lengua, y la representación del concepto en muchos casos no será tan importante (aunque toda información adicional puede ser de mucha ayuda en el proceso de traducción).

Así pues, en el ámbito de la traducción, la información imprescindible de un término es el término original y el equivalente de traducción en otra lengua. Como ya hemos comentado, los dos elementos de un término son el concepto (que es independiente de la lengua) y la *denominación* (que es dependiente de la lengua). Un glosario terminológico orientado a la traducción debe contener, como mínimo, la denominación del término en más de una lengua.

Es muy importante conocer también el *área de especialidad*. Esta información puede no estar incluida en las bases de datos terminológicas que contienen términos de una única especialidad. En este caso, la especialidad se puede expresar en el mismo nombre de la base de datos. Ahora bien, si una base de datos terminológica contiene términos de más de una especialidad, habrá que incluir un campo de especialidad en cada una de las entradas terminológicas.

Para destacar la importancia que tiene conocer el área de especialidad, ponemos el ejemplo del término *coll* en catalán, que puede aparecer asociado a diversas especialidades. Observad en la siguiente tabla cómo varían los equivalentes de traducción según la especialidad (fuente Termcat).

Catalán	Especialidad	Definición	Castellano	Inglés
coll	Ciencias de la salud	Parte, más bien estrecha, que une la cabeza con el tronco.	cuello	neck
coll, collada	Ciencias de la tierra	Depresión de una alineación montañosa, abierta generalmente en la carena, apta para transitar de una vertiente en el otro.	collada, puerto	col
coll	Ocio.	En la baraja, símbolo que permite vincular cada carta a una de las distintas series básicas.	palo	suit

2. Glosarios y bases de datos terminológicas

Los traductores no están únicamente interesados en los términos estrictamente hablando. A menudo el traductor tiene que seguir unos estándares de denominación de los productos de su cliente, de los departamentos de su empresa, de sus cargos, etc. Aunque no son términos en el sentido estrictamente teórico, el traductor aborda su traducción como si fuesen términos de un texto médico o farmacéutico.

Denominaremos *glosario temático* al conjunto de términos propios de una especialidad aprobados por terminólogos y de uso común entre especialistas. Por su parte, denominaremos *glosario corporativo* al conjunto de términos de uso común en una empresa, institución, etc. Cuando estos glosarios temáticos y corporativos contienen el equivalente de un término en otra lengua, diremos que son *glosarios temáticos bilingües* y *glosarios corporativos bilingües*, respectivamente. Si contienen los equivalentes del término en diferentes lenguas, son *multilingües*.

Una *base de datos terminológica* (BDT) es un glosario que tiene un formato electrónico. Las bases de datos terminológicas pueden ser bilingües o multilingües.

La importancia de una buena gestión de la terminología en la tarea de la traducción se puede concretar en dos aspectos fundamentales:

- Mejora la eficiencia del traductor (ahorra tiempo de preparación y evita la pérdida de tiempo en consultas).
- Asegura la coherencia terminológica entre diferentes trabajos de un mismo cliente, especialmente cuando en la realización de un proyecto interviene un equipo de traductores.

3. Organización y clasificación de las bases de datos terminológicas

En este punto podemos repetir lo que ya dijimos en el tema anterior respecto a la organización, el mantenimiento y la clasificación de las memorias de traducción. Resumiendo, podemos trabajar con bases de datos muy grandes donde el tema, cliente y otras características se especifiquen en cada entrada, o bien trabajar con diversas bases de datos terminológicas más pequeñas. Sea como sea, si guardamos los datos adecuados de cada término, siempre podremos dividir bases grandes en varias más pequeñas o agrupar varias pequeñas para crear una más grande.

Una buena práctica consiste en trabajar con diversas bases de datos y clasificarlas (es decir, dar un nombre al fichero) según:

- El tema de especialidad
- Las lenguas implicadas (algunas bases de datos terminológicas son multilingües, entonces habrá que indicar todas las lenguas implicadas)
- El cliente (nombre o código)

Por ejemplo, podemos dar el nombre *FA-1023-eng-spa* en que FA corresponde a una especialidad y 1023 es el código de cliente. Este tipo de nombre permitirá una búsqueda rápida de la base de datos terminológica, la creación de lexicones a partir de más de una base de datos y la agrupación de diversas en una más grande.

4. Gestión de la terminología para proyectos de traducción

Existen diversas maneras de gestionar la terminología durante la preparación o la ejecución de un proyecto de traducción. La estrategia que se escoja dependerá del tipo de proyecto y de los recursos terminológicos disponibles. Las tres estrategias que presentaremos se pueden combinar perfectamente. En este apartado presentamos dos de las estrategias, y la tercera, la extracción automática de terminología, la presentaremos en el apartado siguiente.

4.1. Creación del glosario de un proyecto

Si disponemos de una o más bases de datos terminológicas aplicables a un proyecto, podemos crear un glosario o lexicón. La operación de creación del glosario terminológico de un proyecto consiste en seleccionar de una o más bases de datos terminológicas las entradas que se encuentran en el proyecto. Este proceso es automático y es interesante por tres aspectos:

- De esta manera evitamos trabajar con bases de datos terminológicas demasiado grandes.

- Si enviamos el proyecto con el correspondiente glosario a un colaborador, el fichero pesa menos, y también evitamos que tenga una de nuestras bases de datos terminológicas entera.
- Si vamos añadiendo nuevas entradas al glosario a medida que vamos traduciendo, evitamos introducirlas en la base de datos terminológica general antes de que los términos se validen. Una vez validados los nuevos términos, se podrán introducir en la base de datos terminológica del cliente y la especialidad.

4.2. Recopilación de terminología durante el proceso de traducción

Es una buena costumbre ir ampliando el glosario terminológico con los nuevos términos que aparecen a medida que se va traduciendo. Esta práctica comporta numerosas ventajas, entre las cuales se pueden destacar las siguientes:

- Evitaremos tener que repetir consultas en diccionarios u otras fuentes si vuelve a aparecer un término ya consultado.
- Ampliaremos la base de datos terminológica y aumentaremos la productividad tanto durante la ejecución del proyecto en curso como durante la ejecución de proyectos futuros.

Si un proyecto se divide entre más de un traductor, la información introducida en los glosarios de los diferentes traductores tendrá que ser validada y habrá que comprobar que diferentes traductores no hayan introducido términos originales con diferentes equivalentes de traducción.

5. Extracción automática de terminología

La extracción de terminología es el proceso mediante el cual se seleccionan de un texto o conjunto de textos unidades candidatas a constituir términos. No hay que confundir la extracción de terminología con la creación del glosario terminológico a partir de bases de datos terminológicas. En el caso de la extracción automática de terminología, intentamos descubrir los términos más relevantes sin saber previamente cuáles son estos términos. En cambio, en el caso de la creación de glosarios para un determinado proyecto, miramos qué términos de una base de datos terminológica están en un proyecto determinado. En este caso, pues, los términos son conocidos *a priori*.

La extracción automática de terminología es una aplicación de la Lingüística Computacional muy interesante para la actividad del traductor:

- En la fase de preparación de un proyecto, especialmente para proyectos grandes en los que intervienen más de un traductor. Mediante la extracción automática de terminología podremos descubrir los términos más relevantes de un determinado proyecto y unificar los criterios de traducción entre los diferentes colaboradores antes de empezar el proyecto.
- Una vez acabado un proyecto, para hacer revisiones y recopilaciones de terminología.

La extracción de terminología puede ser *monolingüe* o *bilingüe*. Entendemos por extracción monolingüe la que trabaja sobre textos en una única lengua y quiere extraer los términos en esta misma lengua. En cambio, la extracción bilingüe trabaja sobre textos en una determinada lengua y sus correspondientes traducciones a otra lengua, y quiere descubrir los términos en una determinada lengua y los equivalentes de traducción que se han utilizado de estos términos extraídos. En este apartado trataremos únicamente de la extracción monolingüe y dejaremos la bilingüe para el apartado siguiente.

Las principales dificultades para la extracción de terminología son tres:

- Identificar el inicio y el final de las unidades terminológicas.
- Decidir si una unidad discursiva corresponde a un dominio especializado o al lenguaje general.
- Detectar términos monopalabra.

Existen dos técnicas principales para la extracción de terminología.

- Estadística: se basa principalmente en la frecuencia de aparición de diferentes unidades (palabras y combinaciones de palabras).

- Lingüística: se basa principalmente en la detección de patrones de categorías morfológicas.

Los sistemas tienen que detectar tanto términos *monopalabra* (formados por una única palabra) como términos *multipalabra* (formados por más de una palabra). Veremos la dificultad que presenta la detección de términos monopalabra.

5.1. Técnicas estadísticas

La información básica que utilizan los sistemas estadísticos es la frecuencia de aparición. Los sistemas de extracción de terminología estadísticos trabajan con n-gramas de palabras. Los *n-gramas* de palabras son combinaciones de n palabras consecutivas. Por ejemplo, en la frase:

El sistema de gestión empresarial incluye un programa de facturación y una base de datos de recursos humanos.

Los 1-*gramas* que hay en el texto son: *El, sistema, de, gestión, empresarial, incluye, un, programa, facturación, y, una, base, datos, recursos, humanos.*

Los 2-gramas son: *El sistema, sistema de, de gestión, gestión empresarial, empresarial incluye, incluye un, un programa, programa de, de facturación, facturación y, y una, una base, base de, de datos, datos de, de recursos, recursos humanos.*

Los 3-gramas son: *El sistema de, sistema de gestión, de gestión empresarial, gestión empresarial incluye, empresarial incluye un, incluye un programa, un programa de, programa de facturación, de facturación y, facturación y una, y una base, una base de, base de datos, de datos de, datos de recursos, de recursos humanos.*

Y así sucesivamente hasta el orden *n* deseado. Los candidatos a término se encontrarán entre estas combinaciones (por ejemplo *gestión empresarial* o *base de datos*). Ahora bien, hay muchos candidatos, y será necesario eliminar algunos de manera automática. Para poder hacer esta selección utilizaremos listas de *palabras vacías* o *stop-words*. Las palabras vacías, cuando hablamos de extracción de terminología, son una serie de palabras (mayoritariamente funcionales) que no pueden estar en ciertas posiciones de la entrada terminológica (normalmente las posiciones extremas, es decir, primera y última). Por ejemplo, si nuestra lista de palabras vacías para el castellano está formada por las palabras *el, la, los, las, de, uno, una, unos, unas, y...* y eliminamos los *bigramas* y *trigramas* que tienen en posición extrema una de estas palabras, la lista de candidatos se reduce.

Los 2-gramas son: *gestión empresarial, empresarial incluye, recursos humanos.*

Los 3-gramas son: *sistema de gestión, gestión empresarial incluye, incluye un programa, programa de facturación, base de datos, datos de recursos.*

Si ahora también trabajamos con la frecuencia, probablemente en los textos especializados en empresa saldrá más veces *gestión empresarial* que *empresarial incluye*. De esta manera se puede extraer una lista de candidatos a constituir términos, que será necesario revisar manualmente.

Estos sistemas tienen dificultades para detectar los términos formados por una única palabra. Esta dificultad radica en el hecho de que el cálculo de todos los *unigramas* (*n*-gramas con $n = 1$) incluye todas las palabras de los textos analizados. Si filtramos por palabras vacías, obtendremos todas las palabras menos las vacías, y el resultado no se parecerá a una extracción de terminología.

5.2. Técnicas lingüísticas

Las técnicas lingüísticas de extracción de terminología se basan en la detección de patrones morfológicos. Por lo tanto, el paso previo a la extracción de terminología es el etiquetado morfosintáctico del texto o textos. El etiquetado de textos consiste en añadir información morfológica a cada palabra del texto. Por ejemplo, en una frase como "Los niños juegan" el etiquetado consistiría a añadir información del tipo "Los{el:DA0MP0} niños {niño:NCMP000} juegan{jugar:VMIP3P0}".

El etiquetado morfosintáctico es una tarea que se puede hacer automáticamente aunque presenta ciertos problemas. El etiquetado se puede hacer a partir de formarios (listas de formas de palabras con información morfológica expresada con etiquetas o tags). El etiquetado consiste a asignar las etiquetas correspondientes a cada palabra del texto de entrada. Ahora bien, nos encontramos con el problema de la ambigüedad en el lenguaje. Por ejemplo, la frase en castellano:

Yo bajo con el hombre bajo a tocar el bajo bajo la escalera.

¿Cómo podemos asignar la etiqueta correcta a cada aparición de la palabra bajo (que puede tener las etiquetas sustantivo, verbo, adjetivo o preposición)? Para resolver la ambigüedad los etiquetadores se basan en el contexto de aparición; o bien aplican un conjunto de reglas elaboradas manualmente, o bien aplican técnicas de aprendizaje automático.

Una vez etiquetado el texto, la extracción de terminología consiste básicamente en hacer una búsqueda de patrones que sean típicamente terminológicos.

Ejemplos en inglés:

N N	farm loan
N N N	Schengen Information System
A N	fiscal year
A N N	social protection system
N P N	payment by result

Ejemplos en castellano:

N A	préstamo externo
N de N	comprobante de asiento

Evidentemente, el hecho de cumplir uno de estos patrones no querrá decir necesariamente que se trate de una entrada terminológica (pensemos, por ejemplo, en good boy (A N) o coche rojo (N A)). Una vez detectados los posibles candidatos, se hace una elección por frecuencia de aparición y una revisión manual.

Esta metodología de extracción también presenta dificultades por detectar términos monopalabra, ya que el patrón más habitual es "N" y el sistema detectaría todos los sustantivos del texto de entrada.

6. Búsqueda automática de equivalentes de traducción en corpus paralelos

Es posible determinar automáticamente el equivalente de traducción que se ha utilizado en un corpus paralelo o en una memoria de traducción. Un corpus paralelo es un corpus en el que tenemos las frases o segmentos en una determinada lengua relacionados con las frases o segmentos traducidos a otra lengua. La tarea consiste en identificar todas las apariciones del término que hay que buscar y establecer de manera estadística cuál de los candidatos a término presentes a las frases traducidas corresponde al equivalente de traducción del término original. El proceso de determinación del equivalente de traducción se puede explicar en los pasos siguientes:

- Consideramos el término TL1 en una determinada lengua. Hacemos una lista del número de orden de las frases originales en que aparece este término (esta lista la nombramos L1).
- Calculamos los candidatos a término que hay en todas las frases traducidas correspondientes a las frases presentes en L1. Calcularemos los candidatos mediante la técnica de extracción estadística. Este paso conducirá a tener un cierto número de términos candidatos a ser la traducción de TL1, y tendremos los N candidatos a traducción TL21, TL22...TL2N.
- El equivalente de traducción más probable será el más frecuente de los calculados a partir de las frases traducidas correspondientes a las frases de la lista L1. Esto es evidente gracias al hecho que el equivalente de traducción que buscamos tenderá a repetirse en todas las frases traducidas (o al menos en la mayoría).

Veamos este proceso con un ejemplo: Queremos saber el equivalente de traducción del término catalán *projecte de llei*. Dentro de nuestro corpus paralelo este término aparece a las oraciones que mostramos en la tabla siguiente:

La mesura —aprovada com a una esmena al projecte de llei sobre drets dels disminuïts— va comptar amb 200 vots a favor i 84 en contra.	La medida —aprobada como una enmienda al proyecto de ley sobre derechos de los disminuidos— contó con 200 votos a favor y 84 en contra.
El ministeri pretén negociar la proposta, a més, amb consumidors, treballadors i representants del sector abans de portar al Parlament un projecte de llei que es tramitarà per via urgent.	El ministerio pretende negociar su propuesta, además, con consumidores, trabajadores y representantes del sector antes de llevar al Parlamento un proyecto de ley que se tramitará por vía urgente.
Els valors cadastrals experimentaran l'any que ve una actualització del 2%, percentatge equivalent a la inflació prevista pel Banc Central Europeu (BCE) per a la zona de l'euro, segons es recull en una disposició del projecte de llei de pressupostos de l'Estat per al 2005.	Los valores catastrales experimentarán el año que viene una actualización del 2%, equivalente a la inflación prevista por el Banco Central Europeo (BCE) para la zona del euro, según se recoge en una disposición del proyecto de ley de presupuestos del Estado para el 2005.
El Govern ha de presentar al Parlament un projecte de llei sobre qualitat agroalimentària en el termini de sis mesos a comptar de l'endemà de l'entrada en vigor d'aquesta Llei.	El Gobierno ha de presentar al Parlamento un proyecto de ley sobre calidad agroalimentaria en el plazo de seis meses a contar desde el día siguiente al de la entrada en vigor de la presente Ley.
Per evitar una repetició del descoratjador cas de la incineració de residus, el projecte de llei planteja que la comissió promotora de la iniciativa pugui defensar dins del Parlament la seva proposta.	Para evitar una repetición del desalentador caso de la incineración de residuos, el proyecto de ley plantea que la comisión promotora de la iniciativa pueda defender dentro del Parlament su propuesta.

El sistema calculará a los candidatos a término de la parte castellana del corpus, y obtendrá a los candidatos siguientes (indicamos también la frecuencia del candidato):

5	proyecto de ley
2	Parlamento un proyecto
1	ley sobre derechos
1	comisión promotora
1	representantes del sector
1	entrada en vigor
1	repetición del desalentador
1	valores catastrales
1	Banco Central
1	desalentador caso
1	Banco Central Europeo
1	Parlament su propuesta
1	tramitará por vía
1	calidad agroalimentaria
1	votos a favor
1	medida -aprobada
1	presupuestos del Estado
1	zona del euro
1	presente Ley
1	enmienda al proyecto
1	trabajadores y representantes
1	incineración de residuos
1	ley sobre calidad
1	1 día siguiente
1	vía urgente
1	disposición del proyecto
1	ley de presupuestos
1	Central Europeo

Como podemos observar, el candidato más frecuente (*proyecto de ley*) es realmente el equivalente de traducción que buscamos. Esta técnica funciona bastante bien, pero hay que tener en cuenta unos cuantos aspectos importantes:

- Los *n-gramas* correspondientes a la lista de frases traducidas hay que filtrarlos con la lista de palabras vacías correspondiente a la lengua de llegada.
- El orden de los *n-gramas* que se tienen que calcular de las frases traducidas no tiene porque coincidir con el número de palabras del término que se

tiene que buscar. Hay que dar un cierto margen superior e inferior. Por ejemplo, si buscamos el equivalente de traducción del término inglés *social protection system* será necesario que el orden n de los *n-gramas* de la lengua de destino sea al menos de uno más que el número de palabras (en este caso 3, y, por lo tanto, n tendrá que ser hasta 4), para poder encontrar el equivalente *sistema de protección social.*

- No siempre el equivalente propuesto por el sistema es el correcto, por lo que habrá que explorar la lista de posibles equivalentes.

7. Programas de gestión de la terminología

Existen una serie de programas denominados normalmente *programas de gestión de la terminología* que permiten crear, consultar y mantener bases de datos terminológicas. Uno de estos programas es el TermBase de ForeignDesk. Dedicaremos una de las prácticas a utilizar este programa.

Las funciones más importantes de los programas de gestión terminológica son las siguientes:

- Crear bases de datos terminológicas.
- Consultar bases de datos terminológicas.
- Añadir, modificar y eliminar términos e información asociada a los términos.
- Importar datos a partir de diferentes formatos.
- Exportar los datos a otros formatos.

Algunos de estos programas de gestión terminológica se pueden asociar a una herramienta de traducción asistida. En el caso del TermBase, se puede asociar con el ForeignDesk ITE y trabajar conjuntamente. De esta manera, los términos que se encuentran en la base de datos terminológica se consultan automáticamente desde la herramienta de traducción asistida. También podemos añadir nuevos términos a la base de datos terminológica mientras vamos traduciendo.

Figura 5.1. Programa de gestión de terminología TermBase de ForeignDesk.

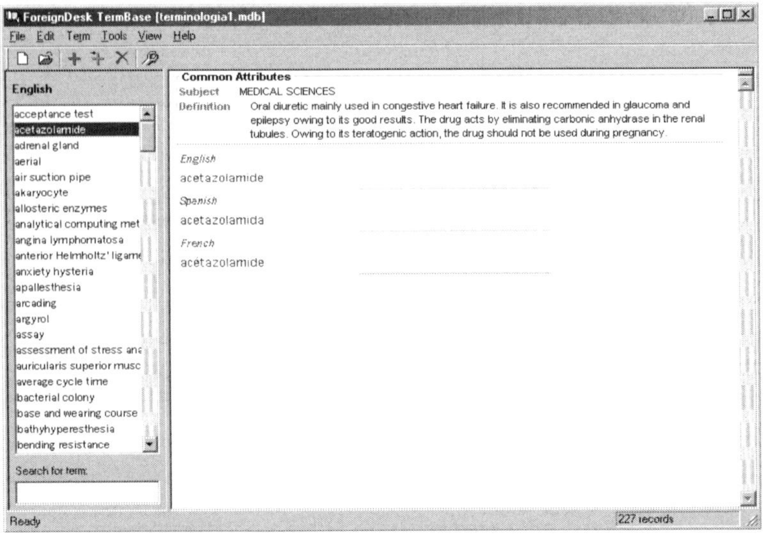

8. Recursos terminológicos en Internet

Internet es una buena herramienta de consulta terminológica. En este apartado presentaremos algunos sitios web para hacer consultas terminológicas y otros que permiten descargar recursos de manera libre. No presentaremos sitios web desde los cuales se pueden descargar ficheros que contienen glosarios concebidos para ser consultado en formato papel.

Entre los sitios web de consulta, destacamos los siguientes:

- Cercaterm (www.termcat.cat): Cercaterm es la interfaz de consulta de las bases de datos terminológicas del Termcat, el organismo que elabora y difunde recursos terminológicos en catalán y que es el normalizador de los neologismos en esta lengua. Además de la denominación en catalán se pueden obtener los equivalentes de un término en castellano, francés e inglés.
- Onelook (www.onelook.com): Onelook contiene un buscador que encuentra las definiciones y las traducciones de un término en diferentes diccionarios y glosarios en línea. Se pueden obtener traducciones de un

término en castellano, italiano, alemán, francés, inglés y chino. También es posible saber el equivalente en otra lengua (portugués o polaco, por ejemplo) en el caso que el término aparezca en un diccionario de equivalencias inglés-portugués, inglés-polaco, etc.

- Eurodicautom Es la base de datos terminológica de la Unión Europea. Contiene términos de diversas especialidades en diversas lenguas oficiales europeas. Actualmente no se actualiza ya que se ha integrado en la base de datos IATE (Inter Active Terminology for Europe) que se puede consultar desde la página http://iate.europa.eu/iatediff/
- Justiterm (http://www3.gencat.net:81/justicia/justiterm/index.htm): Justiterm es un portal de consulta terminológica del Departamento de Justicia de la Generalitat de Catalunya. Permite encontrar equivalentes de términos de justicia en castellano y catalán.
- Bases de datos terminológicas de los servicios lingüísticos universitarios: Algunos servicios lingüísticos de las universidades permiten la consulta en línea de terminología relacionada con las materias que imparten. Así, por ejemplo, el servicio lingüístico de ESADE tiene un sitio web donde se pueden consultar términos relacionados con los ámbitos económico y jurídico en castellano, catalán e inglés (http://www.esade.es/sl/assessor/basedades.htm).
- Euskalterm (http://www1.euskadi.net/euskalterm/): Servicio del UZEI, que es el centro vasco de terminología y lexicografía. Los términos de diferentes dominios tienen equivalentes en vasco, castellano, francés, inglés y latín.

Entre los sitios web que permiten descargar recursos terminológicos de manera libre destacamos el del proyecto de código abierto SALT (http://www.ttt.org/salt/description.html), el de Terminologia Oberta del Termcat (http://www.termcat.cat/productes/) y Ontoterm (http://www.ontoterm.com/).

SALT es el acrónimo de *Standards-based Access to Multilingual Lexical and Terminological Resources*. Es un proyecto de código abierto de un consorcio de grupos académicos, gubernamentales y comerciales europeos y norteamericanos que trabajan para probar, refinar e implementar un formato que permita el libre intercambio de bases de datos terminológicas y diccionarios para sistemas de traducción automática. Éste formato es un formato XML que se denomina XLT (*eXchange format for Lex/Term-data*), del cual el formato TBX es un subconjunto. Uno de los objetivos más importantes es que, gracias a éste formato de intercambio, los desarrolladores de un sistema de traducción asistida o automática puedan incorporar en su aplicación un filtro a este o desde este formato. De esta manera, cualquier traductor o desarrollador puede solicitar léxicos y bases de datos terminológicas en el formato de intercambio e integrarlos de manera directa.

La Terminología Abierta es fruto de la decisión del Termcat de liberar sus recursos. Actualmente es posible descargar glosarios sobre artes gráficas y edición, sobre ferias y congresos, o sobre Internet y sociedad de la información con equivalentes en catalán, castellano e inglés. El formato de los ficheros es XML y están preparados especialmente para el gestor de terminología del Termcat, pero con un tratamiento previo se pueden adaptar para ser usado a cualquier otro gestor terminológico.

Finalmente, Ontoterm es un proyecto liderado por Antonio Moreno Ortiz, del Departamento de Filología Inglesa, Francesa y Alemana de la Universidad de Málaga, y pretende solucionar algunos problemas de los gestores de terminología organizando la información terminológica como si se tratara de una ontología y situando los términos en esquemas conceptuales. No nos entretendremos a analizar el fundamento teórico y metodológico de Ontoterm, sino que destacaremos, por un lado, el hecho que sus bases de datos contienen denominaciones en diversas lenguas y, por otro lado, que cumple con las normas ISO para el intercambio de terminología y que, de momento, es gratuito. Todo dependerá, como dice el autor, de la respuesta de quien lo pruebe. Para obtenerlo de manera libre y probarlo hay que ponerse en contacto con el autor escribiendo un mensaje de correo electrónico a la dirección que se indica en la página web.

9. Intercambio de bases de datos terminológicas: el formato TMX

Las incompatibilidades de formatos de las BDT creadas con diferentes herramientas de TAO comerciales han creado la necesidad de desarrollar un formato estándar que permita el intercambio libre de bases de datos terminológicas entre cualquier traductor. Es el formato TBX (TermBase eXchange), muy parecido al TMX; de hecho, es también un formato basado en el XML. Presentamos aquí un ejemplo de un fragmento en que se muestra la información para el término brush y su traducción al francés.

```
<termEntry id='C65'>
                  <descrip type='subjectField'>art</descrip>
                  <descrip type='definition'>An instrument compo-
sed of bristles, or other like material, set in a suitable handle
and used for various purposes, as in laying on colors</descrip>
                  <langSet xml:lang='en'>
                     <tig> <term>brush</term> </tig>
                  </langSet>
                  <langSet xml:lang='fr'>
                     <tig> <term>pinceau</term> </tig>
                  </langSet>
</termEntry>
```

Conclusiones

En este capítulo hemos presentado los aspectos más importantes de la terminología y su relación con la traducción. Una buena gestión terminológica es clave para completar con éxito un proyecto de traducción. Las bases de datos terminológicas son unos recursos muy importantes para aumentar la productividad y la calidad de nuestros trabajos de traducción.

Para ampliar conocimientos

Para ampliar conocimientos sobre la extracción automática de terminología podéis consultar alguno de los documentos siguientes:

- Rosa Estopà, Jordi Vivaldi, M. Teresa Cabré. *Sistemes d'extracció automàtica de (candidats a) termes: Estat de la qüestió*. IULA/INF022/98. (ftp://ftp.iula.upf.es/pub/publicacions/98inf022.pdf)
- Alexandre Patry i Philippe Langlais (2005, 17-18 d'agost). "Corpus-Based

Terminology Extraction". A: *Proceedings of the 7th International Conference on Terminology and Knowledge Engineering* (pàg. 313-321). Copenhaguen (Dinamarca). (http://www.iro.umontreal.ca/~felipe/Papers/paper-tke-2005.pdf)

Bibliografía

Arntz, R.; Pitch, H. (1995). *Introducción a la Terminología.* Madrid: Fundación Sánchez Ruipérez.

Cabré, M. T. (1993). *La terminología. Teoría, metodología, aplicaciones.* Barcelona: Antàrtida-Empúries.

Felber, H. (1984). *Terminology Manual.* París: Unesco-Infoterm.

Felber, H.; Pitch, H. (1984). *Métodos de terminografía y principios de investigación terminológica.* Madrid: C.S.I.C., Instituto Miguel de Cervantes.

Gonzalo, C.; García Yebra, V. (ed.) (2004). *Manual de documentación y terminología para la traducción especializada.* Madrid: Arco/Libros.

Picht, H.; Draskau, J. (1985). *Terminology: an introduction.* Guilford: University of Surrey.

Sager, J. C. (1993). *Curso práctico sobre el procesamiento en terminología.* Madrid: Fundación Germán Sánchez Ruipérez.

Wright, S. E. (1997). *Handbook on Terminology Management.* Amsterdam: John Benjamins.

Wüster, E. (1998). *Introducción a la teoría general terminológica y a la lexicografía terminológica.* Edición a cargo de M. T. Cabré. Barcelona: IULA.

Capítulo VI

Los corpus lingüísticos

Introducción

En este capítulo hablaremos de los corpus lingüísticos y de su uso en el mundo de la traducción. Los corpus se pueden convertir en unas herramientas muy interesantes para la tarea de un traductor, porque permiten observar el uso real de las palabras y expresiones.

Objetivos

Los objetivos del capítulo son que el lector:

- Tenga una idea clara de lo que es un corpus lingüístico.
- Conozca los diferentes tipos de corpus lingüísticos.
- Tenga una idea general de cuáles son los requisitos de un corpus.
- Entienda la importancia de la codificación de la información contenida en un corpus.
- Conozca algunos usos de los corpus lingüísticos; en concreto, los usos relacionados con la traducción.

Contenido

1. ¿Qué es un corpus lingüístico?
2. Tipos de corpus lingüísticos
3. Usos de los corpus lingüísticos

1. ¿Qué es un corpus lingüístico?

Según Sinclair (1996), un *corpus* es una recopilación de fragmentos de una lengua que se seleccionan y se ordenan según un criterio lingüístico con la finalidad de ser utilizado como una muestra de la lengua o de una variedad de la lengua. Sinclair habla de *fragmentos* y no de textos por el siguiente motivo: en el caso de que se extraigan muestras del corpus que tengan el mismo tamaño, las muestras no pueden ser todas textos completos, sino que algunas serán fragmentos de textos.

Tradicionalmente, se ha considerado que cualquier compilación de textos se puede considerar un corpus. Hay autores, sin embargo, que establecen unos requisitos más restrictivos, como la extensión, que tiene que ser finita. Sinclair (2005) dice que pueden haber confusiones y que se acabe llamando *corpus* a cosas que realmente no lo son. Por ejemplo, Internet no es un corpus porque tiene unas dimensiones desconocidas y que cambian constantemente. Además, Internet no es un corpus porque no se ha diseñado desde una perspectiva lingüística.

En este capítulo nos centraremos en los llamados *corpus electrónicos*; es decir, corpus que pueden ser procesados y consultados con un software informático.

2. Tipos de corpus lingüísticos

Un criterio muy general para distinguir tipo de corpus es si es un *corpus escrito* o un *corpus oral*. Si el uso que se hace está en el marco de la fonética y de las tecnologías del habla, el corpus oral recoge grabaciones o bien representaciones de grabaciones con alfabeto fonético. Si la finalidad es representar el uso oral de una lengua, o de una variedad o un registro de uso, el corpus contiene las transcripciones ortográficas (transliteración) de las grabaciones. Un ejemplo de corpus oral del primer tipo es la *Base de Données de Lapsus*[1] sobre errores de producción del habla en francés. Un ejemplo del segundo tipo es el *Corpus Oral de Referencia del Español Contemporáneo*, del Laboratorio de Lingüística Informática de la Universidad Autónoma de Madrid.[2]

Entre los corpus escritos hay que mencionar los *corpus de referencia*, los *monitores* y los paralelos. Un *corpus de referencia* es aquel que puede servir de base para hacer buenas gramáticas, diccionarios, tesauros y otros materiales de referencia. Entre los corpus de referencia más conocidos hay los representativos de la lengua inglesa, como el *Brown Corpus*,[3] del inglés americano, el *British National Corpus*[4] y también el *Bank of English*[5] de la Universidad de Birmingham, a partir del cual se generó el diccionario y las gramáticas *COBUILD*. Para el francés, está el *FRANTEXT*, del Institut National de la Langue Française,[6] que es la base del *Trésor de la Langue Française*. En Cataluña está el *Corpus Textual Informatitzat de la Llengua Catalana* (CTILC), a partir del cual se ha hecho el *Diccionari Descriptiu de la Llengua Catalana*,[7] y el corpus catalán del proyecto europeo *PAROLE* (Preparatory Action for Linguistic Resources Organisation for Language Engineering),[8] que ha desarrollado corpus para trece lenguas europeas. En cuanto a corpus de referencia de la lengua española, tenemos el *Corpus de Referencia del Español Actual* (CREA) de la Real Academia de la Lengua[9] el *Corpus lingüístico del español contemporáneo* (CUMBRE), el corpus desarrollado para el proyecto LEXESP (base de datos de léxico español), del Laboratorio de Lingüística Computacional de la Universidad de Barcelona y el grupo de procesamiento de lenguaje natural de la UPC. Entre los corpus multi-

1. http://www.lpl.univ-aix.fr/lpl/personnel/rossi/bd.htm
2. http://www.lllf.uam.es/corpus.html
3. http://icame.uib.no/brown/bcm.html
4. http://info.ox.ac.uk./bnc
5. http://www.titania.bham.ac.uk/
6. http://www.lib.uchicago.edu/efts/ARTFL/databases/TLF/
7. http://dcc.iecat.net/ddlc/index.asp
8. http://www.elda.org/catalogue/en/text/doc/parole.html
9. http://www.rae.es

lingües –incluido el catalán– mencionamos el corpus de textos especializados del IULA (Instituto Universitario de Lingüística Aplicada) de la Universidad Pompeu Fabra.[10]

Un *corpus monitor* es un corpus que se mantiene actualizado permanentemente. Es ideal para hacer estudios diacrónicos de la lengua. Un ejemplo de corpus monitor es el corpus del *Observatorio de neologismos* del IULA (*Obneo*).[11] Finalmente, los *corpus paralelos* son recopilaciones de textos que han sido traducidos a una o más lenguas. Un proyecto de confección de corpus paralelos es el *Europarl*,[12] que recoge las actas del parlamento europeo desde el año 2003 en las siguientes lenguas: alemán, inglés, danés, español, finlandés, francés, griego, holandés, italiano, portugués y sueco. También hay que mencionar el corpus *CRATER*[13] sobre telecomunicaciones, en inglés, francés y español.

3. Usos de los corpus lingüísticos

Un corpus es un conjunto de datos lingüísticos que reflejan el uso de una lengua. Dentro de este conjunto se puede encontrar un fenómeno que falsee una teoría lingüística que se ha elaborado de manera apriorística, como es el caso de la gramática generativa. Pero los generativistas pueden dudar de la necesidad de un corpus porque no hay que construir grandes corpus para encontrar algún contraejemplo. Con la introspección, el conocimiento que cada uno tiene de la propia lengua, hay bastante. A pesar de todo, es interesante disponer de datos del uso 'real' de la lengua para probar una hipótesis alternativa o falsear la que está en vigor.

De todas maneras, de los corpus lingüísticos se puede obtener información sobre fenómenos que sólo se pueden describir a partir de los datos y no desde un enfoque teórico. Por ejemplo, el uso de léxico con connotaciones morales

10. http://www.iula.upf.es/corpus/corpus.htm
11. http://www.iula.upf.edu/obneo/
12. http://people.csail.mit.edu/koehn/publications/europarl/
13. http://www.comp.lancs.ac.uk/linguistics/craterl

positivas o negativas en artículos de diario de líneas editoriales opuestas. Se puede demostrar empíricamente (Helmreich, Llevadias y Farwell, 2005), a partir del conjunto de artículos de opinión y noticias que hacen referencia al aborto, que en un diario de línea conservadora y afín a la doctrina de la iglesia católica, las referencias al aborto tienen connotaciones moralmente negativas (por ejemplo, *hijo no nacido*); mientras que en un diario de línea más progresista las referencias son neutras o eufemísticas (por ejemplo, *feto*). También se pueden elaborar trabajos lexicográficos importantes como la confección del diccionario *Redes*, dirigido por Ignacio Bosque, en el cual se muestran las combinaciones de palabras más frecuentes según un corpus de fuentes periodísticas de doscientos cincuenta millones de palabras. Un diccionario de este estilo puede ser útil para estudiantes de segundas lenguas, ya que el estudiante puede aprender, por ejemplo, que *problema* se combina con *enrevesado* o *mayúsculo* pero no con *garrafal*. La información del comportamiento léxico extraída de un corpus también contribuye a la mejora de los diccionarios de referencia.

Los corpus monolingües monitorizados son útiles para aportar pruebas sobre los cambios de uso y significado de una palabra a lo largo del tiempo. Los monolingües de especialidad son adecuados para extraer de manera automática una terminología que es de uso común entre especialistas pero que todavía no está presente en ninguna obra de referencia. Por su parte, los corpus paralelos pueden ser utilizados para confeccionar memorias de traducción o bien para encontrar de manera automática los equivalentes de traducción de una unidad léxica, término, etc.

Una aplicación de los corpus que está teniendo mucha importancia es la aportación de datos para que una máquina aprenda a realizar una tarea humana, como traducir, resumir un texto en cualquier lengua, corregirlo gramaticalmente, clasificar un documento por tema o por lengua, etc. La asunción es que los humanos tienen métodos basados en la analogía y en la memoria de los datos empíricos y que las máquinas también pueden aplicar conocimientos adquiridos con estos métodos para tomar decisiones durante el proceso de ejecución de una tarea humana.

Ilustraremos lo que hemos dicho con un ejemplo, extraído de Rabel y Soler (2001). Los diccionarios describen *absolutely* y *definitely* como palabras casi sinónimas. A pesar de todo, el comportamiento de estas dos palabras es bastante diferente según el verbo que hay detrás, tal como se ve a continuación en la siguiente tabla donde aparece el número de ocurrencias de la combinación de los dos adverbios seguidos de cuatro verbos.

Absolutely vs Definitely1				
Adverbios	**adore**	**love**	**like**	**prefer**
absolutely	289.000	905.000	16,200	644
definitely	1460	51000	158000	62200

Absolutely adore aparece mucho más que definitely adore, mientras que absolutely prefer es mucho más extraño que definitely prefer. Eso indica que absolutely sólo puede modificar acciones extremas o atributos. Esta información puede ser útil para un traductor automático para poder decidir la generación de uno de los dos adverbios. También puede ser útil para un corrector gramatical automático. Además, esta información puede ser muy relevante para incluirla en la nueva versión de un diccionario, o en la creación de un diccionario de uso real de la lengua.

Finalmente, también mencionaremos los corpus que se utilizan para evaluar sistemas de procesamiento de lenguaje natural. Destacamos el corpus *Senseval*,[15] que sirve para evaluar los sistemas que desambiguan los sentidos de las palabras según su contexto (*Word Sense Disambiguation* o WSD); una tarea necesaria para una correcta traducción automática o el resumen automático de un documento. En *Senseval* las palabras en más de doce lenguas que pueden tener diferentes sentidos se ponen en un contexto textual. Los sistemas de desambiguación tienen que identificar el sentido de la palabra que se adecua al contexto en el que aparece.

4. Requisitos de los corpus lingüísticos

En el momento de confeccionar un corpus se debe tener muy clara la utilidad que le queremos dar. No obstante, hay una serie de requisitos generales que se deben de tener en cuenta.

14. Liberman 2005, LanguageLog.org
15. http://www.itri.brighton.ac.uk/events/senseval/ARCHIVE/index.html

4.1. Herramientas de obtención de información textual

Es necesario disponer de herramientas de obtención de información textual que permitan hacer consultas como éstas:

C1 *Quiero saber cuáles son las palabras más frecuentes del corpus.*
C2 *Quiero saber qué combinaciones de categorías gramaticales son menos frecuentes en el corpus de la lengua.*
C3 *Quiero saber las veces que absolutely se combina con adore.*
C4 *Quiero saber el tipo semántico del sintagma nominal que sigue a la forma castellana entrar a y entrar en en todas sus manifestaciones flexivas.*

El sistema operativo Unix tiene unas órdenes del sistema (sort, grep ...) que nos permiten obtener datos textuales de un corpus. Por ejemplo:

```
grep -w -c 'entrar en' corpus-es.txt
```
[16]

Con la orden anterior obtendremos las veces que aparece la secuencia *entrar en* en el corpus que está en el fichero 'corpus-es.txt'. Si queremos tener los contextos de aparición, escribiremos:

```
grep -w 'entrar en' corpus-es.txt
```

De esta manera obtendremos los contextos de aparición. A continuación podemos observar algunos contextos de ejemplo.

Contextos de aparición de entrar en en un corpus de referencia obtenidos con la orden grep

Los laicos españoles tienen vergüenza a entrar en ese terreno.
No hay ningún descuento para entrar en los museos y, en general, los precios están totalmente fuera de sus posibilidades.
Sin entrar en detalles sobre el efecto del nuevo cálculo del PIB realizado por el INE, conforme a criterios estadísticos aceptados internacionalmente, lo cierto es que el crecimiento económico de 2005 va a ser semejante o incluso unas décimas mejor que el del año anterior, y que las perspectivas para 2006 no insinúan un estancamiento.
Modelo es también la persona que exhibe diferentes modas de vestir, aspecto de innegable interés social y económico, acepción alejada de la Ciencia o la Política para entrar en el área del Arte, la Moda y la Elegancia.
...

16. *–w* i *–c* son parámetros de la orden: *–w* establece que *entrar en* son dos palabras, no una cadena de caracteres que pueden estar en una palabra más larga. Por lo tanto, la secuencia *concentrar en* no se tiene en cuenta; *–c* quiere decir que se cuentan las veces en que aparece la combinación de palabras de la consulta.

Con otras órdenes Unix que transforman todo el fichero de texto en una lista de palabras y ordenan las palabras por su frecuencia de aparición podemos saber cuáles son las palabras más frecuentes del corpus. A continuación podemos ver la secuencia de órdenes Unix que crea una lista de palabras de un corpus en inglés ordenada por orden de frecuencia.

```
tr -sc 'A-Za-z' '\012' < corpus-en.txt | sort | uniq -c | sort -nr
```
[17]

Lista de palabras ordenada por frecuencia de un corpus de referencia obtenida con órdenes Unix

```
72853 the
41285 of
37687 to
31316 a
29570 and
24560 in
 17475 that
 17296 is
...
```

Hay programas especializados de extracción de información de corpus como MonoConc Pro[18] o WordSmith[19] que también permiten listar palabras por frecuencia, saber el número de ocurrencias de una determinada palabra, listar los contextos de ocurrencias de determinadas palabras (concordancias), con la opción de poder regular la longitud del contexto en función del número de palabras que queremos ver que van antes y después de la palabra, etc.

4.2. Etiquetado de las unidades de los corpus que son relevantes

Si en el corpus no está presente ninguna información que vaya más allá de los fragmentos de texto, no se podrán realizar consultas como C2, porque no

17. *tr -sc 'A-Za-z' '\012'* insiere un salto de línea donde haya un espacio detrás de una letra. Así crea un lista de palabras. *sort | uniq -c | sort -nr* ordenan la lista de palabras de más frecuente a menos frecuente.

18. http://www.athel.com/mono.html

19. http://www.lexically.net/wordsmith/

hay información sobre la categoría gramatical de cada palabra del corpus. Tampoco podremos realizar la consulta C4, porque no habría información que indicase que *entro en*, por ejemplo, es una variante flexional de *entrar en*. Por otro lado, tampoco podremos realizar la consulta C4 si no está declarada la información sobre el tipo semántico de las palabras.

Esta información lingüística se declara mediante el *marcaje* de las unidades susceptibles de ser consultadas. El marcaje puede mostrar información sobre el lema[20] de una palabra, el género, el número, su tipo semántico, la función sintáctica, etc. A continuación presentamos uno ejemplos de marcaje:

Marcaje de la categoría gramatical de las palabras (Brown Corpus)

```
The/at jurors/nns said/vbd they/ppss realize/vb ``/`` a/at
proportionate/jj distribution/nn of/in these/dts funds/nns
might/md disable/vb this/dt program/nn in/in our/pp$
less/ql populous/jj counties/nns ''/'' ./.
```

Marcaje semántico (Semcor)

```
<s snum=1>
<wf cmd=ignore pos=DT>The</wf>
<wf cmd=done rdf=group pos=NNP lemma=group wnsn=1
lexsn=1:03:00:: pn=group>Fulton_County_Grand_Jury</wf>
<wf cmd=done pos=VB lemma=say wnsn=1
lexsn=2:32:00::>said</wf>
<wf cmd=done pos=NN lemma=friday wnsn=1
lexsn=1:28:00::>Friday</wf>
<wf cmd=ignore pos=DT>an</wf>
<wf cmd=done pos=NN lemma=investigation wnsn=1
lexsn=1:09:00::>investigation</wf>
<wf cmd=ignore pos=IN>of</wf>
<wf cmd=done pos=NN lemma=atlanta wnsn=1
lexsn=1:15:00::>Atlanta</wf>
<wf cmd=ignore pos=POS>'s</wf>
<wf cmd=done pos=JJ lemma=recent wnsn=2
lexsn=5:00:00:past:00>recent</wf>
<wf cmd=done pos=NN lemma=primary_election wnsn=1
```

20. El lema de una palabra es la entidad abstracta que agrupa todas las variantes flexionales de una palabra. Casa es un lema y casas es una variante flexional.

Marcaje sintáctic (Penn TreeBank)

```
(S
    (NP-SBJ
      (NP (NNP Pierre) (NNP Vinken) )
      (, ,)
      (ADJP
        (NP (CD 61) (NNS years) )
        (JJ old) )
      (, ,) )
    (VP (MD will)
      (VP (VB join)
        (NP (DT the) (NN board) )
        (PP-CLR (IN as)
          (NP (DT a) (JJ nonexecutive) (NN director) ))
        (NP-TMP (NNP Nov.) (CD 29) )))
    (. .) )
```

Para que los corpus puedan ser aprovechados para diferentes usos, en cualquier plataforma de almacenaje, y se puedan intercambiar entre diferentes investigadores, es conveniente que se marquen según una convención estándar. Es habitual seguir estándares de marcaje como el SGML o el XML. En este formato, las marcas –también denominadas *tags*– se escriben entre los signos '<y>. El signo </> indica el límite final del elemento al que se le aplica el *tag*. El *tag* contiene también unos atributos con unos valores. Por ejemplo, el atributo *wnsn* del ejemplo del corpus *Semcor*[21] tiene un valor que es el índice del sentido asignado a un nombre según la base de datos *Wordnet*.[22] Es conveniente que toda la información que sea susceptible de estar presente en cualquier corpus se declare según unos requisitos estándar. Con este objetivo ha trabajado el EAGLES (*Expert Advisory Group on Language Engineering Standards*) para establecer su *Corpus Encoding Standard* (CES).[23]

El marcaje de las unidades de un corpus es una tarea ingente. Se debe tener en cuenta que puede haber millones de palabras y que el etiquetado debe ser impecable. Un corpus etiquetado con errores puede desvirtuar los resultados de los experimentos de un grupo de investigación. Así, aunque se aplican herra-

21. Otro ejemplo de corpus etiquetado semánticamente es *Senseval*, con textos en inglés, en francés y en italiano.

22. *WordNet* es una base de datos léxica que conecta las palabras del inglés con categorías que representan sus significados (http://wordnet.princeton.edu/). .

23. http://www.cs.vassar.edu/CES/

mienta de marcaje automático (*taggers*) es necesario realizar una revisión humana minuciosa.

4.3. Diseño de la estructura del corpus

El diseño de un corpus se puede establecer con la combinación de unos parámetros que hacen referencia a las características de los textos que lo forman. Los criterios para establecer los parámetros pueden ser los siguientes:

- el contexto social
- el periodo cronológico
- el origen (oral, escrito...)
- el dominio de conocimiento
- el estilo
- los medios de publicación (diarios, revistas, textos electrónicos, etc.)
- el género literario
- La procedencia geográfica, etc.

La facilidad de obtener textos masivamente determina bastante la constitución del corpus. Eso explica que los textos presentes en la red tengan preferencia en la constitución de corpus actuales, y que tengan un peso importante textos periodísticos y de la Administración (el *Diario Oficial de la Generalitat de Cataluña*, por ejemplo) que se pueden descargar de Internet de manera automática y gratuita.

A continuación vemos un ejemplo de cómo se organiza el corpus para una lengua del *PAROLE*. Este corpus se ha construido según criterios cronológicos (1980-1998) y mediáticos con las siguientes proporciones de representación [Rafel y Soler (2001)].

Medio	% mínimo	% máximo
Prensa diaria	16	22
Publicaciones periódicas	58	72
Libros	4	10
Miscelánea	8	12

4.4. Representatividad de un corpus

Un corpus no puede tener todas las formas de la lengua, pero sí tiene que ser representativo, entendiendo como representatividad la relación entre el diseño de un corpus y las finalidades que se han previsto como objetivos fundamentales de su explotación [Rafel y Soler (2001)].

El tamaño del corpus tiene mucho que ver con su representatividad. Evidentemente, cuanto mayor sea un corpus, más formas de la lengua cubrirá. Para tener una idea, diremos que el *Bank of English* tiene trescientos millones de palabras, y que el *FRANTEXT* tiene ciento cincuenta millones. Por otra parte, se tiene que tener una diversidad de grupos temáticos, como se ha visto en el ejemplo del *PAROLE*.

Conviene fijarse en que en el tamaño y la distribución temática hemos hablado de lenguas como el inglés y el francés, pero es evidente que es difícil y costoso elaborar corpus representativos de lenguas minoritarias. Es difícil encontrar material publicado y digitalizado en estas lenguas y su presencia en la red es escasa. Pero también se tienen que tener en cuenta otras dificultades que incluso afectan a la obtención de textos de Internet en lenguas que tienen una gran presencia. La creación de corpus a partir de textos presentes en Internet depende de los derechos de autor. La acumulación de periódicos digitales que hasta hace poco tenía muy poco coste económico es ahora más difícil en el ámbito anglosajón, donde se va extendiendo la política de los rotativos de no distribuir copias de artículos de números pasados si no se paga una suscripción o se compra el artículo. A pesar de todo, en aplicaciones concretas de procesamiento de lenguaje natural se hace uso de corpus de tamaño modesto que se han confeccionado dentro de las limitadas posibilidades financieras y de accesibilidad de los textos.

Finalmente, para que un corpus sea representativo, es conveniente que contenga también textos que representen un uso de la lengua que se aleja del uso habitual. Generalmente, se incorporan textos literarios.

5. Corpus de obtención o consulta gratuitas

A continuación indicamos unos enlaces a diferentes corpus lingüísticos presentes en Internet:

Corpus	Organización	Medida (aprox.)	Contenido	Servicio	URL
Bank of English (BoE)	Universidad de Birmingham (Cobuild Grup)	524 millones de palabras	Textos escritos y hablados en inglés	Consulta	http://www.collins.co.uk/Corpus/CorpusSearch.aspx
BancTrad	Universidad Pompeu Fabra	2 millones de palabras	Ejercicios de traducción de estudiantes de la UPF corregidos por profesores Traducción del profesorado, editoriales e Internet (marcado con lema, cat. Gramatical, función sintáctica)	Consulta	http://mutis.upf.es/bt/catalan/index.htm
Corpus Textual de la Llengua Catalana	Institut d'Estudis Catalans	51 millones de palabras	Textos escritos catalán (literarios y no literarios)	Consulta	http://ctilc.iec.cat/
Corpus de Referencia del Español Actual (CREA)	Real Academia de la Lengua Española	150 millones de registros	Textos escritos y orales de todos los países de habla hispana	Consulta	http://www.rae.es/
Crater	Lancaster University	1 millón de palabras	Textos de telecomunicaciones en inglés, francés i español	Adquisición corpus	http://gateway.comp.lancs.ac.uk/linguistics/crater/
Czech National Corpus (CNC)	Institute of the Czech National Corpus		Textos en checo	Consulta	http://ucnk.ff.cuni.cz/english/index.html
English Norwegian Parallel Corpus	University of Oslo	2,6 millones de palabras	Originales y traducciones de textos de ficción/no ficción en inglés y noruego, además de traducciones de algunos textos al alemán, holandés y portugués (francés en el futuro)	Adquisición investigación	http://www.hf.uio.no/ilos/forskning/forskningsprosjekter/enpc/
Europarl	School of Informatics. University of Edimbourgh, Scotland	28 millones de palabras	Actas del Parlamento Europeo en alemán, inglés, danés, español, finlandés, francés, griego, holandés,	Descarga	http://www.statmt.org/europarl/index.html

			italiano, portugués y sueco.		
International Corpus of English	University College, Londres	1 millón de palabras	Textos escritos y hablados en inglés	Adquisición corpus (marcaje textual, sintáctico).	http://www.ucl.ac.uk/english-usage/ice/download/index.htm
Lucy	Geoffrey Sampson	165.000 palabras	Textos de niños y adultos en inglés	Adquisición corpus	http://www.grsampson.net/RLucy.html
Micase	University of Michigan	152 transcripciones orales de 190 h	Discursos académicos en inglés	Consulta Ficheros de sonido	http://micase.umdl.umich.edu/m/micase http://www.lsa.umich.edu/eli/micase/Audio/index.htm (ficheros de sonido)
Negr@	Saarland University	10.000 frases	Textos de diarios en alemán	Adquisición corpus para investigación (etiquetado por categoría gramatical y por sintaxis)	
Observatorio de Neología (Obneo)	Universidad Pompeu Fabra	En constante ampliación	Textos escritos y orales	Consulta	http://obneo.iula.upf.edu/bobneo/index.php
Susanne	University of Essex	130.000 palabras	Textos escritos en inglés	Adquisición corpus	http://www.grsampson.net/Resources.html
Semcor	Princeton University		Etiquetado semántico del Brown Corpus	Adquisición corpus	http://www.cs.unt.edu/~rada/downloads.html#semcor

Conclusiones

En este capítulo hemos presentado los corpus lingüísticos y sus usos. Hemos visto que los corpus son recursos importantes no sólo para tener información fiable sobre los usos reales de una lengua, sino también porque aportan información para la automatización de tareas vinculadas con la traducción, como es la traducción automática y la corrección de textos, y con la confección de recursos como glosarios multilingües, etc. Ahora bien, la confección de un corpus es una tarea muy compleja, pesada y que requiere una inversión que no todas las empresas o instituciones pueden costear. Por lo tanto, si bien es posible encontrar bastantes portales donde se pueden hacer consultas en línea en un corpus ya creado, la adquisición de un corpus de manera completamente libre y gratuita es mucho menos frecuente. Para obtener corpus de manera gratuita a menudo se tiene que pedir una licencia de uso para fines de investigación. A pesar de ello, los corpus actualmente se confeccionan según unos estándares adecuados para que se puedan compartir e intercambiar.

Bibliografía

Abaitua, J. (2002) "Tratamiento de corpora bilingües", a Martí, M. A.-Llisterri, J. (Ed.) (2002) *Tratamiento del lenguaje natural. Tecnología de la lengua oral y escrita.* Barcelona: Edicions Universitat de Barcelona - Fundación Duques de Soria (Biblioteca de la Universitat de Barcelona, Manuals, 53). p. 61-90.
http://paginaspersonales.deusto.es/abaitua/konzeptu/ta/soria00.pdf

Helmreich, S., Llevadias, J., Farwell, D. (2005). "Identifying Jargon in Texts" en *Actas del XXI Congreso de la Sociedad Española de Procesamiento de Lenguaje Natural.* Granada. p. 425-432.
http://www.sepln.org/revistaSEPLN/revista/35/52.pdf

Rafel i Fontanals, J., Soler i Bou, J. (2001) "El processament de corpus. La lingüística empírica", a Martí, M. A. (Coord.) *Les tecnologies del llenguatge.* Barcelona: Edicions de la Universitat Oberta de Catalunya (Manuals, 53).; trad. cast.: "El procesamiento de corpus", a Martí, M. A. (Coord.) *Tecnologías del lenguaje.* Barcelona: Editorial UOC (Manuales, Humanidades), 2003.

Sinclair, J. (1996). *EAGLES Preliminary Recommendations on Corpus Typology.* s.1.: EAGLES Document EAG-TCWG-TTYP/P http://www.ilc.cnr.it/EAGLES96/corpustyp/corpustyp.html

Sinclair, J. (2005). "Corpus and Text - Basic Principles" a *Developing Linguistic Corpora: a Guide to Good Practice,* ed. M. Wynne. Oxford: Oxbow Books: 1-16. http://ahds.ac.uk/linguistic-corpora/

Para ampliar conocimientos

Como introducción al uso de las órdenes Unix para obtener información de un corpus podéis consultar *Linux for poets* de Kenneth Ward Church de l'AT&T Laboratories. http://www.cis.udel.edu/~vijay/spring06/snlp-course/kwc-unix-for-poets.pdf

Podéis descargaros de la siguiente dirección http://nltk.sourceforge.net/ el Natural Language Toolkit (NLTK-Lite), un software libre escrito en Python pensado para la docencia de cursos de procesamiento de lenguaje natural. Tiene un interesante paquete (nltk.corpus) dedicado al tratamiento de corpus con interesantes muestras de corpus textuales como el Brown Corpus o el Senseval.

Capítulo VII

Formatos de codificación de texto y datos. Características y tratamiento

Introducción

Los traductores a menudo se tienen que enfrentar al problema de la gran diversidad de formatos en que se pueden presentar los textos a traducir. Cada vez es más frecuente que el texto a traducir no se encuentre en un formato de texto simple, sino en formatos pensados para ser tratados con programas muy específicos, o bien en formatos con etiquetas especiales que permiten recuperar su diseño original.

Los documentos que recibe un traductor pueden estar en diversas codificaciones de caracteres y es imprescindible saber abrirlos en la codificación adecuada. La traducción, en muchos casos, se tendrá que entregar en una codificación de caracteres diferente.

Objetivos

- Conocer el funcionamiento básico de los diferentes formatos y codificaciones de caracteres, así como los aspectos técnicos que se deben tener en cuenta para poder traducir documentos en diferentes formatos.
- Aprender a abrir y visualizar ficheros de texto en diferentes codificaciones de caracteres y a realizar las conversiones necesarias.
- Comprender los principios básicos del Unicode y su aplicación en la traducción.

Contenido

1. Introducción. Bits, bytes y almacenaje de la información

1.1. Sistemas y códigos de numeración

Las personas estamos acostumbradas a utilizar un código de numeración decimal, es decir, un sistema que tiene un total de 10 símbolos: 0, 1, 2, 3, 4, 5, 6, 7, 8 y 9. Si queremos representar cifras más grandes añadimos uno o más dígitos a la izquierda, por ejemplo, 10, 34, 234, 1234, etc. Este sistema de numeración no es el único, existen otros, dos de los cuales son muy utilizados en informática.

Uno de ellos es el sistema binario. El sistema binario sólo cuenta con dos símbolos, el 0 y el 1. De la misma manera que en el sistema decimal, si necesitamos representar cifras mayores añadiremos uno o más dígitos a la izquierda, por ejemplo, 10, 11, 101, 11001011.

Otro sistema muy utilizado es el hexadecimal, que cuenta con 16 símbolos: 0, 1, 2, 3, 4, 5, 6, 7, 8, 9, A, B, C, D, E i F. De la misma manera que en el sistema decimal y el sistema binario, si necesitamos representar cifras mayores añadiremos más cifras a la izquierda: 10, 23, 2F, A10, BE3. En la siguiente tabla podéis ver algunos ejemplos de conversión entre los tres sistemas de numeración:

Tabla 7.1. Códigos decimal, binario y hexadecimal

Decimal	Binario	Hexadecimal
0	0	0
1	1	1
2	10	2
3	11	3
4	100	4
5	101	5
6	110	6
7	111	7
8	1000	8
9	1001	9
10	1010	A
11	1011	B
12	1100	C
13	1101	D
14	1110	E
15	1111	F
16	10000	10

Otros ejemplos de conversiones: el número decimal 2003 es 11111010011 en binario y 7D3 en hexadecimal. El número hexadecimal F03A corresponde al decimal 61498 y al binario 1111000000111010.

Hay operaciones matemáticas no muy complicadas para pasar de un sistema de numeración a otro, pero no las estudiaremos en este capítulo. Es posible, sin embargo, que necesitéis convertir cifras entre los diferentes sistemas. Entonces, lo más práctico es utilizar una calculadora científica. La calculadora que lleva el sistema operativo Windows también hace las conversiones. Explicaremos brevemente cómo hacer estas conversiones con la calculadora de Windows. Abrid la calculadora de Windows (tiene que ser la científica, si os aparece la calculadora normal podéis pasar a la científica yendo al menú *Ver - Científica*).

Figura 7.1. Calculadora normal y científica del sistema operativo Windows

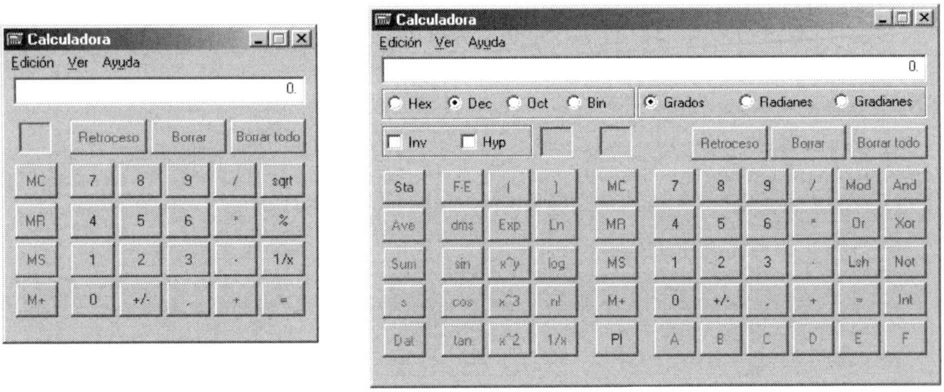

Cuando se abre la calculadora científica normalmente está en modo Dec (decimal). Se puede introducir un número en decimal y, para pasarlo a binario, por ejemplo, sólo será necesario seleccionar el modo *Bin* (binario). En el modo binario, sólo se pueden escribir números en binario; por este motivo, sólo estarán activas las teclas numéricas 0 y 1. También están disponibles los modos *Hex* (hexadecimal) y *Oct* (octal; este no lo hemos explicado, pero es un sistema de numeración que tiene 8 símbolos). Fijaos que en modo hexadecimal están activas las teclas numéricas del 0 al 9 y, además, las letras de la A a la F. En modo octal, únicamente están activas las teclas numéricas del 0 al 7.

Podéis intentar convertir los siguientes números:

- De decimal a hexadecimal: 23, 269, 62165
- De decimal a binario: 3, 15, 56, 258, 1645
- De hexadecimal a decimal: 4, 1A, FE0, 10C0

1.2. El lenguaje interno del ordenador y las unidades de medida en informática

El ordenador internamente sólo trabaja con 0 y 1 (paso o no de corriente eléctrica); es decir, trabaja con un sistema binario. A la información dada por un único dígito con sistema binario (0 o 1) lo llamamos *bit* (el nombre proviene de *binary digit*). Para poder expresar una mayor cantidad de información, los bits se agrupan en grupos de 8, que denominamos byte. Un byte puede tomar 256 valores diferentes (2^8).

Los múltiplos del byte

Como la base de los cálculos en informática es el bit y éste sólo admite dos valores, todas las medidas se realizan con números que son potencias de 2. Un kilobyte (KB) son 1000 bytes (de hecho son 1024, ya que ésta es la potencia de 2 más próxima a 1000). Un megabyte (MB) son 1.000.000 de bytes (en realidad 1024 x 1024 = 1.048.576 bytes). Un gigabyte (GB) son 1.000.000.000 de bytes (en realidad 1024 x 1024 x 1024 = 1.073.741.824 bytes). Un terabyte (TB) son aproximadamente 1000 GB.

Para tener una idea de las capacidades de almacenaje de diferentes unidades, tened en cuenta que en un disquete cabe 1,44 MB; un disco duro estándar tiene actualmente entre 120 y 250 GB; en un CD-ROM caben hasta 700 MB y en un DVD 4,7 GB. Estas cifras aumentan constantemente y ya se encuentran en el mercado discos duros de terabytes.

2. Representación de la información textual: código de caracteres. Unicode.

2.1. Introducción

Como hemos visto en el apartado anterior, los ordenadores trabajan con un código binario, que es capaz de representar números. Cuando trabajamos con ordenadores no únicamente queremos almacenar y trabajar con números, sino que también tenemos que ser capaces de procesar texto, sonido, imagen, etc.

¿Cómo podemos utilizar un código numérico para representar otro tipo de datos? En este apartado veremos cómo se puede representar texto con un código binario.

La idea básica para representar texto es asignar a cada carácter del conjunto que queremos representar un valor numérico. Si trabajamos con bytes de 8 bits podremos trabajar con 256 caracteres diferentes ($2^8 = 256$).

En este apartado veremos a fondo todos los aspectos relacionados con los diferentes códigos de caracteres. Aprenderemos también a determinar en qué código de caracteres está escrito un documento y a cambiar el código de caracteres de un documento. Haremos también una mención especial al Unicode.

2.2. Conceptos básicos

En informática, como norma general, los datos están representados como octetos. Un octeto es una unidad de información formada por 8 bits y que puede representar un valor numérico comprendido entre el 0 y el 255 ($2^8 = 256$). El concepto de octeto está muy relacionado con el concepto de *byte*.

Se pueden establecer diferentes convenciones sobre cómo un octeto o una secuencia de octetos representa un dato en concreto. Por ejemplo, bajo ciertos estándares, cuatro octetos consecutivos a menudo representan una unidad que presenta un número real.

En esta unidad estamos interesados en la representación de caracteres. En el caso más sencillo, y que se utiliza muy a menudo, es que un octeto representa un carácter según una tabla de correspondencia. La interpretación correcta supone que se conoce el código de caracteres que se utiliza.

2.3. Algunas definiciones importantes

Para entender bien cómo se codifican los caracteres informáticamente es necesario definir una serie de conceptos muy importantes. La denominación que se utiliza no está lo bastante fijada en castellano y, por este motivo, ofrecemos también la denominación inglesa:

- Repertorio de caracteres (*character repertoire*): es el conjunto de caracteres diferentes a representar.

- Código de caracteres (*character code*): es una correspondencia, normalmente presentada en formato tabular, entre los caracteres de un repertorio de caracteres y un conjunto de números enteros positivos. Es decir, se asigna un código numérico único a cada carácter del repertorio.
- Código de caracteres (*character encoding*): es un método o algoritmo para presentar los caracteres digitalmente haciendo una correspondencia entre las secuencias de códigos de caracteres y las secuencias de octetos. En el caso más simple, a cada carácter le corresponde un número entero entre el 0 y el 255, y éste se utiliza como octeto. Naturalmente, esta posibilidad sólo funciona para repertorios de caracteres de como máximo 256 caracteres (cantidad que no es suficiente para todas las lenguas; pensemos, por ejemplo, en el chino).

2.4. Los códigos de caracteres más habituales

En este apartado describiremos los códigos de caracteres más utilizados. Así pues, aquí presentaremos los códigos siguientes:

- ASCII
- La familia ISO 8859
- Códigos de caracteres de Windows
- La familia KOI de códigos de caracteres cirílicos
- Unicode, al cual dedicaremos el apartado 2.5 entero por su importancia

Hay más códigos de caracteres. No es necesario exponerlos todos, sino entender bien el mecanismo de funcionamiento. Aprenderemos a reconocer otros códigos de caracteres y a cambiar entre un código u otro en próximos apartados.

2.4.1. ASCII

L'ASCII (*American Standard Code for Information Interchange*) es un código de 7 bits (128 posiciones) que puede representar las cifras, letras del alfabeto latino básico, algunos signos de puntuación y símbolos especiales y ciertos caracteres de control. En la tabla siguiente vemos una representación del código ASCII:

Tabla 7.2. Código ASCII

HEX	DEC	CHR	CTRL	HEX	DEC	CHR	HEX	DEC	CHR	HEX	DEC	CHR
00	0	NUL	^@	20	32	SP	40	64	@	60	96	`
01	1	SOH	^A	21	33	!	41	65	A	61	97	a
02	2	STX	^B	22	34	"	42	66	B	62	98	b
03	3	ETX	^C	23	35	#	43	67	C	63	99	c
04	4	EOT	^D	24	36	$	44	68	D	64	100	d
05	5	ENQ	^E	25	37	%	45	69	E	65	101	e
06	6	ACK	^F	26	38	&	46	70	F	66	102	f
07	7	BEL	^G	27	39	'	47	71	G	67	103	g
08	8	BS	^H	28	40	(	48	72	H	68	104	h
09	9	HT	^I	29	41	)	49	73	I	69	105	i
0A	10	LF	^J	2A	42	*	4A	74	J	6A	106	j
0B	11	VT	^K	2B	43	+	4B	75	K	6B	107	k
0C	12	FF	^L	2C	44	,	4C	76	L	6C	108	l
0D	13	CR	^M	2D	45	-	4D	77	M	6D	109	m
0E	14	SO	^N	2E	46	.	4E	78	N	6E	100	n
0F	15	SI	^O	2F	47	/	4F	79	O	6F	111	o
10	16	DLE	^P	30	48	0	50	80	P	70	112	p
11	17	DC1	^Q	31	49	1	51	81	Q	71	113	q
12	18	DC2	^R	32	50	2	52	82	R	72	114	r
13	19	DC3	^S	33	51	3	53	83	S	73	115	s
14	20	DC4	^T	34	52	4	54	84	T	74	116	t
15	21	NAK	^U	35	53	5	55	85	U	75	117	u
16	22	SYN	^V	36	54	6	56	86	V	76	118	v
17	23	ETB	^W	37	55	7	57	87	W	77	119	w
18	24	CAN	^X	38	56	8	58	88	X	78	120	x
19	25	EM	^Y	39	57	9	59	89	Y	79	121	y
1A	26	SUB	^Z	3A	58	:	5A	90	Z	7A	122	z
1B	27	ESC		3B	59	;	5B	91	[	7B	123	{
1C	28	FS		3C	60	<	5C	92	\	7C	124	|
1D	29	GS		3D	61	=	5D	93	]	7D	125	}
1E	30	RS		3E	62	>	5E	94	^	7E	126	~
1F	31	US		3F	63	?	5F	95	_	7F	127	

En las columnas HEX se puede ver la correspondencia numérica del carácter en sistema hexadecimal; en las columnas DEC podemos observar esta misma correspondencia en decimal. En las columnas CTRL y CHR podemos ver el código de control o el carácter asociado. Fijaos que hay 127 posiciones. Por ejemplo, el carácter "T" tiene el valor 84 decimal y el carácter "s" el 115. Esta representación de los códigos de caracteres no es demasiado compacta. La representación que presentamos a continuación es mucho más frecuente y práctica:

Tabla 7.3. Código ASCII en representación compacta

	0	1	2	3	4	5	6	7	8	9	A	B	C	D	E	F
0	NUL	SOH	STX	ETX	EOT	ENQ	ACK	BEL	BS	HT	LF	VT	FF	CR	SO	SI
1	DLE	DC1	DC2	DC3	DC4	NAK	SYN	ETB	CAN	EM	SUB	ESC	FS	GS	RS	US
2	SP	!	"	#	$	%	&	'	(	)	*	+	,	-	.	/
3	0	1	2	3	4	5	6	7	8	9	:	;	<	=	>	?
4	@	A	B	C	D	E	F	G	H	I	J	K	L	M	N	O
5	P	Q	R	S	T	U	V	W	X	Y	Z	[	\	]	^	_
6	`	a	b	c	d	e	f	g	h	i	j	k	l	m	n	o
7	p	q	r	s	t	u	v	w	x	y	z	{	|	}	~	DEL

Para saber, por ejemplo, qué código corresponde al carácter "T" tenemos que mirar en qué fila se encuentra (en este caso la fila 5) y en qué columna (en este caso la 4). Por lo tanto, el carácter "T" tiene un valor de 54 (en hexadecimal). En decimal es 84 (lo podéis comprobar utilizando la calculadora científica o bien consultando la tabla 7.2).

2.4.2. La familia ISO 8859

El código ASCII utiliza 7 bits (128 posiciones). Como es habitual utilizar 8 (256 posiciones) puede complementarse el ASCII con 128 posiciones para representar más caracteres. Esto es precisamente lo que hacen los códigos de caracteres de la familia ISO 8859. De esta manera se podrán representar en un mismo código de caracteres las letras latinas básicas y las acentuadas, o el latín básico y las cirílicas, o griegas, etc.

Así pues, la parte baja (7 primeros bits) de las tablas de la familia ISO 8859 es igual que la del ASCII. La parte alta se utiliza para codificar los caracteres no incluidos en el latín básico. En la tabla siguiente presentamos las diferentes tablas correspondientes a la ISO 8859:

Tabla 7.4. La familia ISO 8859 de códigos de caracteres

ISO 8859-1	Alfabeto latín núm. 1	Europeo occidental
ISO 8859-2	Alfabeto latín núm. 2	Europeo central y del este
ISO 8859-3	Alfabeto latín núm. 3	Europeo del sur (maltés y esperanto)
ISO 8859-4	Alfabeto latín núm. 4	Europeo del norte
ISO 8859-5	Alfabeto latín/cirílico	Para lenguas eslavas cirílicas
ISO 8859-6	Alfabeto latín/árabe	Árabe
ISO 8859-7	Alfabeto latín/griego	Para griego moderno
ISO 8859-8	Alfabeto latín/hebreo	Para hebreo y yiddish
ISO 8859-9	Alfabeto latín núm. 5	Turco
ISO 8859-10	Alfabeto latín núm. 6	Nórdico (finlandés, esquimal, islandés)
ISO 8859-11	Alfabeto latín/tai	Lengua tai
El 12 todavía no se ha definido		
ISO 8859-13	Alfabeto latín núm. 7	Lenguas bálticas
ISO 8859-14	Alfabeto latín núm. 8	Celta
ISO 8859-15	Alfabeto latín núm. 9	Actualización del latín 1 con el símbolo "euro"
ISO 8859-16	Alfabeto latín núm. 10	Para diversas lenguas

A continuación veremos las tablas correspondientes a esta familia. También indicamos las lenguas que puede representar (la lengua la indicamos mediante el código ISO de dos letras). Presentamos la parte alta de la tabla, es decir, la posición 128 (A0) a la 255 (FF). La parte baja de estos códigos coinciden con el código ASCII.

ISO-8859-1 (Latin1)

A0	A1 ¡	A2 ¢	A3 £	A4 ¤	A5 ¥	A6 ¦	A7 §	A8 ¨	A9 ©	AA ª	AB «	AC ¬	AD -	AE ®	AF ¯
B0 °	B1 ±	B2 ²	B3 ³	B4 ´	B5 µ	B6 ¶	B7 ·	B8 ¸	B9 ¹	BA º	BB »	BC ¼	BD ½	BE ¾	BF ¿
C0 À	C1 Á	C2 Â	C3 Ã	C4 Ä	C5 Å	C6 Æ	C7 Ç	C8 È	C9 É	CA Ê	CB Ë	CC Ì	CD Í	CE Î	CF Ï
D0 Ð	D1 Ñ	D2 Ò	D3 Ó	D4 Ô	D5 Õ	D6 Ö	D7 ×	D8 Ø	D9 Ù	DA Ú	DB Û	DC Ü	DD Ý	DE Þ	DF ß
E0 à	E1 á	E2 â	E3 ã	E4 ä	E5 å	E6 æ	E7 ç	E8 è	E9 é	EA ê	EB ë	EC ì	ED í	EE î	EF ï
F0 ð	F1 ñ	F2 ò	F3 ó	F4 ô	F5 õ	F6 ö	F7 ÷	F8 ø	F9 ù	FA ú	FB û	FC ü	FD ý	FE þ	FF ÿ

Lenguas incluidas: fr, es, ca, eu, pt, it, sq, rm, nl, de, da, sv, no, fi, fo, is, ga, gd, en, af i sw.

ISO-8859-2 (Latin2)

A0	A1 Ą	A2 ˘	A3 Ł	A4 ¤	A5 Ľ	A6 Ś	A7 §	A8 ¨	A9 Š	AA Ş	AB Ť	AC Ź	AD -	AE Ž	AF Ż
B0 °	B1 ą	B2 ˛	B3 ł	B4 ´	B5 ľ	B6 ś	B7 ˇ	B8 ¸	B9 š	BA ş	BB ť	BC ź	BD ˝	BE ž	BF ż
C0 Ŕ	C1 Á	C2 Â	C3 Ă	C4 Ä	C5 Ĺ	C6 Ć	C7 Ç	C8 Č	C9 É	CA Ę	CB Ë	CC Ě	CD Í	CE Î	CF Ď
D0 Đ	D1 Ń	D2 Ň	D3 Ó	D4 Ô	D5 Ő	D6 Ö	D7 ×	D8 Ř	D9 Ů	DA Ú	DB Ű	DC Ü	DD Ý	DE Ţ	DF ß
E0 ŕ	E1 á	E2 â	E3 ă	E4 ä	E5 ĺ	E6 ć	E7 ç	E8 č	E9 é	EA ę	EB ë	EC ě	ED í	EE î	EF ď
F0 đ	F1 ń	F2 ň	F3 ó	F4 ô	F5 ő	F6 ö	F7 ÷	F8 ř	F9 ů	FA ú	FB ű	FC ü	FD ý	FE ţ	FF ˙

Lenguas incluidas: cs, hu, pl, ro, hr, sk, sl i wen.

ISO-8859-3 (Latin3)

A0	A1 Ħ	A2 ˘	A3 £	A4 ¤		A6 Ĥ	A7 §	A8 ¨	A9 İ	AA Ş	AB Ğ	AC Ĵ	AD -		AF Ż
B0 °	B1 ħ	B2 ²	B3 ³	B4 ´	B5 µ	B6 ĥ	B7 ·	B8 ¸	B9 ı	BA ş	BB ğ	BC ĵ	BD ½		BF ż
C0 À	C1 Á	C2 Â		C4 Ä	C5 Ċ	C6 Ĉ	C7 Ç	C8 È	C9 É	CA Ê	CB Ë	CC Ì	CD Í	CE Î	CF Ï
	D1 Ñ	D2 Ò	D3 Ó	D4 Ô	D5 Ġ	D6 Ö	D7 ×	D8 Ĝ	D9 Ù	DA Ú	DB Û	DC Ü	DD Ŭ	DE Ŝ	DF ß
E0 à	E1 á	E2 â		E4 ä	E5 ċ	E6 ĉ	E7 ç	E8 è	E9 é	EA ê	EB ë	EC ì	ED í	EE î	EF ï
	F1 ñ	F2 ò	F3 ó	F4 ô	F5 ġ	F6 ö	F7 ÷	F8 ĝ	F9 ù	FA ú	FB û	FC ü	FD ŭ	FE ŝ	FF ˙

Lenguas incluidas: eo i mt.

ISO-8859-4 (Latin4)

A0	A1 Ą	A2 ĸ	A3 Ŗ	A4 ¤	A5 Ĩ	A6 Ļ	A7 §	A8 ¨	A9 Š	AA Ē	AB Ģ	AC Ŧ	AD -	AE Ž	AF ¯
B0 °	B1 ą	B2 ˛	B3 ŗ	B4 ´	B5 ĩ	B6 ļ	B7 ˇ	B8 ¸	B9 š	BA ē	BB ģ	BC ŧ	BD Ŋ	BE ž	BF ŋ
C0 Ā	C1 Á	C2 Â	C3 Ã	C4 Ä	C5 Å	C6 Æ	C7 Į	C8 Č	C9 É	CA Ę	CB Ë	CC Ė	CD Í	CE Î	CF Ī
D0 Đ	D1 Ņ	D2 Ō	D3 Ķ	D4 Ô	D5 Õ	D6 Ö	D7 ×	D8 Ø	D9 Ų	DA Ú	DB Û	DC Ü	DD Ũ	DE Ū	DF ß
E0 ā	E1 á	E2 â	E3 ã	E4 ä	E5 å	E6 æ	E7 į	E8 č	E9 é	EA ę	EB ë	EC ė	ED í	EE î	EF ī
F0 đ	F1 ņ	F2 ō	F3 ķ	F4 ô	F5 õ	F6 ö	F7 ÷	F8 ø	F9 ų	FA ú	FB û	FC ü	FD ũ	FE ū	FF ˙

Lenguas incluidas: et, lv, lt i kl.

ISO-8859-5 (Cyrillic)

A0	A1 Ё	A2 Ђ	A3 Ѓ	A4 Є	A5 Ѕ	A6 І	A7 Ї	A8 Ј	A9 Љ	AA Њ	AB Ћ	AC Ќ	AD -	AE Ў	AF Џ
B0 А	B1 Б	B2 В	B3 Г	B4 Д	B5 Е	B6 Ж	B7 З	B8 И	B9 Й	BA К	BB Л	BC М	BD Н	BE О	BF П
C0 Р	C1 С	C2 Т	C3 У	C4 Ф	C5 Х	C6 Ц	C7 Ч	C8 Ш	C9 Щ	CA Ъ	CB Ы	CC Ь	CD Э	CE Ю	CF Я
D0 а	D1 б	D2 в	D3 г	D4 д	D5 е	D6 ж	D7 з	D8 и	D9 й	DA к	DB л	DC м	DD н	DE о	DF п
E0 р	E1 с	E2 т	E3 у	E4 ф	E5 х	E6 ц	E7 ч	E8 ш	E9 щ	EA ъ	EB ы	EC ь	ED э	EE ю	EF я
F0 №	F1 ё	F2 ђ	F3 ѓ	F4 є	F5 ѕ	F6 і	F7 ї	F8 ј	F9 љ	FA њ	FB ћ	FC ќ	FD §	FE ў	FF џ

Lenguas incluidas: bg, be, mk, ru, sr i uk.

ISO-8859-6 (Arabic)

A0				A4 ¤								AC ،	AD -		
											BB ؛				BF ؟
	C1 ء	C2 آ	C3 أ	C4 ؤ	C5 إ	C6 ئ	C7 ا	C8 ب	C9 ة	CA ت	CB ث	CC ج	CD ح	CE خ	CF د
D0 ذ	D1 ر	D2 ز	D3 س	D4 ش	D5 ص	D6 ض	D7 ط	D8 ظ	D9 ع	DA غ					
E0 ـ	E1 ف	E2 ق	E3 ك	E4 ل	E5 م	E6 ن	E7 ه	E8 و	E9 ى	EA ي	EB ً	EC ٌ	ED ٍ	EE َ	EF ُ
F0 ِ	F1 ّ	F2 ْ													

Lenguas incluidas: ar.

ISO-8859-7 (Greek)

A0	A1 ‘	A2 ’	A3 £			A6 ¦	A7 §	A8 ¨	A9 ©		AB «	AC ¬	AD -		AF ―
B0 °	B1 ±	B2 ²	B3 ³	B4 ΄	B5 ΅	B6 Ά	B7 ·	B8 Έ	B9 Ή	BA Ί	BB »	BC Ό	BD ½	BE Ύ	BF Ώ
C0 ΐ	C1 Α	C2 Β	C3 Γ	C4 Δ	C5 Ε	C6 Ζ	C7 Η	C8 Θ	C9 Ι	CA Κ	CB Λ	CC Μ	CD Ν	CE Ξ	CF Ο
D0 Π	D1 Ρ		D3 Σ	D4 Τ	D5 Υ	D6 Φ	D7 Χ	D8 Ψ	D9 Ω	DA Ϊ	DB Ϋ	DC ά	DD έ	DE ή	DF ί
E0 ΰ	E1 α	E2 β	E3 γ	E4 δ	E5 ε	E6 ζ	E7 η	E8 θ	E9 ι	EA κ	EB λ	EC μ	ED ν	EE ξ	EF ο
F0 π	F1 ρ	F2 ς	F3 σ	F4 τ	F5 υ	F6 φ	F7 χ	F8 ψ	F9 ω	FA ϊ	FB ϋ	FC ό	FD ύ	FE ώ	

Lenguas incluidas: el.

ISO-8859-8 (Hebrew)

A0		A2 ¢	A3 £	A4 ¤	A5 ¥	A6 ¦	A7 §	A8 ¨	A9 ©	AA ×	AB «	AC ¬	AD -	AE ®	AF ‾
B0 °	B1 ±	B2 ²	B3 ³	B4 ´	B5 µ	B6 ¶	B7 ·	B8 ¸	B9 ¹	BA ÷	BB »	BC ¼	BD ½	BE ¾	
															DF ‗
E0 א	E1 ב	E2 ג	E3 ד	E4 ה	E5 ו	E6 ז	E7 ח	E8 ט	E9 י	EA ך	EB כ	EC ל	ED ם	EE מ	EF ן
F0 נ	F1 ס	F2 ע	F3 ף	F4 פ	F5 ץ	F6 צ	F7 ק	F8 ר	F9 ש	FA ת					

Lenguas incluidas: iw i ji.

ISO-8859-9 (Latin5)

A0	A1 ¡	A2 ¢	A3 £	A4 ¤	A5 ¥	A6 ¦	A7 §	A8 ¨	A9 ©	AA ª	AB «	AC ¬	AD -	AE ®	AF ¯
B0 °	B1 ±	B2 ²	B3 ³	B4 ´	B5 µ	B6 ¶	B7 ·	B8 ¸	B9 ¹	BA º	BB »	BC ¼	BD ½	BE ¾	BF ¿
C0 À	C1 Á	C2 Â	C3 Ã	C4 Ä	C5 Å	C6 Æ	C7 Ç	C8 È	C9 É	CA Ê	CB Ë	CC Ì	CD Í	CE Î	CF Ï
D0 Ğ	D1 Ñ	D2 Ò	D3 Ó	D4 Ô	D5 Õ	D6 Ö	D7 ×	D8 Ø	D9 Ù	DA Ú	DB Û	DC Ü	DD İ	DE Ş	DF ß
E0 à	E1 á	E2 â	E3 ã	E4 ä	E5 å	E6 æ	E7 ç	E8 è	E9 é	EA ê	EB ë	EC ì	ED í	EE î	EF ï
F0 ğ	F1 ñ	F2 ò	F3 ó	F4 ô	F5 õ	F6 ö	F7 ÷	F8 ø	F9 ù	FA ú	FB û	FC ü	FD ı	FE ş	FF ÿ

Este código reemplaza las letras ðýþ del islandés del Latin1 por las del turco.

ISO-8859-10 (Latin6)

A0	A1 Ą	A2 Ē	A3 Ģ	A4 Ī	A5 Ĩ	A6 Ķ	A7 §	A8 Ļ	A9 Đ	AA Š	AB Ŧ	AC Ž	AD -	AE Ū	AF Ŋ
B0 °	B1 ą	B2 ē	B3 ģ	B4 ī	B5 ĩ	B6 ķ	B7 ·	B8 ļ	B9 đ	BA š	BB ŧ	BC ž	BD ―	BE ū	BF ŋ
C0 Ā	C1 Á	C2 Â	C3 Ã	C4 Ä	C5 Å	C6 Æ	C7 Į	C8 Č	C9 É	CA Ę	CB Ë	CC Ė	CD Í	CE Î	CF Ï
D0 Ð	D1 Ņ	D2 Ō	D3 Ó	D4 Ô	D5 Õ	D6 Ö	D7 Ũ	D8 Ø	D9 Ų	DA Ú	DB Û	DC Ü	DD Ý	DE Þ	DF ß
E0 ā	E1 á	E2 â	E3 ã	E4 ä	E5 å	E6 æ	E7 į	E8 č	E9 é	EA ę	EB ë	EC ė	ED í	EE î	EF ï
F0 ð	F1 ņ	F2 ō	F3 ó	F4 ô	F5 õ	F6 ö	F7 ũ	F8 ø	F9 ų	FA ú	FB û	FC ü	FD ý	FE þ	FF ĸ

Es una modificación del Latin4.

ISO-8859-11 (Thai)

	A1 ก	A2 ข	A3 ฃ	A4 ค	A5 ฅ	A6 ฆ	A7 ง	A8 จ	A9 ฉ	AA ช	AB ซ	AC ฌ	AD ญ	AE ฎ	AF ฏ
B0 ฐ	B1 ฑ	B2 ฒ	B3 ณ	B4 ด	B5 ต	B6 ถ	B7 ท	B8 ธ	B9 น	BA บ	BB ป	BC ผ	BD ฝ	BE พ	BF ฟ
C0 ภ	C1 ม	C2 ย	C3 ร	C4 ฤ	C5 ล	C6 ฦ	C7 ว	C8 ศ	C9 ษ	CA ส	CB ห	CC ฬ	CD อ	CE ฮ	CF ฯ
D0 ะ	D1 ั	D2 า	D3 ำ	D4 ิ	D5 ี	D6 ึ	D7 ื	D8 ุ	D9 ู	DA ฺ					DF ฿
E0 เ	E1 แ	E2 โ	E3 ใ	E4 ไ	E5 ๅ	E6 ๆ	E7 ็	E8 ่	E9 ้	EA ๊	EB ๋	EC ์	ED ํ	EE ๎	EF ๏
F0 ๐	F1 ๑	F2 ๒	F3 ๓	F4 ๔	F5 ๕	F6 ๖	F7 ๗	F8 ๘	F9 ๙	FA ๚	FB ๛				

Lenguas incluidas: th.

ISO-8859-12

Todavía no se ha desarrollado..

ISO-8859-13 (Latin7)

A0	A1 ”	A2 ¢	A3 £	A4 ¤	A5 „	A6 ¦	A7 §	A8 Ø	A9 ©	AA Ŗ	AB «	AC ¬	AD -	AE ®	AF Æ
B0 °	B1 ±	B2 ²	B3 ³	B4 “	B5 µ	B6 ¶	B7 ·	B8 ø	B9 ¹	BA ŗ	BB »	BC ¼	BD ½	BE ¾	BF æ
C0 Ą	C1 Į	C2 Ā	C3 Ć	C4 Ä	C5 Å	C6 Ę	C7 Ē	C8 Č	C9 É	CA Ź	CB Ė	CC Ģ	CD Ķ	CE Ī	CF Ļ
D0 Š	D1 Ń	D2 Ņ	D3 Ó	D4 Ō	D5 Õ	D6 Ö	D7 ×	D8 Ų	D9 Ł	DA Ś	DB Ū	DC Ü	DD Ż	DE Ž	DF ß
E0 ą	E1 į	E2 ā	E3 ć	E4 ä	E5 å	E6 ę	E7 ē	E8 č	E9 é	EA ź	EB ė	EC ģ	ED ķ	EE ī	EF ļ
F0 š	F1 ń	F2 ņ	F3 ó	F4 ō	F5 õ	F6 ö	F7 ÷	F8 ų	F9 ł	FA ś	FB ū	FC ü	FD ż	FE ž	FF ’

Incluirá lenguas bálticas i reestablece el soporte para el lv perdido en el Latin6.

ISO-8859-14 (Latin8)

A0	A1 Ḃ	A2 ḃ	A3 £	A4 Ċ	A5 ċ	A6 Ḋ	A7 §	A8 Ẁ	A9 ©	AA Ẃ	AB ḋ	AC Ỳ	AD -	AE ®	AF Ÿ
B0 Ḟ	B1 ḟ	B2 Ġ	B3 ġ	B4 Ṁ	B5 ṁ	B6 ¶	B7 Ṗ	B8 ẁ	B9 ṗ	BA ẃ	BB Ṡ	BC ỳ	BD Ẅ	BE ẅ	BF ṡ
C0 À	C1 Á	C2 Â	C3 Ã	C4 Ä	C5 Å	C6 Æ	C7 Ç	C8 È	C9 É	CA Ê	CB Ë	CC Ì	CD Í	CE Î	CF Ï
D0 Ŵ	D1 Ñ	D2 Ò	D3 Ó	D4 Ô	D5 Õ	D6 Ö	D7 Ṫ	D8 Ø	D9 Ù	DA Ú	DB Û	DC Ü	DD Ý	DE Ŷ	DF ß
E0 à	E1 á	E2 â	E3 ã	E4 ä	E5 å	E6 æ	E7 ç	E8 è	E9 é	EA ê	EB ë	EC ì	ED í	EE î	EF ï
F0 ŵ	F1 ñ	F2 ò	F3 ó	F4 ô	F5 õ	F6 ö	F7 ṫ	F8 ø	F9 ù	FA ú	FB û	FC ü	FD ý	FE ŷ	FF ÿ

Lenguas incluidas: cy.

ISO-8859-15 (Latin9)

A0	A1 ¡	A2 ¢	A3 £	A4 €	A5 ¥	A6 Š	A7 §	A8 š	A9 ©	AA ª	AB «	AC ¬	AD -	AE ®	AF ¯
B0 °	B1 ±	B2 ²	B3 ³	B4 Ž	B5 µ	B6 ¶	B7 ·	B8 ž	B9 ¹	BA º	BB »	BC Œ	BD œ	BE Ÿ	BF ¿
C0 À	C1 Á	C2 Â	C3 Ã	C4 Ä	C5 Å	C6 Æ	C7 Ç	C8 È	C9 É	CA Ê	CB Ë	CC Ì	CD Í	CE Î	CF Ï
D0 Ð	D1 Ñ	D2 Ò	D3 Ó	D4 Ô	D5 Õ	D6 Ö	D7 ×	D8 Ø	D9 Ù	DA Ú	DB Û	DC Ü	DD Ý	DE Þ	DF ß
E0 à	E1 á	E2 â	E3 ã	E4 ä	E5 å	E6 æ	E7 ç	E8 è	E9 é	EA ê	EB ë	EC ì	ED í	EE î	EF ï
F0 ð	F1 ñ	F2 ò	F3 ó	F4 ô	F5 õ	F6 ö	F7 ÷	F8 ø	F9 ù	FA ú	FB û	FC ü	FD ý	FE þ	FF ÿ

Pretende actualizar el Latin1 reemplazando los símbolos _¨´¸___ que se utilizan poco por letras francesas y finlandesas e introducir el símbolo del euro ( ).

2.4.3. Códigos de caracteres de Windows

Windows tiene una codificación de caracteres propia, diferente de la ISO 8850. En la tabla siguiente podemos observar la codificación WinLatin 1 o Windows code page 1252.

	00	01	02	03	04	05	06	07	08	09	0A	0B	0C	0D	0E	0F
00	NUL 0000	STX 0001	SOT 0002	ETX 0003	EOT 0004	ENQ 0005	ACK 0006	BEL 0007	BS 0008	HT 0009	LF 000A	VT 000B	FF 000C	CR 000D	SO 000E	SI 000F
10	DLE 0010	DC1 0011	DC2 0012	DC3 0013	DC4 0014	NAK 0015	SYN 0016	ETB 0017	CAN 0018	EM 0019	SUB 001A	ESC 001B	FS 001C	GS 001D	RS 001E	US 001F
20	SP 0020	! 0021	" 0022	# 0023	$ 0024	% 0025	& 0026	' 0027	(0028	) 0029	* 002A	+ 002B	, 002C	- 002D	. 002E	/ 002F
30	0 0030	1 0031	2 0032	3 0033	4 0034	5 0035	6 0036	7 0037	8 0038	9 0039	: 003A	; 003B	< 003C	= 003D	> 003E	? 003F
40	@ 0040	A 0041	B 0042	C 0043	D 0044	E 0045	F 0046	G 0047	H 0048	I 0049	J 004A	K 004B	L 004C	M 004D	N 004E	O 004F
50	P 0050	Q 0051	R 0052	S 0053	T 0054	U 0055	V 0056	W 0057	X 0058	Y 0059	Z 005A	[005B	\ 005C	] 005D	^ 005E	_ 005F
60	` 0060	a 0061	b 0062	c 0063	d 0064	e 0065	f 0066	g 0067	h 0068	i 0069	j 006A	k 006B	l 006C	m 006D	n 006E	o 006F
70	p 0070	q 0071	r 0072	s 0073	t 0074	u 0075	v 0076	w 0077	x 0078	y 0079	z 007A	{ 007B	| 007C	} 007D	~ 007E	DEL 007F
80	€ 20AC		‚ 201A	ƒ 0192	„ 201E	… 2026	† 2020	‡ 2021	ˆ 02C6	‰ 2030	Š 0160	‹ 2039	Œ 0152		Ž 017D	
90		‘ 2018	’ 2019	“ 201C	” 201D	• 2022	– 2013	— 2014	˜ 02DC	™ 2122	š 0161	› 203A	œ 0153		ž 017E	Ÿ 0178
A0	NBSP 00A0	¡ 00A1	¢ 00A2	£ 00A3	¤ 00A4	¥ 00A5	¦ 00A6	§ 00A7	¨ 00A8	© 00A9	ª 00AA	« 00AB	¬ 00AC	- 00AD	® 00AE	¯ 00AF
B0	° 00B0	± 00B1	² 00B2	³ 00B3	´ 00B4	µ 00B5	¶ 00B6	· 00B7	¸ 00B8	¹ 00B9	º 00BA	» 00BB	¼ 00BC	½ 00BD	¾ 00BE	¿ 00BF
C0	À 00C0	Á 00C1	Â 00C2	Ã 00C3	Ä 00C4	Å 00C5	Æ 00C6	Ç 00C7	È 00C8	É 00C9	Ê 00CA	Ë 00CB	Ì 00CC	Í 00CD	Î 00CE	Ï 00CF
D0	Ð 00D0	Ñ 00D1	Ò 00D2	Ó 00D3	Ô 00D4	Õ 00D5	Ö 00D6	× 00D7	Ø 00D8	Ù 00D9	Ú 00DA	Û 00DB	Ü 00DC	Ý 00DD	Þ 00DE	ß 00DF
E0	à 00E0	á 00E1	â 00E2	ã 00E3	ä 00E4	å 00E5	æ 00E6	ç 00E7	è 00E8	é 00E9	ê 00EA	ë 00EB	ì 00EC	í 00ED	î 00EE	ï 00EF
F0	ð 00F0	ñ 00F1	ò 00F2	ó 00F3	ô 00F4	õ 00F5	ö 00F6	÷ 00F7	ø 00F8	ù 00F9	ú 00FA	û 00FB	ü 00FC	ý 00FD	þ 00FE	ÿ 00FF

Existen códigos de caracteres de Windows para otros alfabetos, concretamente:

- 1250 (Europa Central)
- 1251 (Cirílico)
- 1252 (Latin I)
- 1253 (Griego)
- 1254 (Turco)
- 1255 (Hebreo)
- 1256 (Árabe)
- 1257 (Báltico)
- 1258 (Vietnamita)
- 874 (Thai)

2.4.4. La familia KOI de códigos de caracteres cirílicos

El ASCII es un estándar de origen americano. En otros países del mundo, como por ejemplo la antigua Unión Soviética también se crearon códigos de caracteres apropiados para sus alfabetos. En este apartado, a modo de ejemplo, presentaremos a la familia KOI de caracteres cirílicos. KOI significa *"Код Обме на Информацией"* (que significa "código para el intercambio de información"). El primer KOI, denominado KOI-7, era un código de caracteres de 7 bits que tenía sólo letras en mayúsculas:

KOI-7

20	21 !	22 "	23 #	24 ¤	25 %	26 &	27 '	28 (	29)	2A *	2B +	2C ,	2D -	2E .	2F /
30 0	31 1	32 2	33 3	34 4	35 5	36 6	37 7	38 8	39 9	3A :	3B ;	3C <	3D =	3E >	3F ?
40 @	41 A	42 B	43 C	44 D	45 E	46 F	47 G	48 H	49 I	4A J	4B K	4C L	4D M	4E N	4F O
50 P	51 Q	52 R	53 S	54 T	55 U	56 V	57 W	58 X	59 Y	5A Z	5B [	5C \	5D]	5E ^	5F _
60 Ю	61 А	62 Б	63 Ц	64 Д	65 Е	66 Ф	67 Г	68 Х	69 И	6A Й	6B К	6C Л	6D М	6E Н	6F О
70 П	71 Я	72 Р	73 С	74 Т	75 У	76 Ж	77 В	78 Ь	79 Ы	7A З	7B Ш	7C Э	7D Щ	7E Ч	

El KOI-8

Ésta es una versión de 8 bits e incluye tanto caracteres en mayúsculas como en minúsculas. En la figura siguiente podemos ver la porción superior:

C0 ю	C1 а	C2 б	C3 ц	C4 д	C5 е	C6 ф	C7 г	C8 х	C9 и	CA й	CB к	CC л	CD м	CE н	CF о
D0 п	D1 я	D2 р	D3 с	D4 т	D5 у	D6 ж	D7 в	D8 ь	D9 ы	DA з	DB ш	DC э	DD щ	DE ч	DF ъ
E0 Ю	E1 А	E2 Б	E3 Ц	E4 Д	E5 Е	E6 Ф	E7 Г	E8 Х	E9 И	EA Й	EB К	EC Л	ED М	EE Н	EF О
F0 П	F1 Я	F2 Р	F3 С	F4 Т	F5 У	F6 Ж	F7 В	F8 Ь	F9 Ы	FA З	FB Ш	FC Э	FD Щ	FE Ч	

KOI-8 con ë (KOI8-R)

			A3 ё												
			B3 Ё												
C0 ю	C1 а	C2 б	C3 ц	C4 д	C5 е	C6 ф	C7 г	C8 х	C9 и	CA й	CB к	CC л	CD м	CE н	CF о
D0 п	D1 я	D2 р	D3 с	D4 т	D5 у	D6 ж	D7 в	D8 ь	D9 ы	DA з	DB ш	DC э	DD щ	DE ч	DF ъ
E0 Ю	E1 А	E2 Б	E3 Ц	E4 Д	E5 Е	E6 Ф	E7 Г	E8 Х	E9 И	EA Й	EB К	EC Л	ED М	EE Н	EF О
F0 П	F1 Я	F2 Р	F3 С	F4 Т	F5 У	F6 Ж	F7 В	F8 Ь	F9 Ы	FA З	FB Ш	FC Э	FD Щ	FE Ч	FF Ъ

2.5. Unicode

En el apartado anterior hemos presentado una serie de códigos de caracteres que utilizan 8 bits. Eso da la posibilidad de codificar hasta 256 caracteres. Para muchos idiomas es suficiente, pero no para todos (pensemos, por ejemplo, en los caracteres chinos). Aunque pueda ser suficiente para muchos idiomas, hace que sea imposible guardar en un único archivo de texto (cuidado, de texto, utilizando otros formatos sí que es posible) documentos multilingües (por ejemplo, mezclar en un único documento castellano y ruso). También se tiene que tener en cuenta que, de vez en cuando, aparecen nuevos símbolos (pensemos, por ejemplo, en el € del euro) que se tienen que ir incorporando al código de caracteres.

En el apartado anterior hemos visto unos cuantos códigos de caracteres de los muchos existentes. Esta gran cantidad de códigos de caracteres implica la dificultad de abrir un documento correctamente, ya que la detección del código de caracteres no es en todos los casos totalmente automática.

Por este motivo se intenta adoptar un código de caracteres universal. Este código de caracteres es el Unicode. El Unicode utiliza más de 8 bits, de manera que puede codificar muchos más caracteres.

El objetivo del Unicode es poder representar, en un único código de caracteres, todos los alfabetos de todas las lenguas existentes, que han existido y que existirán, más otros símbolos de tipo científicos, musicales, etc. Os preguntaréis cómo es que se pretende poder representar caracteres de lenguas todavía no existentes (o conocidas). Bien, la respuesta es sencilla: dejando bastantes posiciones libres para necesidades futuras.

Originariamente se pensaba utilizar simplemente una codificación de 16 bits que ofrece la posibilidad de codificar más de 65.000 caracteres (2^{16} =

65.536). Aunque esta cifra es suficiente para codificar la mayoría de los millares de caracteres que se utilizan en las diferentes lenguas del mundo, el estándar Unicode ISO/IEC 10646 permite tres formas de codificación que utilizan un repertorio de caracteres común pero que permiten codificar en torno a un millón más de caracteres. Esta cifra es suficiente para cubrir todas las necesidades de codificación conocidas, incluyendo todas las escrituras históricas del mundo y otros sistemas de notación.

Es del todo imposible recoger aquí todas las tablas de los caracteres que puede representar el Unicode. Para consultar las tablas, visitad la web www.unicode.org.

2.5.1. Codificaciones de caracteres con Unicode

Hay diferentes maneras de codificar los caracteres con Unicode. La mayoría de los ordenadores utilizan unidades mínimas de 8 bits. Si utilizamos más de 8 bits, tendremos que organizar la codificación de manera que utilicemos múltiplos de 8 bits, es decir, más de un byte. El estándar Unicode define tres tipos de codificaciones que permiten representar la información en un byte, dos bytes o cuatro bytes. Las tres codificaciones codifican el mismo repertorio de caracteres común, y se puede pasar de una codificación a otra sin pérdida de datos.

- UTF-8: la codificación en bytes es de una longitud variable, desde 1 byte para los caracteres coincidentes con l'ASCII.
- UTF-16: la codificación también es variable, pero o bien en dos bytes o bien en cuatro.
- UTF-32: todos los caracteres se codifican con cuatro bytes.

2.5.2. Endianess

Otra diferencia en la codificación de caracteres en Unicode es la posibilidad que sea *"Big Endian"* o *"Little Endian"*. Por ejemplo, nos podemos encontrar con UTF-16LE (*little endian*) y UTF-16BE (*big endian*). Esto está relacionado con la manera en que el procesador lee los diferentes bytes de un carácter multibyte.

Si tenemos el carácter 0x41 (hexadecimal 41), correspondiente a la letra A mayúscula, y lo queremos representar con dos bytes (porque utilizamos UTF-16), necesitaremos el byte 0x00 (= hexadecimal) y el 0x41. Si ponemos estos dos bytes seguidos (0x00 0x41) el procesador tendrá que decidir si el primero es el más significativo; es decir, que lee U+0041 (la U indica Unicode), o bien el primero es menos significativo y lee U+4100. Es decir, el concepto de endianess está relacionado con la manera como se almacena y se leen los bytes de un carácter multibyte. Si representamos este carácter con UTF-16B quedaría U+0041 y en UTF-16LE quedaría U+4100. Si no seleccionamos correctamente la endianess confundiríamos los dos símbolos siguientes: A y 䄀.

2.5.3. El UTF-8 con más detalle

Ya hemos comentado que el UTF-8 puede utilizar desde 1 byte hasta 4 bytes, en función del carácter que se quiera codificar. El procesador, cuando lee un byte, tendrá que saber si ha de leer 1, 2, 3 o 4. En este apartado explicaremos cómo se hace esto. Observamos la siguiente tabla:

Tabla 7.5. Representación en UTF-8 de caracteres de 1, 2, 3 y 4 bytes.

Bytes	Códigos	Representación UTF-8
1	128	0xxxxxxx
2	1920	110xxxxx 10xxxxxx
3	63488	1110xxxx 10xxxxxx 10xxxxxx
4	1048576	11110xxx 10xxxxxx 10xxxxxx 10xxxxxx

- Para representar caracteres con un solo byte se fuerza que el byte empiece por 0, por lo que quedan 7 bytes libres y se pueden representar 128 posiciones. Así pues, si un determinado byte empieza por 0 querrá decir que sólo hay que leer un carácter.
- En cambio, si el byte empieza por 1 querrá decir que es necesario leer más de un byte. El número inicial de unos del primer byte nos indicará cuántos bytes tenemos que leer. Así pues, en los caracteres de dos bytes, el primer byte empieza por 11, en los de tres por 111 y en los de 4 por 1111. Después de estos unos iniciales viene siempre un cero y el resto de posiciones se pueden utilizar para codificar caracteres. En los caracteres de más de un byte, el resto de bytes (sin contar el primero) siempre empiezan por 10.

Pongamos como ejemplo la codificación del carácter hebreo א (alef), que es el carácter Unicode U+05D0 (es decir, la posición decimal 1488).

- Como es la posición decimal 1488, vemos en la tabla que tenemos que utilizar 2 bytes.
- El modelo de codificación será, pues, 110xxxxx 10xxxxxx.
- El hexadecimal 05D0 equivale al decimal 1488 y al binario 101-1101-0000.
- Ahora, simplemente tenemos que llenar el modelo de codificación con la cifra binaria, empezando por la derecha, es decir, 11010111 10010000.
- El número binario 11010111 es el D7 hexadecimal y el 10010000 es el 90 hexadecimal, en cuanto la codificación UTF-8 del carácter א es 0xD7 0x90.

2.5.2. Inconvenientes del Unicode

Por ahora hemos presentado numerosas ventajas del Unicode pero, ¿no tiene ningún inconveniente? ¿Por qué se utilizan todavía otras codificaciones de caracteres si el Unicode es tan potente? Los motivos pueden ser diversos, pero uno importante es que para ciertas lenguas los archivos en Unicode pueden ocupar más que en otras codificaciones. Pongamos ahora un ejemplo. En la tabla siguiente podemos observar los tamaños de los archivos de un documento en inglés, uno en castellano y otro ruso en una codificación de 8 bits (ASCII, ISO y KOI) y en Unicode UTF-8 y Unicode UTF-16.

Tabla 7.6. Medidas relativas en diferentes idiomas y diferentes codificaciones de caracteres

	Inglés	Castellano	Ruso
ASCII, ISO i KOI	100 K	100 K	100 K
UTF-8	100 K	103 K	168 K
UTF-16	200 K	200 K	200 K

- Como podéis observar, el documento en inglés ocupa exactamente lo mismo en ASCII que en UTF-8, ya que todos los caracteres del inglés se pueden codificar perfectamente con un byte del UTF-8 (recordad que la tabla más baja del Unicode coincide con l'ASCII). En UTF-16, el documento en inglés ocupa exactamente el doble, ya que el UTF-16 utiliza 2 o 4 bytes, pero puede representar todos los del inglés con dos bytes.
- En el caso del castellano, el UTF-8 ocupa un poco más que el ISO, ya que todos aquellos caracteres que no coincidan con l'ASCII básico tendrán que

codificarse con dos bytes. El UTF-16 ocupa el doble que el ISO ya que todos los caracteres se pueden codificar con dos bytes.

- En el caso del ruso, el documento en UTF-8 ocupa bastante más que el KOI, pero no llega al doble. De hecho, en UTF-8 todas las letras del alfabeto ruso se codifican con dos bytes, pero los símbolos de puntuación se pueden codificar con ASCII y ocupan 1 byte. El UTF-16 ocupa exactamente el doble que el KOI ya que todos los caracteres se pueden codificar con dos bytes.

2.6. Determinación y cambio del código de caracteres de un documento

En principio, para abrir correctamente un documento de texto es necesario conocer en qué código de caracteres está codificado. Ahora bien, ciertos programas, como el Microsoft Word, pueden reconocer automáticamente en qué codificación de caracteres está escrito un documento de texto. Si abrís con Word un documento de texto en una codificación que no sea de Windows, se abrirá una pantalla como la siguiente:

Figura 7.2. Pantalla de selección del código de caracteres de Microsoft Word

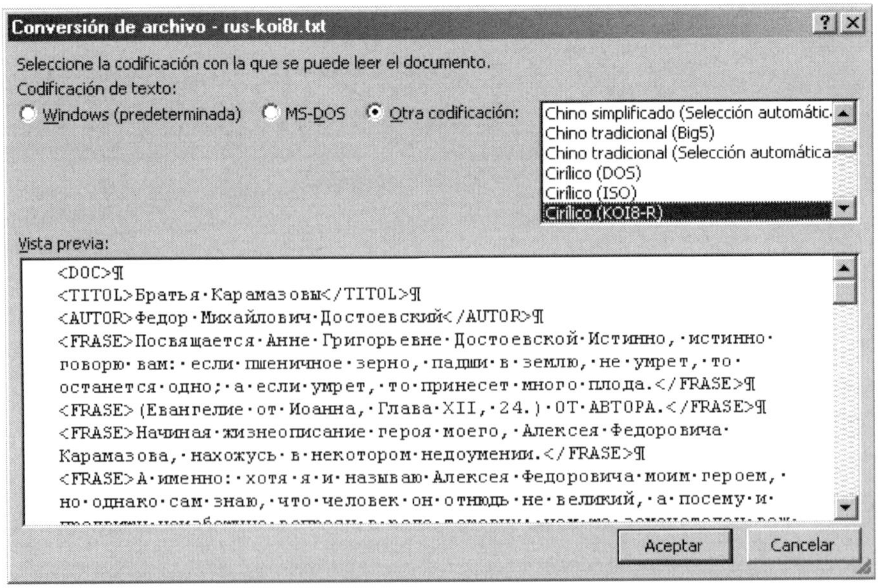

En esta pantalla se muestra la codificación más probable y una muestra del texto con esta codificación. Si la codificación seleccionada es la correcta, sólo será necesario hacer clic en el botón *Aceptar*. Si no la ha acertado, habrá que escoger la codificación manualmente.

Word también permite guardar un documento en una codificación determinada. Sólo es necesario hace *Guardar como* y escoger como formato *Texto sin formato* o *Texto codificado* (dependiendo de la versión). Aparecerá una pantalla parecida a la anterior, donde podremos escoger la codificación. En la pantalla se mostrarán en rojo los caracteres que no se puedan representar con la codificación escogida.

2.7. Problemas con los tipos de letra

Para visualizar correctamente un documento de texto no es suficiente conocer en qué codificación está; también es necesario tener instalado el tipo de letra adecuado en el ordenador. La instalación de nuevos tipos de letra depende del sistema operativo. En Internet se pueden encontrar una gran variedad de tipos de letra gratuitos.

2.8. Un editor de Unicode

Con Unicode tenemos la posibilidad de escribir, en un único documento de texto, en diversas lenguas y mezclando símbolos de muchos tipos. Hay, sin embargo, dificultades:

- Los tipos de letra: si no tenemos instalado el tipo de letra correcto, es posible que no visualicemos correctamente el documento.
- El teclado: si quiero escribir, por ejemplo, en árabe con un teclado español, lo podré hacer, pero no veré qué tecla está asociada a cada carácter. Si no me sé el teclado árabe de memoria, me será difícil picar el texto.
- ¿Cómo puedo seleccionar otros tipos de símbolos, como por ejemplo los símbolos musicales o los símbolos fonéticos?

Para solucionar todo esto existen diversos editores de texto especialmente preparados para trabajar con Unicode. Un buen ejemplo es l'SC Unipad. Podéis descargar una versión de demostración de la página web http://www.unipad.org/.

Este programa permite visualizar teclados de diversas lenguas. En la siguiente figura podemos observar el teclado árabe. El usuario puede picar directamente con el ratón sobre este teclado.

Figura 7.3. Teclado árabe del programa SC Unipad

También permite ver en pantalla diversas tablas de símbolos para seleccionarlos directamente. A continuación observamos la tabla correspondiente a los símbolos musicales:

Figura 7.4. Tabla del Unicode correspondiente a los símbolos musicales presentada por el programa SC Unipad

Además, visualizaremos correctamente estos símbolos aunque no tengamos el tipo de letra adecuado instalado a nuestro sistema.

3. Representación de la información no textual en documentos

3.1. Introducción

En el apartado anterior hemos aprendido cómo se codifica la información textual (incluidos los saltos de línea y otros caracteres de control) en un documento de texto. Los documentos con que tendremos que trabajar contienen mucha más información, de tipo no textual, como pueden ser cuestiones de formato (negritas, tipo de letra, colores, etc.) o bien referencias a otros objetos (cómo pueden ser imágenes o gráficos). Toda esta información se codifica también de diferentes maneras. En este apartado estudiaremos las maneras más habituales de codificar este tipo de información en los documentos.

El traductor a menudo tiene que traducir, además, ficheros que no son documentos en sentido estricto: páginas web, bases de datos, código de programas o ficheros de imágenes.

Esta unidad no puede organizarse como una enumeración de los formatos de archivo más habituales, ya que la lista es interminable. Lo que procuraremos será exponer algunas ideas básicas y estrategias para poder enfrontarnos a formatos de archivo desconocidos. Suele haber una relación entre el formato del archivo y su extensión. Recordad, no obstante, que esta relación no es inequívoca. Podéis encontrar información detallada sobre los tipos de archivo y las extensiones en la dirección http://filext.com.

3.2. Un ejemplo preliminar

Imaginémonos un texto como el siguiente: "Hola **qué** *tal*?". En este texto, la primera palabra está en letra normal, la segunda en negrita y la tercera en cursiva. Los códigos de caracteres estudiados a los apartados anteriores no hablaban ni de tipo de letra ni de colores, etc. Este tipo de información se tendrá que codificar por otros medios. Pondremos ahora unos ejemplos de cómo se codifica esta información en diferentes formatos:

Latex

```
Hola {\bf qu\'{e}} {\it tal}?
```

RTF

(mostramos únicamente un fragmento)

```
{\rtf1\ansi\ansicpg1252\uc1 \ {Hola }{\b qu\'e8 } {\i tal}{?
\par }
```

HTML

```
<html>
<body>
Hola <b>qu&eacute; </b><i>tal</i>?</p>
</body>
</html>
```

ODT (Open Office)

(mostramos únicamente un fragmento)

```
<?xml version="1.0" encoding="UTF-8"?>
...
- <office:body>
- <office:text>
  <office:forms form:automatic-focus="false" form:apply-design-
  mode="false" />
- <text:sequence-decls>
  <text:sequence-decl text:display-outline-level="0" text:
  name="Illustration" />
  <text:sequence-decl text:display-outline-level="0" text:
  name="Table" />
  <text:sequence-decl text:display-outline-level="0" text:
  name="Text" />
  <text:sequence-decl text:display-outline-level="0" text:
  name="Drawing" />
  </text:sequence-decls>
- <text:p text:style-name="Standard">
```

```
Hola
<text:span text:style-name="T1">qué</text:span>
<text:span text:style-name="T2">tal</text:span>
<text:span text:style-name="T3">?</text:span>
</text:p>
</office:text>
</office:body>
</office:document-content>
```

Fijémonos en el método que utiliza cada uno de éstos formatos para codificar este tipo de información no textual.

3.3. Latex

El formato Latex es muy utilizado por la comunidad académica para redactar artículos, libros, informes, tesis doctorales, etc. Permite una separación total entre lo que es el contenido y el formato. Cuando se redacta un documento en Latex, se indican marcas de contenido (cómo puede ser título, autor, apartados, subapartados, etc.) y el formato se definirá posteriormente con un fichero especial. Esto permite concentrarse estrictamente en redactar el contenido sin preocuparse en absoluto por el formato.

A continuación presentamos un ejemplo de documento en Latex (el texto está abreviado y las instrucciones de Latex aparecen en negrita):

```
\documentclass[a4paper,11pt,twocolumn,twoside]{article}
\usepackage[dvips]{graphicx}
\usepackage{sepln}

\usepackage[T1]{fontenc}
\usepackage[latin1]{inputenc}
\usepackage[spanish]{babel}

\title{Traducción automática estadística basada en {\it n}-gramas}

\seplnresumen{En este artículo presentamos un sistema experimental...}
\seplnclave{traducción automática estadística}

\seplnabstract{In this paper we present an experimental statistical
machine translation system based on...}
```

```
\seplnkey{statistical machine translation}

\begin{document}

\setlength\titlebox{11cm}

\maketitle

\section{Introducción}

En este artículo describimos un sistema experimental...

\section{Características y funcionamiento del prototipo}

El sistema está formado por los siguientes componentes:

\begin{itemize}

\item Un corpus bilingüe paralelo, previamente alineado.
\item Un pequeño diccionario bilingüe.
\item El algoritmo de traducción, implementado en Perl.

\end{itemize}

\subsection{Corpus paralelo}

El corpus paralelo catalán-castellano consiste en 263.721 segmentos,
que ...
```

Una vez escrito el documento, hay que compilarlo para obtener primero un archivo ps y, posteriormente, si se desea, obtener un documento en PDF. En sistemas Unix y Linux habitualmente tenemos preinstalado todo lo necesario para escribir y compilar documentos en Latex. Si se quiere hacer en Windows, es necesario descargar el paquete MikTex (www.miktex.org).

Una vez compilado el documento de ejemplo, tendría un aspecto como el siguiente:

Traducción automática estadística basada en n-gramas

1 Introducción

2 Características y funcionamiento del prototipo

2.1 Corpus paralelo

3.4. RTF (Rich Text Format)

En este apartado presentaremos las características básicas del formato RTF (Rich Text Format). Si deseáis obtener información adicional, podéis encontrar una descripción completa de la especificación del formato RTF en la página http://www.biblioscape.com/rtf15_spec.htm#Heading42web.

El Rich Text Format (RTF) es un método para codificar texto con formato y gráficos para proporcionar una fácil transferencia entre diferentes aplicaciones y sistemas operativos. Aunque es una especificación que ya tiene unos cuantos años, es una buena opción para compartir documentos creados con diferentes procesadores de textos.

Sintaxis del RTF

Un archivo RTF está compuesto por texto sin formato, símbolos de control y grupos. Para facilitar el intercambio entre diferentes aplicaciones y sistemas operativos, los archivos RTF sólo pueden estar formados por caracteres de l'ASCII de 7 bits.

La manera más sencilla de ver cómo es un documento en RTF es escribir uno (con Word, por ejemplo), guardarlo como RTF y abrirlo con un editor de textos (el bloc de notas, por ejemplo).

Si hacéis esto, veréis algo parecido al ejemplo del apartado 3.2. (con muchos más códigos, seguramente).

Como ya hemos comentado, los documentos en RTF sólo pueden contener caracteres correspondientes a l'ASCII de 7 bits. ¿Cómo se puede representar, pues, un documento escrito, por ejemplo, en ruso?

Observemos el siguiente texto:

```
Братья Карамазовы

Федор Михайлович Достоевский

Посвящается Анне Григорьевне Достоевской Истинно, истинно говорю вам: если
пшеничное зерно, падши в землю, не умрет, то останется одно; а если умрет, то
принесет много плода.

(Евангелие от Иоанна, Глава XII, 24.)

ОТ АВТОРА.

Начиная жизнеописание героя моего, Алексея Федоровича Карамазова, нахожусь в
некотором недоумении.
```

El texto anterior se representaría en RTF de la siguiente manera (mostramos únicamente un fragmento):

```
{\f97\lang1049\langfe1027\langnp1049\insrsid15610002\charr-
sid7684633 \'d4\'e5\'e4\'ee\'f0 \'cc\'e8\'f5\'e0\'e9\'eb\'ee\'e2\'e8\'f7
\'c4\'ee\'f1\'f2\'ee\'e5\'e2\'f1\'ea\'e8\'e9}{\lang1034\langfe1027\langnp103
4\insrsid15610002
\par
\par }{\f97\lang1049\langfe1027\langnp1049\insrsid15610002\charr-
sid7684633 \'cf\'ee\'f1\'e2\'ff\'f9\'e0\'e5\'f2\'f1\'ff \'c0\'ed\'ed\'e5
\'c3\'f0\'e8\'e3\'ee\'f0\'fc\'e5\'e2\'ed\'e5
\'c4\'ee\'f1\'f2\'ee\'e5\'e2\'f1\'ea\'ee\'e9 \'c8\'f1\'f2\'e8\'ed\'ed\'ee,
\'e8\'f1\'f2\'e8\'ed\'ed\'ee \'e3\'ee\'e2\'ee\'f0\'fe \'e2\'e0\'ec:
\'e5\'f1\'eb\'e8 \'ef\'f8\'e5\'ed\'e8\'f7\'ed\'ee\'e5 \'e7\'e5\'f0\'ed\'ee,
\'ef\'e0\'e4\'f8\'e8 \'e2 \'e7\'e5\'ec\'eb\'fe, \'ed\'e5 \'f3\'ec\'f0\'e5\'f2,
\'f2\'ee \'ee\'f1\'f2\'e0\'ed
\'e5\'f2\'f1\'ff \'ee\'e4\'ed\'ee; \'e0 \'e5\'f1\'eb\'e8 \'f3\'ec\'f0\'e5\'f2,
\'f2\'ee \'ef\'f0\'e8\'ed\'e5\'f1\'e5\'f2 \'ec\'ed\'ee\'e3\'ee
\'ef\'eb\'ee\'e4\'e0}{\lang1034\langfe1027\langnp1034\insrsid15610002 .}{
```

```
\lang1034\langfe1027\langnp1034\insrsid15610002\charrsid15610002
\par }\pard \s15\ql \li0\ri0\widctlpar\aspalpha\aspnum\faauto\adjustright\rin0\lin0\itap0\pararsid15610002 {\lang1034\langfe1027\langnp1034\insrsid15610002\charrsid15610002
\par }\pard \s15\ql \li0\ri0\widctlpar\aspalpha\aspnum\faauto\adjustright\rin0\lin0\itap0\pararsid15610002 {\lang1034\langfe1027\langnp1034\insrsid15610002 (}{\f97\lang1049\langfe1027\langnp1049\insrsid15610002\charrsid7684633 \'c5\'e2\'e0\'ed\'e3\'e5\'eb\'e8
\'e5 \'ee\'f2 \'c8\'ee\'e0\'ed\'ed\'e0, \'c3\'eb\'e0\'e2\'e0 XII, 24.) }{\lang1034\langfe1027\langnp1034\insrsid15610002
\par
\par }{\f97\lang1049\langfe1027\langnp1049\insrsid15610002\charrsid7684633 \'ce\'d2\'c0\'c2\'d2\'ce\'d0\'c0}{\lang1049\langfe1027\langnp1049\insrsid15610002\charrsid15610002 .}{\lang1034\langfe1027\langnp1034\insrsid15610002
\par
\par }\pard \s15\ql \li0\ri0\widctlpar\aspalpha\aspnum\faauto\adjustright\rin0\lin0\itap0\pararsid15610002 {\f97\lang1049\langfe1027\langnp1049\insrsid15610002\charrsid7684633 \'cd\'e0\'f7\'e8\'ed\'e0\'ff\'e6\'e8\'e7\'ed\'e5\'ee\'ef\'e8\'f1\'e0\'ed\'e8\'e5
\'e3\'e5\'f0\'ee\'ff \'ec\'ee\'e5\'e3\'ee, \'c0\'eb\'e5\'ea\'f1\'e5\'ff \'d4\'e5\'e4\'ee\'f0\'ee\'e2\'e8\'f7\'e0 \'ca\'e0\'f0\'e0\'ec\'e0\'e7\'ee\'e2\'e0, \'ed\'e0\'f5\'ee\'e6\'f3\'f1\'fc \'e2 \'ed\'e5\'ea\'ee\'f2\'ee\'f0\'ee\'ec \'ed\'e5\'e4\'ee\'f3\'ec
\'e5\'ed\'e8\'e8}{\lang1049\langfe1027\langnp1049\insrsid15610002\charrsid7684633 .}{\insrsid9899562
\par }}
```

3.5. HTML (Hyper Text Markup Language)

Es el lenguaje utilizado en las páginas web (aunque actualmente las páginas web están llenas de código escrito en otros lenguajes). Se trata de un lenguaje de marcaje basado en SGML (Standard Generalized Markup Language). Para un traductor es muy interesante aprender un poco de HTML por dos motivos: para poder confeccionar una página web personal donde ofrecer sus servicios y porque muy probablemente algún días tendrá que traducir alguna página web. En el apartado *Para ampliar conocimientos* os recomendamos un curso en línea gratuito.

Si queréis ver el código de una página web determinada, la podéis visitar con vuestro navegador y hacer Ver > Código fuente (o alguna opción parecida, en función de vuestro navegador).

3.6. ODT (Open Office)

El Open Office es un paquete ofimático gratuito, de código abierto y de libre distribución. Podéis obtener más información en www.open-office.org. El formato de archivo ODT corresponde al procesador de textos. Es un formato de archivo muy interesante y, por este motivo, lo incluimos en este tema.

El formato ODT es un archivo comprimido .zip. Si le cambiáis la extensión .odt por .zip, lo podréis descomprimir sin problemas y ver el interior. Si lo hacéis, observaréis que hay diversos archivos XML y diversas carpetas. El contenido del documento se encuentra en el archivo *content.xml*. Si lo abrís, veréis algo parecido al ejemplo del apartado 3.2.

3.7. Los formatos tratados por los programas de traducción asistida

Los sistemas de traducción asistida proporcionan una serie de filtros de importación para trabajar con diferentes formatos. La función de estos filtros es separar la información traducible del documento de la información que no es traducible, manteniendo en la medida de lo posible toda la información de formato (negritas, cursivas, etc.) y otros elementos (por ejemplo, imágenes). Cada programa comercial dispone de una serie de filtros para importar diferentes formatos. Es importante conocer qué formatos trata cada herramienta de traducción asistida.

Podéis encontrar información sobre las diferentes herramientas de traducción asistida existentes en el mercado en la página web www.transref.org, en el apartado *Tool vendors > CAT tools*.

En la página web de este manual podéis encontrar las direcciones de las herramientas TAO que se pueden encontrar en el mercado. Encontraréis tanto herramientas comerciales como herramientas gratuitas. Es un buen ejercicio visitar las páginas web de las diferentes herramientas y fijarse en los formatos que pueden tratar.

3.8. El formato PDF (Portable Document Format)

El formato PDF (*Portable Document Format*) es un formato propiedad de Adobe. Este formato está pensado para que se pueda visualizar correctamente en cualquier ordenador, independientemente del sistema operativo. Además, es un formato bastante comprimido, de manera que permite la transmisión eficiente de documentos, aunque contengan imágenes y gráficos.

Los documentos que encontramos en PDF no han sido escritos en este formato. Los documentos en PDF se crean a partir de documentos escritos con otros programas, como por ejemplo MS Word. La manera más habitual de crearlos es mediante un programa que se instala como una impresora y permite "imprimir" documentos PDF. Una de las opciones gratuitas para crear documentos PDF es el programa PDFCreator, que podéis descargar de la página http://sourceforge.net/projects/pdfcreator.

Para visualizar los archivos PDF es necesario tener el programa gratuito Acrobat Reader (que podéis descargar gratuitamente de la página web www.adobe.com).

Siempre que sea posible, procuraremos evitar trabajar con documentos PDF directamente e intentaremos que nuestro cliente nos envíe los documentos originales a partil de los que se han creado estos PDF. Hay diversas herramientas y técnicas para extraer el texto de un documento PDF, pero acostumbra a perderse el formato del documento.

Conclusiones

En este capítulo hemos presentado los conceptos fundamentales para comprender cómo se codifica informáticamente la información textual y no textual en documentos. Estos conceptos son imprescindibles para poder tratar correctamente los diferentes formatos informáticos. A pesar de la información ofrecida en este capítulo, la gran cantidad de formatos existentes hace imposible poder ofrecer una información detallada sobre cada a uno de ellos.

Para ampliar conocimientos

El Open Document Format es un formato abierto basado en XML para la representación de texto, hojas de cálculo y gráficos. Es una iniciativa de OASIS (Organization for the Advancement of Structured Information Standards, www.oasis-open.org). También podéis encontrar más información sobre este formato en http://opendocument.xml.org.

Capítulo VIII

Lenguajes de marcaje: HTML y XML

Introducción

En este capítulo hablaremos de la visualización, la declaración y el intercambio de información sin que tengamos que preocuparnos por la plataforma, el hardware o el software que tengamos. Esto es posible gracias a los formatos HTML y XML, que tienen en común el marcaje de la información pero presentan, de hecho, dos finalidades diferentes. Si bien el HTML es un formato para "hacer visible" la información, el XML es un formato para declarar y transmitir información; por eso tiene mayor interés para el traductor y nos centraremos en él.

Desde el punto de vista de la traducción, el conocimiento de estos formatos tiene también dos aplicaciones diferentes. Si bien es recomendable que el traductor tenga unos conocimientos mínimos de HTML para arreglar cualquier problema en la visualización de la traducción de un fichero (por ejemplo, si no se visualiza la traducción en negrita de una palabra que está marcada en negrita en el original), los conocimientos que tenga de XML le permitirán entender por qué el uso y el intercambio libre de recursos, como bases de datos terminológicas o memorias de traducción, pasan por este formato, y se dará cuenta de que con el XML es posible superar las limitaciones de algunos sistemas de traducción asistida en la importación de documentos en diferentes formatos.

Objetivos

Los objetivos del capítulo son los siguientes:

- Valorar las posibilidades que ofrece el formato XML en el mundo de la traducción.
- Entender la función del marcaje de la información, que es la base del HTML y el XML.
- Conocer la sintaxis básica del marcaje.
- Distinguir el HTML del XML.
- Darse cuenta de la utilidad que tiene saber HTML para un traductor.
- Tener los conocimientos necesarios para entender mejor las prácticas con herramientas multiplataforma y tratamiento de formatos estándar.

Contenido

1. El marcaje de la información y su libre transmisión

1.1. Motivación del marcaje de la información

Una persona que suele adquirir información mediante la lectura de documentos escritos como el capítulo que ahora mismo estáis leyendo, cuando recorra con la vista la cadena de caracteres siguiente

1. El marcaje de la información y su libre transmisión

entenderá que es una línea que hace referencia al tema del primer apartado de este capítulo. Así lo entenderá porque ha aprendido las convenciones tipográficas que sirven para señalar los temas de los apartados. Estas convenciones tipográficas son visuales, por lo que un ciego no las puede apreciar, pero eso no significa que el ciego no sepa que un texto está dividido en apartados temáticos, ni tampoco significa que no los pueda distinguir de alguna manera. Un ciego puede reconocer con el oído los títulos de apartado. En los llamados libros hablados, por ejemplo, podría distinguirlos cuando escucha una cadena de palabras leída con una voz diferente de la que lee el cuerpo del apartado. Las nociones de apartado, título y capítulo, etc. son conocidas y pueden ser reconocidas por cualquier persona alfabetizada.

Por lo tanto, el primer paso para transmitir la información de un documento que pueda ser captada por cualquier persona, independientemente de sus condiciones personales, consiste a marcar los elementos del documento con una información extra que es necesaria para que el receptor interprete estos elementos de manera correcta. Por ejemplo, aquellas unidades de información que se tienen que entender como títulos de párrafo se tienen que marcar como títulos de párrafo; los títulos de capítulo se tienen que marcar como títulos de capítulo; los destacados se tienen que marcar como destacados, etc.

Para delimitar exactamente las unidades marcadas, el elemento marcado lleva una etiqueta de inicio de la marca y una etiqueta de final de la marca. A continuación podéis ver una muestra de marcaje del inicio de este apartado. Las etiquetas marcan los contenidos del texto que se tienen que entender según las nociones de titulo apartado, subtitulo apartado, parrafo, ejemplo y destacado.

```
<titulo apartado>1. El marcaje de la información y su libre
transmisión<final titulo apartado>
```

<parrafo><subtitulo apartado>Motivación del marcaje de la información<final subtitulo apartado><final parrafo>

<parrafo>Una persona que suele adquirir información mediante la lectura de documentos escritos como el capítulo que ahora mismo estáis leyendo, cuando recurra con la vista la cadena de caracteres siguiente<final parrafo>

<parrafo><ejemplo>1. El marcaje de la información y su libre transmisión<final ejemplo><final parrafo>

<parrafo>entenderá que es una línea que hace referencia al tema del primer apartado de este capítulo. Así lo entenderá porque ha aprendido las convenciones tipográficas que sirven para señalar los temas de los apartados. Estas convenciones tipográficas son visuales, por lo que un ciego no las puede apreciar, pero eso no significa que el ciego no sepa que un texto está dividido en apartados temáticos, ni tampoco significa que no los pueda distinguir de alguna manera. Un ciego puede reconocer con el oído los títulos de apartado. En los llamados <destacado>libros hablados<final destacado>, por ejemplo, podría distinguirlos cuando escucha una cadena de palabras leída con una voz diferente de la que lee el cuerpo del apartado. La noción de <destacado>apartado<final destacado>, como las nociones de <destacado>título<final destacado>, de <destacado>capítulo<final destacado>, etc. son conocidas y pueden ser reconocidas por cualquier persona alfabetizada.<final parrafo>

1.2. La manifestación de las marcas

Fijaos que los elementos que están delimitados por las etiquetas no están ni en negrita, ni en cursiva, ni el tamaño de la letra es diferente, ni hay los saltos de línea del documento editado. Las negritas, cursivas, tamaños de letra y saltos de línea son manifestaciones visuales de lo que hemos indicado con una marca. Recordemos que, por ejemplo, lo que marcamos como título de apartado puede tener manifestaciones diferentes: un cambio de entonación o de voz si la manifestación es sonora o bien una cadena de letras Tahoma en negrita de tamaño 14 o cualquier otro formato de letra si la manifestación es visual. La manifestación visual o sonora de una marca se realiza mediante un software especializado. Internet Explorer y su equivalente en software libre, FireFox, son los programas más conocidos y se ocupan de la manifestación visual de los contenidos de una página web. A continuación ejemplarizamos cómo, gracias a este software, los caracteres entre las etiquetas <b> y </b> aparecen en pantalla como una secuencia de caracteres en negrita. Además, el programa interpreta la marca </br> e inserta un salto de línea entre *"to be or not to be"* y *"that's the question"*. Así, el HTML siguiente:

```
<html>To be or not to be</br><b>that's the
question</b></html>
```

Se visualiza:

To be or not to be
that's the question

Gracias al software capaz de presentar la información de manera visual o sonora según lo que indican las marcas, es posible tener diferentes formatos del mismo documento. Un documento marcado con un sencillo editor de texto plano se puede transformar en una página web, en un documento PDF, en un DVD o en un libro hablado. Es necesario disponer del software capaz de interpretar las marcas y realizar estas transformaciones. Ahora bien, no siempre se marca un contenido para presentarlo de manera visual o sonora.

1.3. Estandarización del marcaje de la información

Lo que es evidente es que ningún programa interpretará las marcas del fragmento de documento que hemos visto en el primer ejemplo, ya que las marcas son inventadas. Por otra parte, es importante que el mismo contenido marcado pueda ser procesado por diversas aplicaciones, pero se tiene que tener en cuenta que estas aplicaciones pueden estar en diferentes plataformas, y estar codificadas en diferentes lenguajes de programación. Por eso hace falta un código estándar de marcaje de la información que sea independiente de la plataforma, del hardware y del software.

El establecimiento de un código para marcar la información de manera estándar tiene una historia que se remonta al final de los años 60 del siglo XX con el GML (*Generalized Markup Language*). El año 1986 apareció el SGML (*Standard Generalized Markup Language*), en 1989 el HTML (*Hyper Text Markup*

Language) y en 1996 el XML (*Extensible Markup Language*). La relación histórica entre estos lenguajes de marcaje explica su gran parecido, sobre todo en su sintaxis, pero no se tienen que confundir.

La codificación estándar es imprescindible para publicar contenidos en Internet, ya que Internet está concebido como un espacio para compartir conocimiento, establecer comunicaciones independientemente del hardware, del software, de la cultura, de la localización geográfica y de las capacidades mentales o físicas. El consorcio World Wide Web Consortium, o W3C, (http://www.w3.org) tiene como tarea principal el desarrollo de iniciativas para que esta concepción de Internet sea real. Por eso, sus recomendaciones sobre lenguajes de marcaje, más que recomendaciones son indicaciones de cómo se tiene que marcar la información si se quiere que sea plenamente aprovechable y accesible por todo el mundo a nivel planetario. El HTML y el XML son lenguajes recomendados por W3C, pero si bien el HTML sólo tiene sentido en Internet, el XML va mucho más allá.

2 ¿Qué es el HTML? Editores de HTML

HTML es el acrónimo de *Hyper Texto Markup Language*. Es un lenguaje de formato concebido por Tim Berners-Lee, fundador del World Wide Web Consortium, para presentar la información contenida en las páginas web de manera que sea posible acceder de manera rápida e intuitiva a otras páginas. El HTML es un formato de publicación de la información disponible en Internet y su elemento distintivo son los enlaces de hipertexto. El HTML es, pues, un lenguaje para visualizar las páginas web.

La intención era que nadie se viera imposibilitado a la hora de confeccionar páginas web por el hecho de no tener un software adecuado. Con un sencillo editor de textos, disponible para todo el mundo que tiene ordenador, se puede hacer una página web. Sólo hay que indicar con marcas cómo se tiene que visualizar la información y un programa denominado navegador (*browser*) ya se encargará de interpretar estas marcas y presentar la información según lo que establecen. Después se cambia la extensión .txt por .html y ya se tiene una página web a punto de ser publicada. Internet Explorer es el navegador de

Microsoft para la plataforma Windows y posteriormente para Apple. Mozilla Firefox es un navegador alternativo a Internet Explorer y se distingue por el hecho de ser de código libre y multiplataforma.

Aunque con un sencillo editor de textos podemos crear una página web, el marcaje es una tarea pesada, que cansa, hace perder mucho tiempo al traductor y siempre existe el peligro de que éste se olvide de marcar un elemento tal como estaba marcado en el original. Además, si el traductor traduce directamente sobre un fichero HTML, existe el peligro de que borre un símbolo > o <, o una marca de cierre y provoque un grave cambio de formato con respecto al original. Además, trabajar con un texto lleno de marcas no es nada agradable y el traductor pierde tiempo en buscar entre las marcas el texto que tiene que traducir. Por eso son de utilidad los editores de HTML, que presentan al usuario la página web tal como la vería publicada en Internet, sin las marcas, y el usuario puede modificarla como si trabajara con un editor de textos. Después de cada modificación, puede visualizar cómo quedaría publicada y así ve al momento si sus modificaciones estropean el formato. Por eso, a estos editores se les nombra WYSIWYG, acrónimo de *What you see is what you get*. Entre los programas de código libre y de libre distribución hay navegadores como Mozilla (www.mozilla.org), que tiene el Composer, que permite editar una página web de la misma manera como lo haríamos con OpenOffice o MS Word. Otro navegador con editor de código libre y de libre distribución es Amaya (www.w3.org/Amaya/) del W3C.

3. Nociones básicas de HTML

3.1. Formato básico de una marca

El formato básico es el siguiente:

```
<etiqueta de inicio de la marca>elemento afectado por la marca<etiqueta de cierre de la marca>
```

Hay marcas, sin embargo, que no necesitan una etiqueta de cierre. Por ejemplo, la etiqueta que marca un salto de línea no tiene etiqueta de cierre, aunque también es posible ponerla como </br>.

Las etiquetas de comienzo de marca tienen éste formato:

```
<nombre de la marca>
```

Y las de cierre de marca tienen el formato siguiente:

```
</nombre de la marca>
```

Para crear una página web con el título "Estudiar HTML", abrid un fichero de texto con un editor de textos y escribid lo siguiente:

```
<title>Estudiar HTML</title>
```

Guardad el fichero con la extensión .html (o .htm) y el título de la página web aparecerá en la parte superior de vuestro navegador.

3.2. Estructura de un documento HTML

Para facilitar el trabajo del navegador, los documentos HTML tienen una estructura estándar. Esta estructura también se declara mediante marcas que dan toda la información que necesita el navegador para visualizar la página. Esta información, con sus marcas asociadas, es la siguiente:

Información	Marca
El documento es un documento HTML	<html>
Título de la página web, estilo de página, programas activos en la página web (*scripts*)	<head>
El contenido visible de la página web	<body>

La estructura canónica de una página web es la siguiente:

```
<html>
<head>
  <title>Título de la página web</title>
</head>
<body>
Contenido visible de la página web
</body>
</html>
```

Dado que el título es información del *head*, fijaos que tenemos que marcar el título de la página web entre <head> i </head>. Fijaos también que cuando se ha acabado de escribir y de marcar los contenidos del body se tiene que poner </body> Finalmente, una vez acabada de confeccionar la página web tenemos que poner la etiqueta de cierre </html>. Aquí tenéis un ejemplo.

```
<html>
<head>
    <title>Estudiar HTML</title>
</head>
<body>
    Benvinguts al curset d'HTML</br>
    Bienvenidos al cursillo de HTML
</body>
</html>
```

Que se visualizará de la siguiente manera:

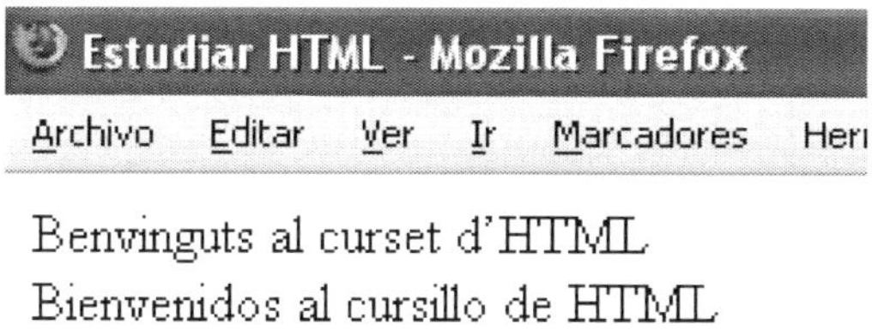

Es posible ver el código fuente si en nuestro navegador hacemos clic sobre la página web, apretamos el botón derecho del ratón y seleccionamos la opción “Ver Código Fuente” del menú desplegable.

Una información que suele encabezar el fichero HTML es la relativa a la versión de HTML y el modelo de plantilla o estructura (DTD) sobre la cual se organiza la información. Es una información que aparece en primer lugar y está fuera del alcance de cualquier otra marca. A continuación ofrecemos un ejemplo:

```
<!DOCTYPE html PUBLIC "-//W3C//DTD HTML 4.01 Transitional//EN"
    "http://www.w3.org/TR/html4/loose.dtd">
<html>
<head>
  <title> Título de la página web </title>
</head>
<body>

Contenido visible de la página web

</body>
</html>
```

3.3. La buena formación de documentos en HTML

El HTML es muy laxo y es posible crear una página web sin especificar la DTD, sin la marca *body* e incluso sin poner </html>. El navegador tiene la capacidad de completar lo que falta por descuido o incluso por desconocimiento del creador de la página. Eso favorece la comunicación en Internet, porque facilita el trabajo de cualquier persona que quiera hacer una página web; pero en algunos casos puede haber inconvenientes.

Aconsejamos utilizar siempre las marcas de estructura. También es recomendable cerrar siempre las marcas con una etiqueta de cierre y asegurarnos de que no nos olvidamos el signo '>', por ejemplo.

Mirad la página web siguiente con su código fuente correspondiente:

```
<html>
<head>
<title>
Estudiar HTML
<body>Benvinguts al curset d'HTML<br>
```

```
Bienvenidos al cursillo de HTML
</html>
```

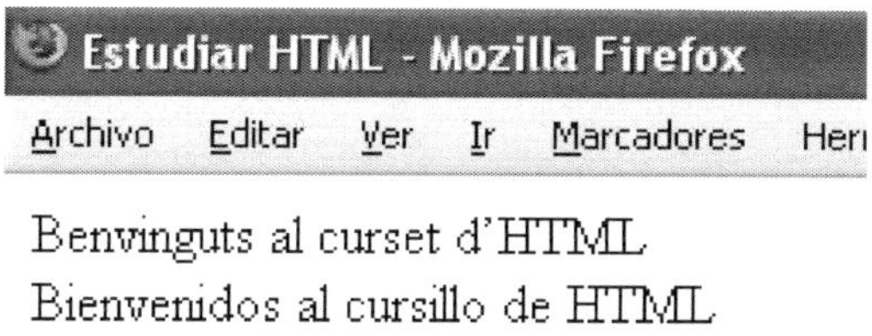

En este ejemplo falta cerrar las etiquetas <head> y <body>, pero la página web se visualiza perfectamente.

Fijaos, sin embargo, que hay errores que sí que afectan a la visualización, por ejemplo:

```
<html>
<head>
<title>
Estudiar HTML
<bodyBenvinguts al curset d'HTML</br>
Bienvenidos al cursillo de HTML</body>
</html>
```

Fijaos que la marca <title> no se ha cerrado, y que hemos escrito <body, no <body> Esto ha provocado que, en la página web, la línea "Benvinguts al curset d'HTML" no se visualice.

3.4. Marcas de elementos textuales

Si la traducción de un documento HTML tiene que mantener su formato, es importantísimo que no modifiquéis ni dejéis de poner las marcas HTML que había en el original, ya que probablemente provocaréis diferencias de formato entre el original y la traducción. Se pueden dar casos en qué se vean las marcas a la página web traducida, en qué los contenidos aparezcan en lugares donde no tendrían que aparecer, etc. En principio, ya podéis solucionar cualquier problema de aparición de código HTML o de elementos descolocados. Simplemente, editad el fichero HTML con cualquier editor y verificad que todas las marcas tengan etiquetas de comienzo y de final, y que no falte ningún símbolo '<'o'>' en las etiquetas.

A continuación, mostramos unas marcas relativas a elementos textuales de las páginas web:

3.4.1. Encabezamientos

Si queréis marcar un encabezamiento, lo tenéis que hacer de esta manera:

```
<h número indicando el nivel>Texto del encabezado</h número indicando el nivel>
```

Si ponemos <h1>, indicamos el nivel principal. La posición jerárquica va disminuyendo a medida que se aumenta el número, hasta 6. Observad el siguiente ejemplo:

```
<html>
<head>
<title>Niveles de encabezado</title>
</head>
<body>
    <h1>Ejemplo de nivel 1</h1>
    <h2>Ejemplo de nivel 2</h2>
    <h3>Ejemplo de nivel 3</h3>
    <h4>Ejemplo de nivel 4</h4>
    <h5>Ejemplo de nivel 5</h5>
    <h6>Ejemplo de nivel 6</h6>
</body>
</html>
```

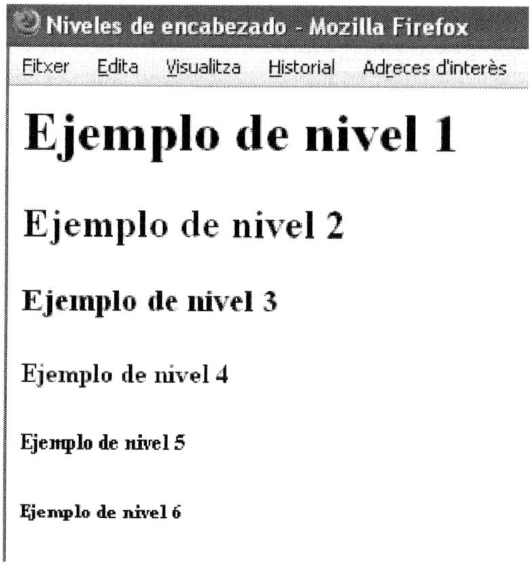

3.4.2. Listas

Si la lista es numerada, el formato es:

```
<ol><li>primer elemento</li>
        <ol><li>segundo elemento</li>
        <ol><li>tercer elemento</li>
</ol>
```

Y si no es numerada:

```
<ul><li>primer elemento</li>
        <li>segundo elemento</li>
        <li>tercer elemento</li>
</ul>
```

</ul> es obligatoria mientras que </li> es opcional.
Presentamos un ejemplo de página web con una lista numerada:

3.4.3. Párrafos

El formato para marcar los párrafos es

```
<p>Texto del párrafo</p>
```

La presencia de es </p> es, sin embargo, opcional.

3.4.4. Enlaces

Es posible poner enlaces a la página web de manera que el lector pueda hacer clic sobre el enlace para ir directamente a la página web enlazada. El formato para marcar un enlace es el siguiente:

```
<a href=dirección del fichero al que queremos acceder>hipertext</a>
```

La dirección puede ser la ruta por las carpetas hasta encontrar el documento todavía no publicado en la Red o bien el URL donde se encuentra la página publicada en la Red. En el siguiente ejemplo, vemos un enlace en otra página dentro del mismo servidor y un enlace en una página situada en un servidor exterior (en este ejemplo, la página de búsqueda de Google).

```
<html>
<head>
<title>Temario</title>
</head>
```

```
<body>
    <h1>Temas del curso</h1>
    <ol>
          <li>La traducción asistida por ordenador</li>
          <li>La traducción automática</li>
          <li>La gestión de la terminología</li>
    </ol>
    <a href=".\llista-ES.html">Versión en catalán</a></br>
    <a href="http://www.google.com">Búsqueda con Google</a>
</body>
</html>
```

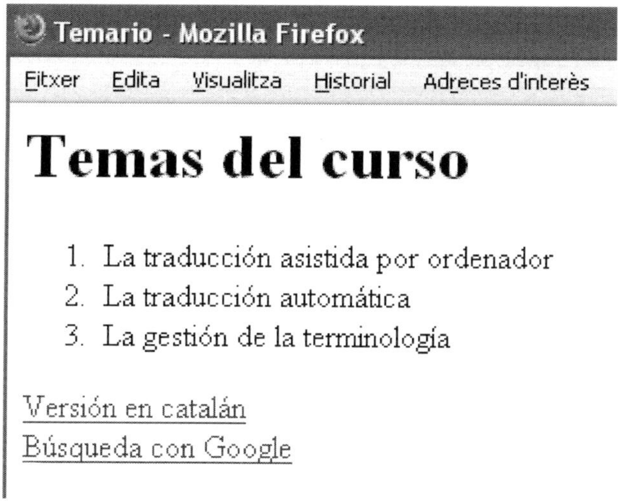

3.4.5. Marcas de imagen

Para que en la página web aparezca una imagen, ésta se tiene que definir con una marca que tiene el siguiente formato

```
<img src=dirección donde se encuentra la imagen alt=breve descrip-
ción de la imagen/>
```

La dirección puede ser la ruta por las carpetas donde se encuentra la imagen en el servidor o bien el URL donde se encuentra la imagen.

3.5. Atributos de las marcas

Las marcas pueden tener atributos, que dan más información al navegador sobre cómo se tiene que visualizar un elemento textual o sobre la estructura del documento. Por ejemplo, el *body* puede tener el atributo de ser de color amarillo, los párrafos tener el atributo de estar centrados, el primer párrafo tener el atributo de aparecer todo en negrita y en cursiva, el encabezamiento principal aparecer en un formato de letra determinado, que no es el formato por defecto, etc. El atributo se declara de la siguiente manera.

```
Nombre del atributo = "valor del atributo"
```

Los atributos se van indicando en la etiqueta de apertura de la marca afectada. Por ejemplo,

```
bgcolor = "yellow"
```

indica que el fondo de la página web tiene que ser de color amarillo. Como el color afecta al *body*, se tiene que escribir:

```
<body bgcolor="yellow">
```

Se puede añadir más de un atributo que afecte a una marca. Por ejemplo, si queremos que el encabezamiento principal ("Saber HTML") tenga como fuente Arial, aparezca de color verde y esté centrado, escribimos:

```
<h1 style="font-family: arial; color: green;" font="arial"
color="green"
align="center"> Saber HTML</h1>
```

De todas maneras, *font* puede ser también una marca con atributos. Por ejemplo:

```
<font size="3" color="red">
Color rojo
</font>

<font size="1" color="blue">
Color azul
</font>

<font face="arial"
   color="red">
Color rojo en fuente arial
</font>
```

Fijémonos que *color* es el atributo que indica el color en que queremos que aparezca un segmento de texto concreto. *Face* es el atributo que indica el tipo de letra y size el tamaño de la letra. Si queremos que una palabra o una secuencia de palabras tenga una forma concreta diferente de las palabras que la siguen o que la preceden, se tiene que poner una etiqueta de cierre en el límite donde se mostrarán los caracteres en un determinado color, medida, etc. Sin esta etiqueta de cierre todos los caracteres tendrían el mismo color, tamaño y tipos de letra que hemos establecido en la etiqueta de apertura y, por eso, no veríamos las diferencias de color y medida en el ejemplo anterior sino una secuencia de caracteres del mismo color y el mismo tamaño. Por lo tanto, si el traductor detecta una diferencia de este tipo entre el documento original y la traducción, será debido a que no haya desaparecido una etiqueta de cierre de *font*.

Dos marcas que también necesitan etiquetas de cierre pero que, en cambio, no tienen atributos son las marcas de negrita y cursiva, que son, respectivamente:

```
<b>texto que tiene que ir en negrita</b>
<i>texto que tiene que ir en cursiva</i>
```

4. Nociones básicas de XML

En este apartado veremos qué es y para qué sirve el XML (*Extensible Markup Language*). El XML es un lenguaje general multipropósito que se está extendiendo en muchos ámbitos, entre ellos el mundo de la traducción. Además de existir una serie de formatos basados en XML utilizados en el mundo de la traducción, el traductor a menudo se tendrá que enfrentar a la traducción de documentos XML. El XML es una recomendación del W3C, que está disponible en su página web www.w3.org/XML. El XML, que apareció en 1996, tiene una relación histórica con otros lenguajes de marcaje, como pueden ser el GML (aparecido a finales de los años 60), el SGML (de 1986) o el HTML (de 1989).

Esta relación histórica conlleva que todos estos lenguajes de marcaje sean muy parecidos, lo que a menudo causa bastante confusión. El HTML es un lenguaje de marcaje derivado del SGML. El XML, en cambio, es una simplificación del SGML y continúa siendo compatible con él.

A continuación presentamos un par de ejemplos de documentos XML. El primer ejemplo representa un diccionario con un par de entradas. El segundo ejemplo representa una agenda de teléfonos sencilla:

```
<diccionario>
    <entrada id='1'>
          <spa>casa</spa>
          <eng>house</eng>
    </entrada>
    <entrada id='2'>
```

```
            <spa>coche</spa>
            <cat>cotxe</cat>
            <eng>car</eng>
    </entrada>
</diccionari>


<agenda-telefonos>
    <contacto id='1'>
            <nombre>Maria Gil</nombre>
            <telefono>456783909</telefono>
    </contacto>
<contacto id='2'>
            <nombre>Ernesto Villalba</nombre>
            <telefono>768436543</telefono>
    <contacto>
</agenda-telefonos>
```

4.1. Estructura de los documentos XML

Un documento XML es un documento de texto. En XML el texto tiene dos finalidades: marcar o ser un dato. Las marcas nos sirven para estructurar lógicamente el XML. Observemos el ejemplo siguiente:

```
<?xml version="1.0" standalone="yes">
<libro>
<titulo>Don Quijote de la Mancha</titulo>
<autor>Miguel de Cervantes</autor>
</libro>
```

Las marcas son *xml, version, standalone, libro, titulo, autor; y los datos son 1.0, yes, Don Quijote de la Mancha, Miguel de Cervantes.*

Todo lo que se encuentra entre los símbolos < y > se considera elemento (etiqueta), excepto si se encuentra dentro de una sección CDATA. Los nombres de los elementos tienen que cumplir la sintaxis siguiente:

- Toda etiqueta tiene que tener un nombre.
- El nombre tiene que empezar por _ o por una letra. En el resto del nombre se pueden utilizar letras, números, guión, punto o _ (no se pueden utilizar espacios en blanco).
- Los nombres son *case sensitive*, es decir, se distinguen mayúsculas y minúsculas.
- Un elemento puede estar vacío y cerrarse con />

En el ejemplo del diccionario teníamos <entrada id='1'>. id es un atributo y el valor de este atributo es 1. Todo lo que hemos dicho para los nombres de las etiquetas o elementos también es válido para los atributos. Los valores de los atributos van entre comillas, que pueden ser tanto simples como dobles.

Dentro de los documentos XML se pueden escribir comentarios, delimitados de la siguiente manera:

```
<!- Esto es un comentario en XML ->
```

Las referencias de entidades son marcas que se reemplazan por caracteres cuando se analiza el documento. En XML sólo se permiten cinco entidades predefinidas:

- & &
- < <
- > >
- ' '(comillas simples)
- " " (comillas dobles)

4.2. Las seis reglas para crear documentos XML bien formados

Las reglas para crear documentos XML bien formados son las siguientes:

- Todo elemento que contenga datos tiene que tener una etiqueta para abrirlo y una etiqueta para cerrarlo. <autor>Miguel de Cervantes</autor>
- Todo elemento que no contenga datos tiene que tener una etiqueta única acabada con />.
.

- Tiene que haber un único elemento que contenga a todos los demás (raíz). En el ejemplo del diccionario este elemento era <diccionario>.
- Los elementos tienen que estar anidados, no superpuestos.

```
<B>Este XML <I>no está </B>bien formado.</I>
<B>Este XML <I>sí que está </I>bien formado.</B>
```

- Los valores de los atributos van entre comillas (simples o dobles).
- Las únicas referencias a entidades permitidas son *&, <, >, &apos* i *"*.

4.3. Definición de los tipos de documentos

El XML es un lenguaje que permite intercambiar documentos. En el momento del intercambio surge la necesidad de validar los documentos, es decir, verificar que los documentos estén bien formados. Hay dos mecanismos para validar los documentos XML:

- Los DTD (*Document Type Definition*)
- Los XML Schema

Un DTD o un XML Schema especifican las reglas que definen la estructura de un documento XML. Así pues, tanto los DTD como los XML Schema definen cómo es un determinado XML. Si disponemos de esta información, podremos determinar si un XML está bien formado o no. Los DTD y los XML Schema son equivalentes; son diferentes maneras de expresar prácticamente lo mismo. Los XML Schema son al mismo tiempo documentos XML. Es decir, son un documento XML que sirve para definir cómo es un XML.

Veamos ahora un ejemplo. Tenemos el siguiente documento XML:

```
<?xml version="1.0"?>
<nota>
<para>Ana</para>
<de>Juan</de>
<titulo>Recordatorio</titulo>
<cuerpo>Recuerda que hemos quedado para comer mañana</cuerpo>
</nota>
```

El DTD que define este XML es el siguiente:

```
<!ELEMENT nota (para, de, titulo, cuerpo)>
<!ELEMENT para (#PCDATA)>
<!ELEMENT de (#PCDATA)>
<!ELEMENT titulo (#PCDATA)>
<!ELEMENT cuerpo (#PCDATA)>
```

Y el XML Schema es el siguiente:

```
<?xml version="1.0"?>
<Xs:schema xmlns:xs="http://www.w3.org/2001/XMLSchema"
targetNamespace="http://www.w3schools.com"
xmlns="http://www.w3schools.com"
elementFormDefault="qualified">
<Xs:element name="nota">
    <Xs:complexType>
      <Xs:sequence>
    <Xs:element name="para" type="xs:string"/>
    <Xs:element name="de" type="xs:string"/>
    <Xs:element name="titulo" type="xs:string"/>
    <Xs:element name="cuerpo" type="xs:string"/>
      </Xs:sequence>
    </Xs:complexType>
</Xs:element>
</Xs:schema>
```

5. Formatos de intercambio basados en XML (TMX, TBX, XLIFF y SRX)

Los formatos de intercambio basados en XML se utilizan cada día más en diferentes aplicaciones. La traducción no es una excepción, no en vano se están desarrollando una serie de formatos XML estándar para el intercambio de memorias de traducción, bases de datos terminológicas, proyectos de traducción y reglas de segmentación.

La aparición de estos formatos comporta numerosas ventajas, entre las cuales se puede destacar la posibilidad de intercambiar esta información entre diferentes herramientas de traducción asistida. De esta manera se facilita que un traductor que disponga de la herramienta A pueda trabajar cómodamente con una empresa de traducción que utilice la herramienta B. Aunque de momento la integración de estos formatos no es total, se espera que en las versiones que vayan apareciendo en los próximos años de las diferentes herramientas de TAO se vayan introduciendo todos estos formatos estándar. Algunos de dichos formatos ya se han tratado en otras unidades y, por este motivo, tan sólo los vamos a repasar aquí muy brevemente.

5.1 TMX (*Translation Memory Exchange*)

El TMX (*Translation Memory Exchange*) es el formato estándar para el intercambio de memorias de traducción. Las especificaciones concretas de éste formato pueden encontrarse en la página web http://www.lisa.org/standards/ tmx/specification.html.

Éste formato de intercambio ya está integrado en la gran mayoría de herramientas de traducción asistida. De todos los formatos de intercambio que presentaremos en este apartado, es el que disfruta de un grado de integración más alto en las herramientas de TAO.

5.2. TBX (*TermBase Exchange*)

El TBX (*TermBase Exchange*) es el formato estándar para el intercambio de bases de datos terminológicas. Las especificaciones de éste formato pueden encontrarse en la página web http://www.lisa.org/standards/tbx/.

Desgraciadamente, este formato a menudo no está integrado en las herramientas de TAO existentes en la actualidad.

5.3. XLIFF (*XML Localisation Interchange File Format*)

El XLIFF es un formato estándar para el intercambio de proyectos de traducción y localización. Se puede encontrar más información sobre el XLIFF y observar sus especificaciones en la página web http://www.opentag.com/xliff.htm.

Existen una serie de herramientas de traducción asistida que son en realidad editores de ficheros XLIFF. No todas las herramientas de traducción asistida incorporan filtros de entrada para el formato XLIFF. Ahora bien, dado que XLIFF es un formato XML y la mayoría de herramientas de TAO permiten crear filtros específicos para ficheros XML, no es demasiado complicado hacer que una herramienta de TAO pueda importar archivos XLIFF.

5.4. SRX (*Segmentation Rules Exchange*)

El formato SRX es un formato estándar para el intercambio de reglas de segmentación. Las herramientas de TAO segmentan el texto del fichero de entrada teniendo en cuenta una serie de reglas. Dos herramientas de TAO que utilicen reglas de segmentación diferentes segmentarán el texto de forma distinta. Si queremos aprovechar al máximo las memorias de traducción creadas con una herramienta determinada (que utiliza unas reglas de segmentación concretas), cuando las utilizamos con otra herramienta conviene que creemos el proyecto de traducción utilizando las mismas reglas de segmentación. De esta manera aumentaremos la probabilidad de encontrar segmentos coincidentes en la memoria de traducción. Con este propósito se ha creado el formato SRX.

Se puede encontrar información adicional y las especificaciones de éste formato en la página http://www.lisa.org/standards/srx/.

Éste formato todavía no disfruta de demasiada integración, por no decir que es inexistente en las herramientas de TAO actuales.

Conclusiones

En este capítulo hemos visto que para transmitir información y procesarla independientemente de la plataforma, el hardware y el software es conveniente marcarla con un formato de etiquetado estándar. Hemos explicado los dos formatos estándar de marcaje, el HTML y el XML, y hemos comentado las similitudes y diferencias. Para un traductor es importante tener unos conocimientos mínimos de HTML, pero todavía más de XML.

Los sistemas de TAO se ocupan de la coherencia de formato entre el original y la traducción y, gracias a estos sistemas, un traductor que no conoce el HTML puede traducir una página web. Sin embargo, siempre es conveniente que tenga unas nociones de dicho lenguaje para poder solucionar él mismo cualquier problema de formato editando un fichero de texto.

Con respecto al XML, hemos presentado las nociones básicas para entender la importancia que está adquiriendo éste formato en diversas áreas. Los traductores tendrán que hacer frente a menudo a la traducción de documentos XML.

Para ampliar conocimientos

Para saber más cosas sobre HTML, XML, XHTML y otros lenguajes de marcaje, os recomendamos que vayáis a la página web de W3Schools (http://www.w3schools.com/) y consultéis los cursos de aprendizaje de estos lenguajes. Son gratuitos, se pueden cursar en línea y tienen la ventaja que permiten realizar ejercicios sencillos pero muy bien pensados para adquirir de manera rápida nociones suficientes como para poder crear documentos en estos formatos.

Capítulo IX

Introducción a la localización de software

Introducción

Los traductores a menudo tienen que participar en proyectos de localización de software y, en este capítulo, queremos presentar los aspectos más importantes que hay que tener en cuenta cuando se participa en este tipo de proyectos. La localización de software tiene una vertiente técnica que presenta numerosas dificultades, imposibles de exponer aquí por razones de espacio. La vertiente lingüística de los proyectos de localización presenta una serie de particularidades muy marcadas que diferencian claramente estos tipos de proyectos de los proyectos más tradicionales de traducción de textos. En este capítulo nos centraremos especialmente en dicha vertiente lingüística e intentaremos exponer de una manera clara todos aquellos aspectos (o al menos la mayoría) que es necesario tener en cuenta cuando se participa en proyectos de localización.

Objetivos

- Presentar los conceptos básicos relacionados con la localización de software.
- Exponer los aspectos lingüísticos más relevantes que hay que tener en cuenta cuando se participa en un proyecto de localización de software.

Contenido

1. Algunos conceptos importantes: localización e internacionalización

1.1. Localización

La localización[1] según la LISA (*Localisation Industry Standards Association*) es el proceso de adaptación de un producto –a menudo, aunque no siempre, una aplicación o programa informático– para satisfacer los requisitos lingüísticos, idiomáticos, culturales y de otro tipo aplicables a un entorno, país, zona geográfica o mercado específico (lo que en inglés se denomina *locale*).

Los conceptos de traducción y localización a menudo se confunden, porque muchos aspectos de la traducción son comunes a los de la localización. De hecho, la localización comporta una serie de procesos, entre los cuales se incluye la traducción.

1.2. Internacionalización

La internacionalización[2] es el proceso de diseñar e implantar un producto que sea tan neutro como sea posible desde el punto de vista cultural y técnico y que, por lo tanto, sea fácilmente trasladable a una o diversas culturas específicas; es decir, que sea fácilmente localizable.

1. El término localización a menudo se abrevia como *L10n*. Esta abreviatura viene de la denominación en inglés (*localization*). La L es la primera letra, la *n* la última y el 10 simboliza el número de letras entre la primera letra y la última.

2. El término *internacionalización* a menudo se abrevia como *i18n*. Esta abreviatura viene de la denominación en inglés (*internationalization*). La *i* es la primera letra, la *n* la última y el *18* simboliza el número de letras entre la primera letra y la última.

2. Aspectos importantes de la aplicación original

Las aplicaciones informáticas pueden tener diferentes grados de internacionalización. Estos grados se pueden concretar en cuatro niveles:

- No hay ningún tipo de internacionalización. La aplicación sólo funciona en una lengua y no tiene ningún tipo de preparación para facilitar la localización.
- Código de programación dependiente de la localización (*locale* en inglés, es decir, el lugar concreto donde se va a utilizar la aplicación). Se tiene que escribir un código diferente para cada lengua o grupo de lenguas. Es posible que para lenguas "occidentales" (caracteres de 1 byte y escritura de izquierda a derecha) se pueda compartir el mismo código, pero se necesita un nuevo código de programación para lenguas que se escriben de derecha a izquierda (como el hebreo y el árabe) y para lenguas que necesitan más de 1 byte (como el chino, el japonés y el coreano).
- Un único código fuente, pero diversos binarios. Es posible que haya un único código fuente, pero que sea necesario compilar diversas versiones del ejecutable para diferentes lenguas o grupos de lenguas.
- Un único código fuente, pero un único binario. Tanto el código fuente como el binario satisfacen las exigencias de todas las lenguas.

Algunos aspectos que se deben tener en cuenta para asegurar que nuestro código de programación será fácil de localizar (es decir, que estará correctamente internacionalizado) son los siguientes:

- Separar el código fuente de los mensajes. Esto evitará la necesidad de tratar los ficheros de código y la posibilidad de encontrarnos con errores de compilación.
- Eliminar las restricciones de longitud de los elementos de las interfaces de usuario (trataremos más a fondo este aspecto en el apartado 4.1)
- Comprobar que se visualicen correctamente los caracteres acentuados y los diferentes alfabetos, incluso aquéllos que utilizan caracteres de más de un byte.
- Permitir la utilización de diferentes configuraciones de teclado.
- Evitar la utilización de formatos fijos de fechas, horas y divisas.

- Evitar utilizar textos dentro de imágenes, ya que son más difíciles de editar.

Hay otros aspectos importantes de carácter cultural, no tan técnicos, que hay que tener en cuenta:

- Procurar evitar la utilización de iconos (como banderas u otros símbolos) para representar lenguas o países.
- Estar atento a las combinaciones de colores que puedan tener algún significado en alguna cultura donde se pretenda comercializar el producto.

Por último, hay una serie de requisitos legales (cómo garantías, por ejemplo) que hay que adecuar a las legislaciones vigentes de los países objetivo.

3. Tipo de archivos en proyectos de localización

En un proyecto de localización nos podemos encontrar con diversos tipos de archivos. En este apartado presentaremos los más habituales. Es necesario conocer las características principales de estos tipos de archivos y las herramientas necesarias para tratarlos.

3.1. Código de programación

Es poco frecuente en proyectos de localización, pero es posible que nos encontremos en la situación de tener que traducir directamente un fichero de código de programación. Esto significará que la aplicación informática que estamos traduciendo no tiene ningún tratamiento de internacionalización. Acostumbra a pasar únicamente con aplicaciones pequeñas que se tengan que localizar a un número reducido de lenguas.

Para traducir el código habrá que tener unos conocimientos mínimos del lenguaje de programación concreto y será una tarea peligrosa si se pretende realizar directamente sobre el fichero de código. Si modificamos involuntariamente alguna parte del código, es posible que la aplicación deje de funcionar.

Algunas herramientas de traducción asistida pueden tratar directamente ficheros de código de algunos lenguajes de programación. En caso de encontrarnos con la necesidad de traducir este tipo de ficheros, es aconsejable utilizar alguna herramienta de traducción asistida que disponga del filtro adecuado.

3.2. Ejecutables

Algunas herramientas de traducción asistida permiten extraer el texto de un fichero ejecutable o DLL y generar posteriormente la versión traducida del ejecutable o DLL. Esta posibilidad se utiliza únicamente para traducir pequeñas aplicaciones a un número limitado de lenguas.

3.3. Ficheros de recursos (*resource files*)

En las aplicaciones bien diseñadas, el texto que ve el usuario del programa está almacenado en ficheros separados, los llamados *resource files* (ficheros de recursos). A continuación podemos observar un ejemplo sencillo de un cuadro de diálogo de Windows y su representación como *resource file*.

Figura 9.1. Cuadro de diálogo de un programa de Windows

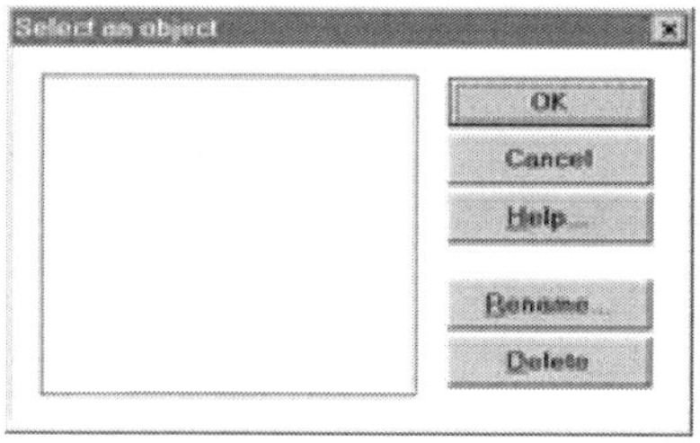


```
IDD_SELECT DIALOG DISCARDABLE 0, 0, 167, 106
STYLE DS_MODALFRAME | WS_POPUP | WS_VISIBLE | WS_CAPTION |
WS_SYSMENU
CAPTION "Select an object"
FONT 8, "MS Sans Serif"
BEGIN
```

```
DEFPUSHBUTTON "OK",IDOK,108,8,50,14
PUSHBUTTON "Cancel",IDCANCEL,108,24,50,14
LISTBOX IDC_TOOLBAR_NAMES,8,8,92,88,LBS_SORT |
LBS_NOINTEGRALHEIGHT | WS_VSCROLL | WS_TABSTOP
PUSHBUTTON "&Help...",IDHELP,108,40,50,14
PUSHBUTTON "&Rename...",IDD_RENAME,108,64,50,14
PUSHBUTTON "&Delete",IDD_DELETE,108,80,50,14
END
```

El texto marcado en negrita aquí (en un fichero de recursos real no estaría marcado de ninguna manera) es el texto que hay que traducir. Se puede traducir directamente un fichero de recursos con un editor de textos, pero muchas herramientas de traducción asistida ofrecen filtros para este tipo de archivo.

Los mensajes de error también se almacenan en ficheros de recursos. A continuación podemos observar un ejemplo:

```
STRINGTABLE DISCARDABLE
BEGIN
  IDS_WINEXEC_ERROR0 "The following error occurred:\n\nSystem was out of memory, executable file was corrupt, or relocations were invalid."
  IDS_WINEXEC_ERROR2 "The following error occurred:\n\nFile was not found."
  IDS_WINEXEC_ERROR3 "The following error occurred:\n\nPath was not found."
  IDS_WINEXEC_ERROR5 "The following error occurred:\n\nAttempt was made to dynamically link to a task, or there was a sharing or network-protection error."
  IDS_WINEXEC_ERROR6 "The following error occurred:\n\nLibrary required separate data segments for each task."
  IDS_WINEXEC_ERROR8 "The following error occurred:\n\nThere was insufficient memory to start the application."
  IDS_WINEXEC_ERROR10 "The following error occurred:\n\nWindows version was incorrect."
END
```

3.4. Ficheros de ayuda (*help files*)

Los ficheros fuente de los ficheros de ayuda de Windows acostumbran a ser ficheros RTF. Los compiladores de los ficheros de ayuda de Windows toman estos ficheros y los convierten en ficheros de ayuda.

Figura 9.2. Ejemplo de fichero de ayuda de Windows

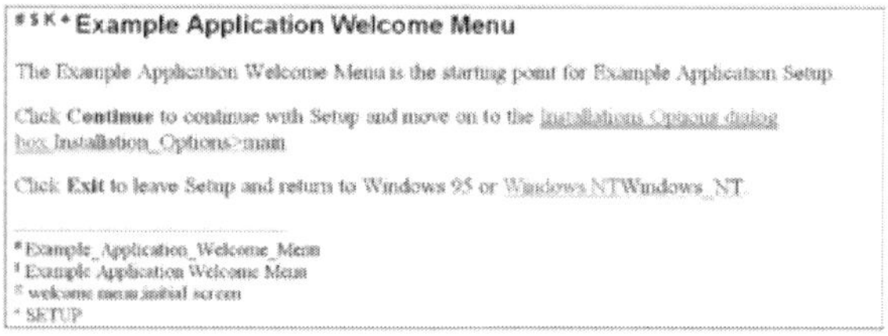

La organización del hipertexto se representa en los ficheros RTF como texto con subrayado simple y doble, texto oculto y notas a pie de página. Para traducir un fichero de este tipo hay que tener en cuenta lo siguiente:

- El título se tiene que traducir, así como todo el resto de texto normal.
- El texto con doble subrayado representa enlaces. En el fichero RTF va seguido de un texto oculto que indica al compilador a qué página web debe ir cuando se hace doble clic en el enlace. Hay que traducir el texto con el subrayado simple y hay que dejar sin traducir el texto oculto.
- El texto con subrayado simple representa enlaces al glosario del fichero de ayuda. También va seguido de texto oculto que indica la entrada del glosario que hay que mostrar. El texto con subrayado simple es necesario traducirlo y el texto oculto se ha de dejar sin traducir.
- Es necesario mantener los colores del texto.
- Las notas a pie de página no se pueden eliminar. Hay diferentes tipos:
  - Las notas que empiezan con #" no se tienen que traducir nunca. Representan el destino de un enlace. Si una página quiere enlazar con esta, debe indicar "Example_Application_Welcome_Menu" en su texto oculto. Si se manipula este texto, el fichero de ayuda dejará de funcionar.
  - Las notas que empiezan con $" son títulos tal como aparecen en el índice del fichero de ayuda. Estas notas hay que traducirlas.
  - Las notas que empiezan con "k" son entradas del índice final de la ayuda. Hay que traducirlas.

– Las notas "+" son información interna del compilador que no se tiene que traducir.

3.5. Ficheros *readme*

Los ficheros *readme* normalmente ofrecen información adicional de última hora no incluida en la documentación del programa, información de instalación o bien correcciones del manual. Normalmente son ficheros de texto y, por lo tanto, no presentarán problemas para traducirlos.

3.6. Capturas de pantalla e imágenes

Algunos elementos de los programas o de su documentación son imágenes. A menudo el traductor sólo tendrá que indicar la traducción de los elementos textuales presentes en la imagen y un especialista en tratamiento de imágenes retocará la imagen con las herramientas adecuadas. Si se trata de capturas de pantalla del mismo programa que se está localizando, a menudo lo que se hace para evitar tener que retocar las imágenes es hacer nuevas capturas de pantalla una vez localizada la aplicación.

3.7. Ficheros de procesadores de texto o de sistemas de DTP

La documentación de las aplicaciones informáticas se puede encontrar en diferentes formatos correspondientes a procesadores de texto o a sistemas de *Desktop Publishing* (DTP). Será necesario disponer de la misma aplicación con la que se ha creado la documentación, o bien de una herramienta de traducción asistida que disponga del filtro adecuado para tratar los ficheros.

3.8. Ficheros preparados especialmente

Algunas empresas que se dedican a la localización crean ficheros de texto con un formato especial y propio para facilitar el trabajo al traductor.

4. Aspectos importantes que hay que tener en cuenta en un proyecto de localización

Hay una gran cantidad de aspectos que hay que tener en cuenta en un proyecto de localización. En este apartado presentaremos los más destacables.

4.1. Expansión del texto

Es necesario tener en cuenta que las diversas lenguas presentan la característica de ocupar más o menos espacio (o caracteres) para un mismo texto. En la siguiente tabla presentamos el porcentaje de expansión o contracción de un texto respecto al inglés. Las cifras son puramente orientativas pero es interesante observar cómo se comportan las diferentes lenguas:

Tabla 9.1. Porcentaje de expansión o contracción de un texto en diversas lenguas respecto el inglés.

Chino	61%
Hindí	83%
Hebreo	83%
Suahili	88%
Esperanto	92%
Sueco	95%
Inglés	100%
Finlandés	103%
Persa	104%
Árabe	104%
Alemán	108%
Italiano	109%
Portugués	110%
Francés	111%
Húngaro	113%
Japonés	115%
Ruso	115%
Castellano	117%
Checo	117%
Coreano	123%
Holandés	128%
Griego	128%

Los programas bien internacionalizados ya prevén esta posibilidad y no presentan restricciones importantes cuando traducimos elementos gráficos del programa (como botones, elementos del menú, etc.) Algunos programas de traducción asistida o de localización permiten visualizar el elemento gráfico (pantalla, cuadro de diálogo, etc.) de manera que podremos verificar si la traducción que proponemos cabe dentro del elemento.

Por ejemplo, observemos la pantalla siguiente:

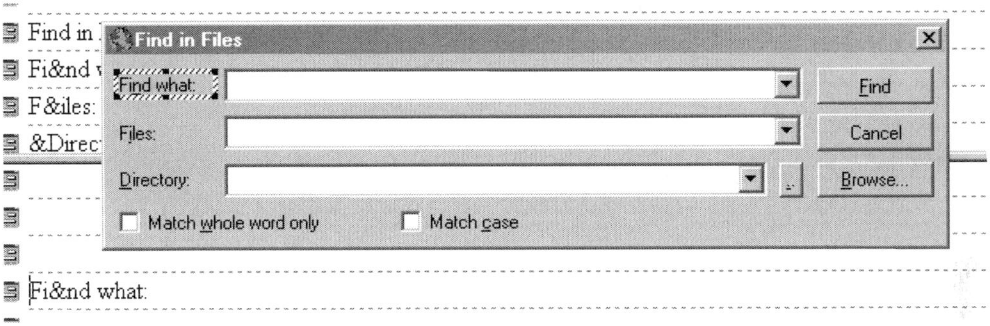

Si decidimos traducir *Find what* por *Cadena a buscar*, veremos en el contexto que la traducción es demasiada larga (sólo se visualiza *Cadena a*) y que tenemos que escoger alguna alternativa válida más corta.

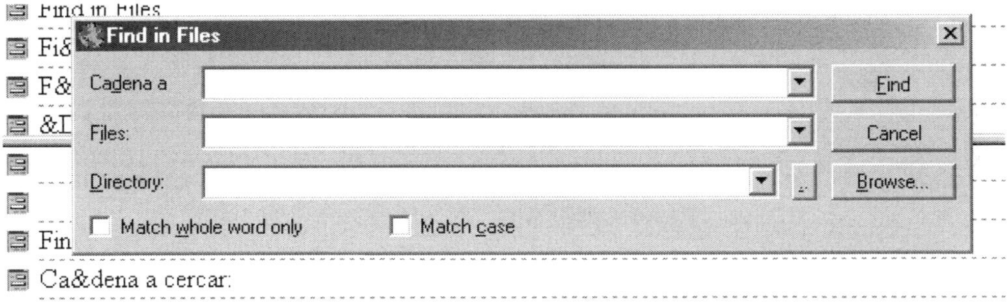

4.2. Accesos directos

Cuando localizamos un programa veremos que algunos segmentos incluyen el carácter &. Por ejemplo: *Fi&nd what*. Esto indica que la *n* de *Find* se visualizará subrayada y que se podrá acceder directamente a aquella función pulsando Alt+n. Por este motivo es muy importante seleccionar adecuadamente dónde situar el carácter & en la traducción, ya que no puede haber un mismo carácter marcado de esta manera dentro de una misma pantalla, menú o cuadro de diálogo.

Éste es otro motivo de la importancia de poder visualizar el contexto, es decir, el elemento gráfico del programa que estamos traduciendo. Esta selección no es posible si no podemos ver el contexto, ya que no tenemos manera de saber donde empieza un elemento gráfico y donde acaba.

4.3. Coherencia en la denominación de los elementos

En todo proyecto de traducción hay que tener especial cuidado en denominar siempre los mismos conceptos con la misma denominación (coherencia terminológica). En un proyecto de localización esto también es de vital importancia. Es necesario que los elementos de los menús, las opciones, las funciones, etc. presenten siempre el mismo nombre, tanto en los diferentes elementos gráficos de la aplicación como en la ayuda, los manuales, etc.

4.4. ¿Por dónde empezar a traducir?

En los proyectos de localización siempre nos planteamos esta pregunta. ¿Por dónde es mejor empezar a traducir? ¿Por la aplicación? ¿Por los manuales? ¿Por la ayuda? No hay una respuesta única, cada proyecto presentará sus particularidades que harán que sea más conveniente empezar por una parte o por otra.

La idea básica para decidirnos por una opción u otra es que hay que empezar por aquello que nos permita fijar más fácilmente los nombres de los menús, las opciones, etc. Si traducimos una aplicación que utiliza nombres de menús muy habituales, sin funciones muy específicas o bien disponemos de un buen glosario que recoja los nombres de los elementos, podremos empezar por donde queramos, habitualmente por la aplicación, para después traducir la ayuda y la documentación.

En cambio, si se trata de una aplicación con funciones demasiado específicas y desconocidas y que no dispone de un buen glosario que las recoja, será mejor empezar por algún apartado de la documentación o de la ayuda que describa qué hace cada función, ya que de esta manera será más fácil poder dar el equivalente de traducción adecuado.

5. Algunos recursos interesantes

En este apartado describiremos brevemente algunos recursos interesantes para poder afrontar con éxito un proyecto de localización.

5.1. Glosarios y diccionarios de terminología informática

Los diccionarios en papel tienen el gran inconveniente que, a causa de los rápidos avances tecnológicos, se quedan obsoletos en poco tiempo. Por este motivo, es muy interesante utilizar glosarios terminológicos disponibles en Internet.

Nuestros propios glosarios, recopilados y organizados en bases de datos terminológicas, serán uno de los recursos más valiosos de que dispondremos para nuestros proyectos de localización. Será de gran ayuda, también, que nuestro cliente disponga de glosarios propios.

5.2. Glosarios "estándar"

Algunos fabricantes, como Microsoft, ponen a disposición pública sus glosarios. Podéis acceder a los glosarios de Microsoft en:

http://www.microsoft.com/resources/glossary.

Apple tiene sus glosarios en:

ftp://ftp.apple.com/developer/Tool_Chest/Localization_Tools/Apple_Intl_Glossaries/Apple_Intl_Glossaries_TXT/

La intención de los fabricantes es unificar al máximo la terminología y las denominaciones de elementos como menús, opciones, etc.

5.3. Tu ordenador

Si el programa que estás localizando funciona sobre el mismo sistema operativo con que trabajas, siempre puedes utilizar tu ordenador para mirar como se denominan ciertos elementos.

5.4. Revistas y sitios web de informática

La tecnología informática cambia constantemente. A menudo nos encontraremos con funciones nuevas desconocidas para nosotros y muy difíciles de encontrar en glosarios y diccionarios. Un buen lugar de consulta pueden ser los sitios web especializados en informática o bien los sitios web de revistas de informática escritos en la lengua de llegada de nuestro proyecto de localización. Haciendo búsquedas sobre estos sitios web podremos ver si la denominación que pretendemos utilizar se utiliza realmente o no.

6. Herramientas específicas para la localización de software

Aparte de las herramientas de traducción asistida que permiten trabajar con algunos formatos propios de los proyectos de localización, existe una serie de herramientas específicas para la localización de software. Podéis encontrar una lista bastante exhaustiva a la página web www.transref.org, en el apartado "Localization > Localization tools".

Entre los programas específicos de localización destacan Alchemy Catalyst (www.alchemysoftware.ie) y Passolo (www.passolo.com).

En la figura siguiente podemos observar la interfaz de Alchemy Catalyst, en su modo combinado de WYSIWYG (*what you see is what you get*) y texto:

Figura 9.3. Interfaz de Alchemy Catalyst

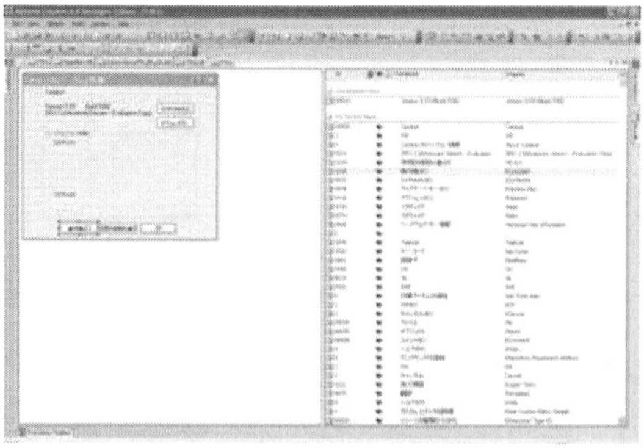

El Passolo tiene una interfaz muy similar:

Figura 9.4. Interfaz de Passolo

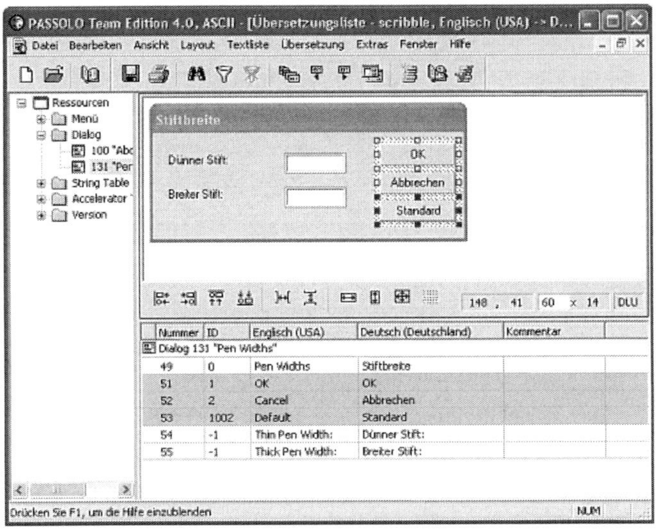

Conclusiones

En este capítulo hemos hecho una introducción básica a la localización de software. Hemos presentado los conceptos principales que necesita conocer un traductor para poder participar en este tipo de proyectos.

Para ampliar conocimientos

Podéis ampliar conocimientos consultando la bibliografía de este tema. También puede ser interesante visitar la página web de alguna de las herramientas que hemos expuesto en el apartado 6. ¿Cuáles son las funcionalidades básicas que ofrecen?

Bibliografía

425-432. Dohler. 1997. *Facets of Software Localization*. Translation Journal 1, Volume 1. http://accurapid.com/journal/softloc.htm

Michael Suedenjoki. *Introduction to internacionalization & localization. Globalization of software applications*. http://www.suodenjoki.dk/us/productions/articles/localization.htm

Lingo Systems. *The guide to Translation and Localization*. Podeu demanar-ne una còpia gratuïta registrant-vos a: http://www.lingosys.com

Prácticas

Práctica 1

Traducción con ForeignDesk

1. Descripción de la práctica

En esta práctica aprenderemos a traducir un proyecto ya creado con ForeignDesk. Veremos las funcionalidades más básicas del programa. En este proyecto no hay ninguna memoria de traducción asignada y, por este motivo, los únicos segmentos que se podrán recuperar automáticamente serán aquéllos que se han traducido previamente dentro del mismo proyecto. Tampoco hay asignada ninguna base de datos terminológica. Es recomendable que hagáis la traducción con atención, procurando que quede tan bien como sea posible; sin embargo, si hay alguna palabra o expresión que no sabéis exactamente cómo traducir, no os preocupéis y traducidla como mejor podáis sin dedicar mucho tiempo a buscar información. Como veréis, no es un ejercicio demasiado largo. En prácticas posteriores introduciremos las memorias de traducción y las bases de datos terminológicas. Será entonces cuando el aprovechamiento de la herramienta de traducción asistida sea más visible.

2. Objetivos

- Saber abrir un proyecto con ForeignDesk.
- Conocer las órdenes básicas para traducir un proyecto con ForeignDesk.
- Observar cómo los segmentos ya traducidos de un proyecto se aprovechan dentro del mismo proyecto.

3. Método operativo

Para hacer esta práctica es necesario tener instalado el programa ForeignDesk. Descargadlo de la página web de este manual. También podréis descargar un documento que explica paso a paso el proceso de instalación de este programa.

3.1. Abrir el proyecto

Descargad el archivo *P1.zip* de la página web de este manual y descomprimidlo en una ubicación que os vaya bien (por ejemplo la unidad C: de vuestro ordenador). Con el explorador de Windows abrid esta carpeta. Veréis que tiene dos subcarpetas: una llamada *original*, que contiene un archivo HTML (es el archivo que traduciremos); y otra denominada *proyecto1_spa*, que es el proyecto de ForeignDesk. Los proyectos de ForeignDesk en realidad son una carpeta con diversas subcarpetas. En próximas prácticas explicaremos el contenido de cada una de estas subcarpetas. Fijaos también en el sufijo _spa del nombre del proyecto; significa que el proyecto es hacia el castellano.

Para empezar, primero abrid el programa ForeignDesk ITE (*Inicio>Programas>ForeignDesk ITE*). ITE significa *Integrated Translation Environment* (entorno de traducción integrado). Una vez abierto el programad, haced *File>Open* o *Ctr+O*, o bien haced clic con el ratón sobre el clásico icono de abrir. Seleccionad la carpeta *proyecto1_spa*. Una vez hecho esto, os aparecerá una pantalla como la siguiente:

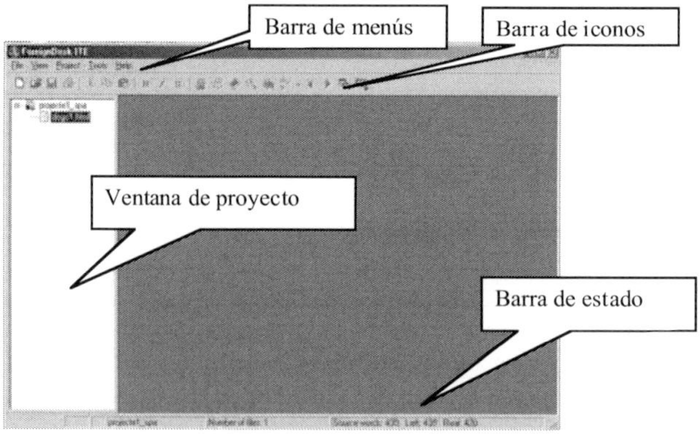

Fijaos en la ventana de la izquierda, que hemos denominado *ventana de proyecto*. Podemos observar el nombre del proyecto que hemos abierto y los archivos incluidos en este proyecto. Como podemos ver, en este proyecto sólo hay un archivo. Fijémonos también en la información que se muestra en la barra de estado: el nombre del proyecto, el número de archivos que incluye el proyecto, el número de palabras a traducir, las palabras que quedan por traducir (como todavía no hemos empezado, el número de palabras es el mismo) y las palabras reales a traducir (este número es menor porque en este proyecto hay segmentos que se pueden *autopropagar*, es decir, que son 100% iguales a otros segmentos del mismo proyecto y, por lo tanto, se podrán aprovechar).

Ahora haced doble clic sobre el archivo de la ventana de proyecto. En principio os tendría que aparecer una pantalla como la siguiente (si os sale diferente no os preocupéis, ya que todo esto es configurable y en esta misma práctica veremos cómo podemos adaptar el entorno a trabajo a nuestras preferencias).

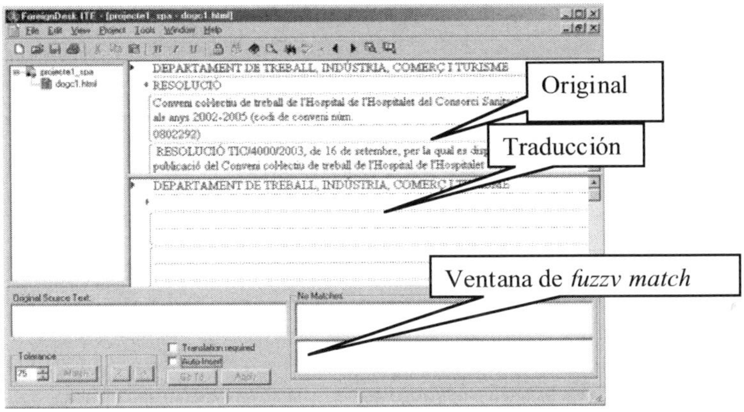

Observemos que la información que aparece en la barra de estado ha cambiado. Cuando seleccionamos un archivo determinado del proyecto, la barra de estado indica la siguiente información: número de caracteres del segmento donde nos encontramos; en qué segmento nos encontramos y el total de segmentos del archivo; información sobre si se ha encontrado alguna coincidencia; las palabras que tiene el archivo seleccionado; cuántas palabras quedan por traducir y cuántos segmentos quedan por traducir.

Fijémonos también que cuando tenemos un archivo seleccionado nos aparece en una ventana el contenido del archivo original y en la otra la traducción. En esta segunda ventana es donde tendremos que traducir.

Otra ventana que aparece es la que hemos denominado ventana de *fuzzy match*. Si no os aparece esta ventana tendréis que hacer *View>Window>Fuzzy Match*. Nos aparecerá información sobre las coincidencias aproximadas de la memoria de traducción (en este proyecto no tenemos memorias de traducción) o del mismo proyecto. Fijaos también que en esta ventana podremos seleccionar la tolerancia (por defecto esta tolerancia está fijada en el 75%, pero se puede modificar). La tolerancia indica el porcentaje de palabras coincidentes entre el segmento original y el segmento que encuentra en la memoria de traducción (o dentro del mismo proyecto). Hay también dos casillas que por defecto están desactivadas:

- *Translation Required.* Dado que el índice de coincidencia se calcula a partir de los segmentos originales, es posible que la ventana de *fuzzy match* nos muestre segmentos del mismo proyecto que todavía no están traducidos. Para evitar esto, se tiene que activar esta casilla. Normalmente nos interesará tenerla activada, es decir, que no se muestren segmentos sin traducir, ya que no podemos sacar demasiado provecho de esta información. Ahora bien, si la dejamos sin activar podremos saber si el segmento que estamos traduciendo aparece más adelante en el texto, ya que si aparece lo mostrará. Esto puede resultar útil en algunos casos, para fijarnos más en este segmento, ya que sabemos que más adelante volverá a aparecer.
- *Auto Insert:* Si se selecciona esta casilla, los segmentos recuperados se insertarán automáticamente en el segmento que estamos traduciendo. Si no la tenemos activada, los tendremos que insertar manualmente con el botón *Apply*.

Es posible que se encuentre más de una coincidencia aproximada. Por este motivo, al lado de la Tolerance el programa nos indica 1 of 1 en caso que sólo haya una, o por ejemplo, 1 of 2 si hay dos. Con las flechas podremos movernos de la una a otra e insertar la que más nos convenga.

3.2. Configuración del entorno de trabajo

La mayoría de las ventanas explicadas en el apartado anterior se pueden visualizar o no según nos convenga. Para ello tenemos que ir a *View>Window* y seleccionar lo que queramos. Algunas de estas opciones también están disponibles en la barra de iconos.

Podemos escoger el hecho de ver o no los espacios en blanco haciendo *View>White Space Characters*. Visualizar los espacios en blanco puede ser útil para evitar picar involuntariamente más de uno seguido.

También podemos configurar otras opciones dentro de *Tools>Options*. De momento, es aconsejable que tan sólo modifiquéis si queréis los parámetros de las pestañas *Tools* y *Auto Save*

3.3 Empezar a traducir

Para empezar a traducir nos situaremos sobre el primer segmento de la pantalla de traducción. Por defecto, ForeignDesk insertará automáticamente el segmento original. A menudo esto es útil porque para algunas combinaciones de lenguas puede ser rentable modificar el original; otras veces, sin embargo, esto puede resultar incómodo. No hay manera de desactivar esta opción, pero lo que podemos hacer si queremos borrar de forma rápida el texto que ha insertado es seleccionar todo el texto (*Ctrl+A*) y borrarlo (*Ctrl+X* o bien la tecla *Del/Supr*). Una vez traducido el segmento podemos pasar al segmento siguiente haciendo clic en el icono ▶ o bien con las combinaciones *Alt* + ↑ *o Ctrl* + *Alt* + ↑. Para retroceder al segmento anterior lo podemos hacer mediante el icono ◀ o con *Alt* + ↓ *o Crtl* + *Alt* + ↓

Si cambiamos de segmento sin modificar el texto correspondiente al original que se inserta automáticamente, este desaparecerá. Si un segmento traducido no es necesario modificarlo en relación con el original, tendremos que bloquear el segmento haciendo clic en el icono 🔒, o bien pulsando F4 para que se mantenga a la traducción.

A medida que vamos traduciendo, nos tendremos que ir fijando en los aspectos siguientes:

- Si retrocedemos a un segmento traducido y lo modificamos, aparecerá la marca de revisión (◆). El hecho de que aparezca o no se puede configurar mediante *Tools>Options>Display*. Se pueden eliminar todas estas marcas haciendo *Project>Clear Revision Marks*.
- Si encuentra segmentos exactamente iguales a uno ya traducido en el mismo proyecto, ForeignDesk los insertará automáticamente. Esto se denomina propagación. Nos daremos cuenta de que el segmento que estamos traduciendo se puede propagar de las maneras siguientes:

- Si tenemos desactivada la casilla *Translation required* de la ventana de *fuzzy match*, aparecerá el segmento con un índice del 100% de similitud, pero sin traducción.
- Se activará el icono  (*Include in propagation*). Si no queremos que este segmento se propague tendremos que pulsar sobre este icono para que se desactive o bien pulsar la tecla F9.

• Si un segmento se parece a otro segmento del proyecto, aparecerá en la ventana de *fuzzy match*. Si el segmento todavía no está traducido, aparecerá igualmente si no tenemos seleccionada la casilla *Translation required*. Si queremos que se inserten automáticamente los segmentos traducidos, tendremos que seleccionar la casilla *Auto-insert*. Las partes de los segmentos no coincidentes aparecen en color rojo. Esta información nos ayudará a modificar convenientemente el segmento una vez aceptado. Si queremos insertarlo manualmente, lo haremos con el botón *Apply* (antes, sin embargo, tendremos que haber borrado el texto correspondiente al original).

• Si el fichero que estáis traduciendo es un HTML, cuando os encontréis una etiqueta HTML en el texto (por ejemplo <b> o </b>), copiadla a la traducción. La mayoría de las etiquetas las elimina automáticamente y después las inserta también automáticamente en la versión traducida. Pero en determinados casos, por ejemplo con este par de etiquetas (<b> i </b>), que marcan texto en negrita, aparezcan en medio de un segmento el programa no sabrá sobre qué palabras de la traducción aplicarlas y, por tanto, las tendréis que poner manualmente.

3.4. Finalizar un proyecto

Una vez acabado un proyecto lo tendremos que exportar haciendo Project>Build o Ctrl+D. Recordad que antes de considerarlo finalizado conviene revisarlo. Una vez exportado el proyecto, los ficheros resultantes se sitúan en la carpeta _NewLoc. Id a esta carpeta y abrid el fichero resultante. Como veréis, es la versión traducida con el mismo formato que el original. Si encontráis algún error, podéis volver a abrir el proyecto con ForeignDesk, hacer las modificaciones adecuadas y volver a exportar el proyecto.

4. Otras cuestiones: ¿dónde puedo encontrar un manual o ayuda sobre el programa?

En las prácticas que iremos realizando explicaremos la mayoría de las funcionalidades de ForeignDesk, pero pueden quedar algunos detalles por explicar. Si queréis ampliar vuestros conocimientos, o bien si queréis resolver una duda concreta, hay disponibles dos magníficas fuentes de información:

- *Los manuales del programa.* Los manuales se graban en el momento de hacer la instalación en la misma carpeta donde lo instaláis (muy probablemente *C:/Archivos de Programa*) y dentro de *ForeignDesk/Docs*. Son archivos pdf.
- *La ayuda del programa.* En ForeignDesk ITE encontraréis una ayuda muy completa si accedéis a *Help>Contents and Index*.

Práctica 2

Creación de un proyecto de traducción con ForeignDesk

1. Descripción de la práctica

Con esta práctica aprenderemos a crear un proyecto de traducción con ForeignDesk y después lo traduciremos. En la práctica 1 aprendimos las funcionalidades básicas de traducción con un proyecto ya creado. En esta práctica presentaremos otras funciones interesantes que nos pueden servir cuando estamos traduciendo. En este caso el proyecto de traducción estará formado por dos archivos. El formato de los archivos todavía será HTML.

Para crear el proyecto utilizaremos al asistente FDPA, que nos facilitará notablemente el trabajo. Al final de la práctica veremos cómo podemos crear proyectos manualmente.

2. Objetivos

- Aprender a crear proyectos con ForeignDesk.
- Aprender nuevas funcionalidades para traducir con ForeignDesk.

3. Método operativo

3.1. Ubicación de los archivos

Descargad el archivo *P2.zip* de la página web de este manual y descomprimidlo en una ubicación que os resulte conveniente (por ejemplo la unidad C: de vuestro ordenador). Esta carpeta contiene una subcarpeta que se llama *original*, que contiene los archivos a traducir.

3.2. Creación del proyecto con el asistente FDPA

La manera más sencilla de crear un proyecto de traducción con ForeignDesk es utilizar el programa FDPA (*Foreign Desk Project Assistant*). En *Inicio> Programas>ForeignDesk* abrid el programa FDPA. A continuación, seleccionad la pestaña New. Aparecerá la siguiente pantalla:

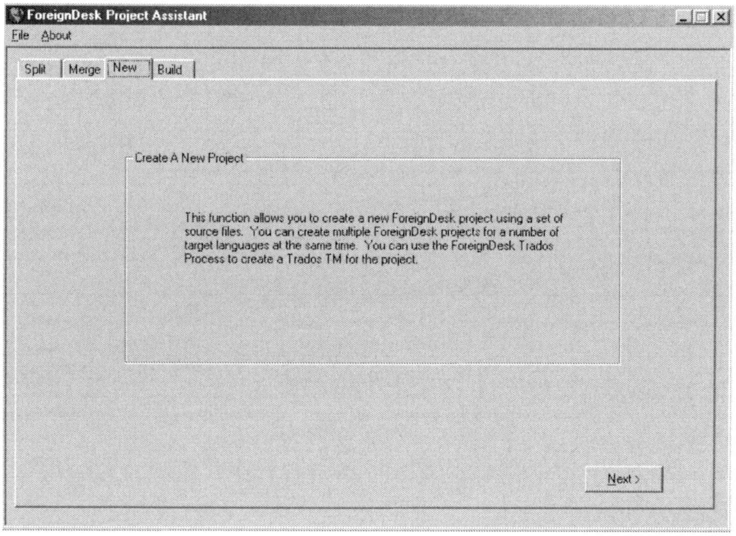

Este es el asistente para crear nuevos proyectos. En esta pantalla hay una descripción del asistente. Para continuar tendremos que pulsar el botón *Next*, y aparecerá la siguiente pantalla:

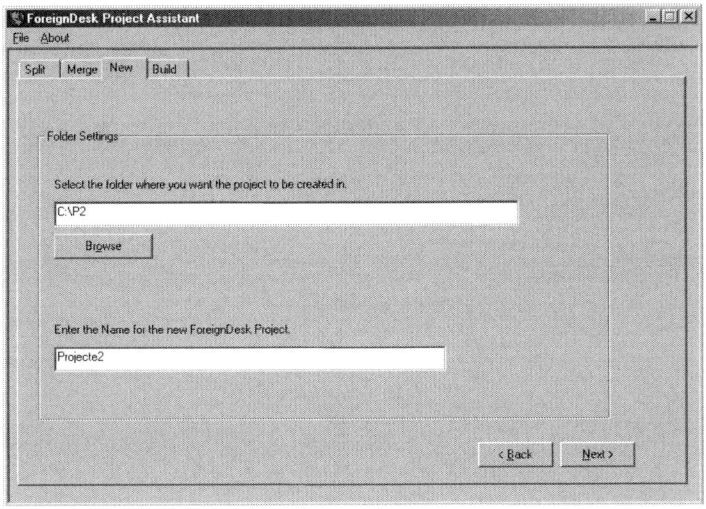

En esta pantalla seleccionaremos la carpeta donde crearemos el proyecto; podremos navegar por el sistema de archivos haciendo clic en la tecla *Browse*. También indicaremos el nombre del proyecto (por ejemplo, *proyecto2*). Una vez hecho esto, haremos clic en el botón *Next*.

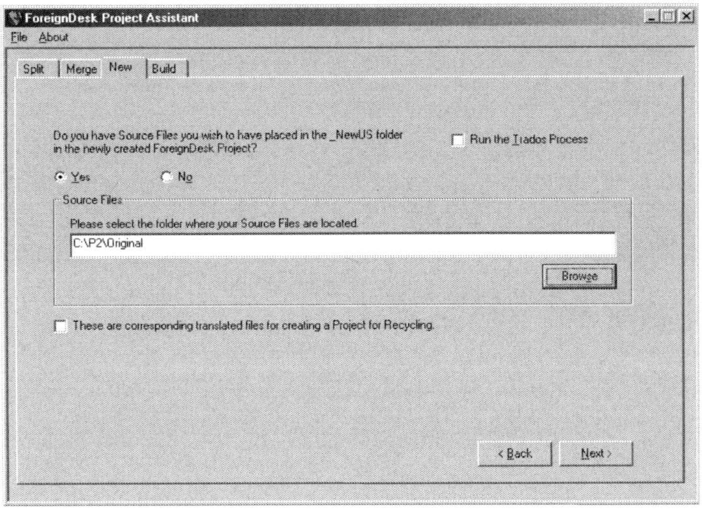

En esta pantalla indicaremos la ubicación de los archivos originales. Podemos hacerlo pulsando el botón *Browse* (seleccionaremos la subcarpeta *Original*). Aparecerá la siguiente pantalla:

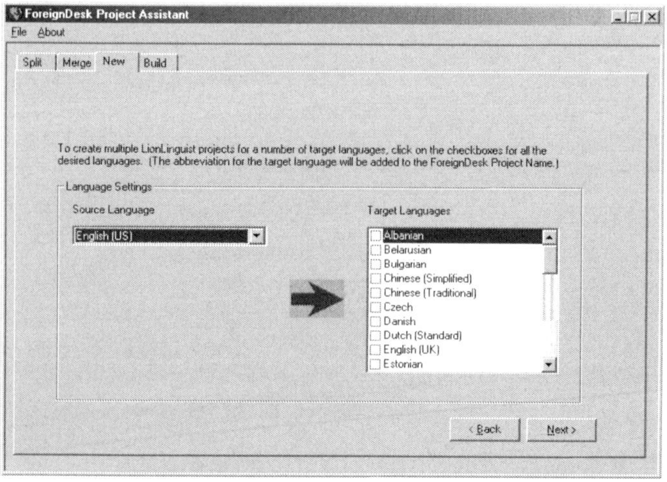

En esta pantalla podemos seleccionar la lengua de los archivos originales (*Source Language*) y la lengua a la cual traducimos (*Target Language*). Se puede traducir a más de una lengua; en este caso se crean tantos proyectos como lenguas de llegada hayamos escogido. Recordad que si estáis traduciendo del catalán o al catalán u otra lengua que no esté en la lista, tendréis que escoger otra lengua y utilizarla como la que falta. Por ejemplo podemos escoger como catalán el *French* (*Canadian*). Veréis que hay diversas opciones de español; también para unificar criterios podemos seleccionar *Spanish* (*Trad. Sort*). Una vez hechas las selecciones correspondientes haremos clic en el botón *Next*.

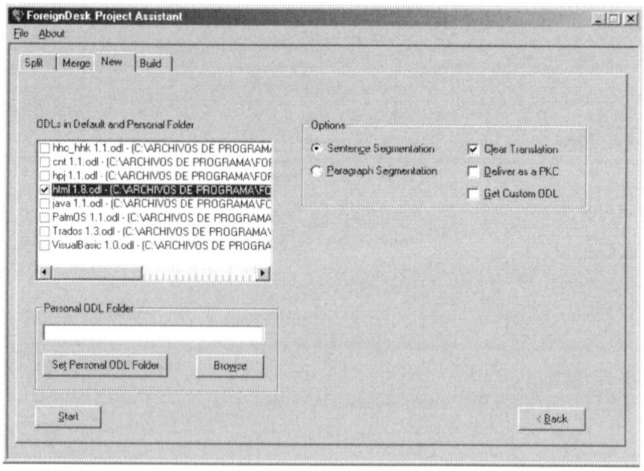

Esta pantalla se ocupa de los filtros de formato de los archivos originales. En la lista de *ODLs in Default and Personal Folder* seleccionaremos *html 1.8 odl*. Comprobaremos que en *Options* esté marcada la opción *Sentence Segmentation* y para finalizar el proceso de creación del proyecto haremos clic en el botón *Start*.

Fijaos que en la carpeta *P2* se ha creado el proyecto que, si habéis escogido como nombre proyecto2 y como lengua de destino *Spanish* (*Trad. Sort*), se llamará *proyecto2_spa*. Recordad que los proyectos de ForeignDesk son en realidad una carpeta con diferentes subcarpetas. Lo que hace el FDPA es crear la estructura de carpetas y subcarpetas y ubicar los archivos necesarios en las carpetas correspondientes. Ya hemos visto en la práctica anterior que, cuando exportamos un proyecto finalizado, los archivos traducidos se ubican en la subcarpeta *_NewLoc*. Pues bien, cuando creamos un proyecto de traducción, los ficheros originales se ubican en la subcarpeta *_NewUs* y también en la *_NewLoc*. Los proyectos de ForeignDesk se pueden crear también con un proceso manual que explicaremos al final de esta práctica.

Una vez finalizada la creación del proyecto podremos cerrar el FDPA y abrir el proyecto con el programa ForeignDesk ITE.

3.3. Traducción del proyecto

Ahora traduciremos el proyecto, pero antes explicaremos un par de funciones que pueden ser útiles:

- Pseudotraducción: el proceso de pseudotraducción consiste en generar una traducción falsa (pueden ser simplemente caracteres aleatorios) forzando que ocupe un poco más que el original. ForeignDesk pseudotraduce cambiando todas las letras por x pero manteniendo las mayúsculas y minúsculas y dejando los números sin modificar. Para pseudotraduicr el proyecto haced *Project>Pseudoize*. Una vez pseudotraducido se puede exportar el proyecto (*Project>Build*) y mirar como han quedado los archivos traducidos (yendo a la carpeta *_NewLoc*). La pseudotraducción puede servir para dos cosas:
  - Para ver si el filtro del formato de entrada ha funcionado correctamente y ha importado todo el texto. Si se ha dejado trozos sin importar, saldrán sin modificar en el archivo traducido.

–Para ver si la posible expansión del texto afecta gravemente al archivo traducido (esto pasa a menudo cuando hacemos localización de software y el texto traducido, por ejemplo el de un botón, no cabe en el espacio que tiene asignado).

Probad a pseudotraducir el proyecto y comprobad que se pseudotraduce todo el texto. Una vez verificado, podemos borrar todo el texto correspondiente a la pseudotraducción haciendo *Project>Clear Translations*.

- Ver el contexto: cuando traducimos ficheros en determinados formatos, entre ellos HTML, podemos ver el fichero original y el traducido haciendo clic en el icono , pulsando F6 o haciendo *View>Window>Context*. Esto puede ser de gran utilidad para situarnos y para saber, por ejemplo, si estamos traduciendo un título o una frase normal del interior de un texto.

Traducid todo el proyecto (no olvidéis que son dos archivos) y generad los dos archivos traducidos.

4. Otras cuestiones: creación manual de un proyecto de ForeignDesk

En esta práctica hemos aprendido a crear un proyecto de traducción utilizando el FDPA (Foreign Desk Project Assistant). Existe también la posibilidad de crear los proyectos manualmente (para usuarios experimentados puede resultar un poco más rápido). Recordad que los proyectos de ForeignDesk son en realidad una estructura de directorios y que la creación de un proyecto consiste en crear esta estructura y situar los archivos correspondientes en los directorios adecuados. Los proyectos se pueden crear manualmente de dos maneras:

- Copiando un proyecto determinado (toda la carpeta y subcarpetas) que tenga una lengua de partida, una lengua de llegada y un formato de ficheros de entrada que coincidan con los del proyecto que queremos crear. Una vez hecho esto, sólo hay que sustituir los archivos que se encuentran en la carpeta *_NewUs* por los nuevos archivos a traducir. Aunque no es imprescindible, antes de traducir el nuevo proyecto es conveniente borrar los archivos de la carpeta *_NewLoc*. Recordad que es a esta carpeta donde se exportan los archivos traducidos y seguramente todavía estarán los archivos correspondientes al proyecto que hemos aprovechado para crear el nuevo. Ahora ya podemos abrir el proyecto y traducir los archivos. Os propongo crear el proyecto correspondiente a la *P2* a partir del proyecto de la *P1*. Una vez creado, no es necesario que lo traduzcáis.

- También se pueden crear nuevos proyectos de traducción con el programa ForeignDesk ITE. Para hacerlo hay que seguir los pasos siguientes:
  - En ForeignDesk ITE haced *File>New* o haced clic en el clásico icono de archivo nuevo y os aparecerá la pantalla siguiente, donde podréis dar el nombre del nuevo proyecto e indicar en qué unidad y carpeta lo queréis crear (recordad que podéis utilizar el botón *Browse* para navegar por vuestras unidades y carpetas, pero no os permitirá crear nuevas carpetas).

  - Una vez escogidos el nombre y la ubicación del nuevo proyecto, podemos hacer clic en el botón *OK*. Nos aparecerá un aviso que nos informa que el nuevo proyecto ya se ha creado.

  - Una vez hecho esto, la estructura de carpetas que corresponde al proyecto ya se habrá creado. Ahora, manualmente, tendremos que ubicar los archivos que queremos traducir dentro de la carpeta *_NewUS*. También es imprescindible ubicar el archivo correspondiente al filtro del formato de los ficheros para traducir dentro de la carpeta *_FileInfo*. El filtro correspondiente al formato HTML se llama *html 1.8.odl* y se puede tomar de la carpeta *_FileInfo* de un proyecto antiguo o de la carpeta */ForeignDesk/ForeignDesk Scripts* del directorio donde hayáis instalado ForeignDesk (muy probablemente *C:/Archivos de programa*). Una vez ubicados los archivos ya podremos abrir el proyecto con ForeignDesk.

– Cuando abrimos el proyecto aparecerá una ventana que nos indica que el mismo se ha abierto por primera vez y que es preciso indicar las lenguas de partida y llegada y el tipo de segmentación (normalmente utilizaremos la segmentación por frases *–Sentence segmentation*). Una vez seleccionadas las lenguas haremos clic en el botón *OK*.

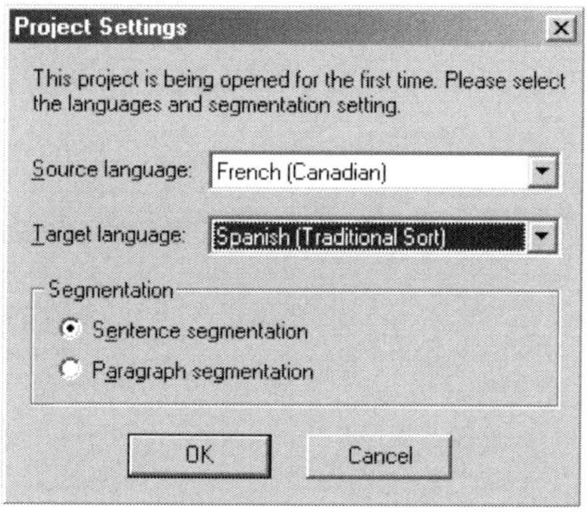

Os propongo crear también manualmente el proyecto correspondiente a esta práctica con esta segunda metodología.

En esta práctica todavía no hemos utilizado memorias de traducción. Cuando las utilicemos habrá que incluir determinados archivos en determinados directorios. El programa FDPA podrá hacer esta tarea por nosotros, o bien la podremos hacer manualmente.

Práctica 3

Uso de memorias de traducción con ForeignDesk

1. Descripción de la práctica

Uno de los componentes principales de los sistemas de traducción asistida son las memorias de traducción. Hasta el momento hemos traducido proyectos sin memorias de traducción asignadas, por lo que los únicos segmentos que nos podíamos ahorrar de traducir eran aquellos que se repetían dentro del mismo proyecto (lo que denominamos *repeticiones internas*). Las memorias de traducción son unas bases de datos que contienen segmentos de una lengua con sus correspondientes segmentos traducidos a una o más lenguas. Esto permite aprovechar los segmentos que hemos traducido en otros proyectos.

En esta práctica aprenderemos a utilizar las memorias de traducción con ForeignDesk y a realizar análisis de proyectos de manera que podamos saber *a priori* cuántas palabras tenemos que traducir, cuántas se podrán aprovechar de las repeticiones internas y cuántas se podrán aprovechar de la memoria o memorias de traducción seleccionadas.

2. Objetivos

- Saber utilizar memorias de traducción con ForeignDesk.
- Aprender a organizar memorias de traducción.
- Conocer los formatos de intercambio de memorias de traducción entre diferentes sistemas de traducción asistida.
- Aprender a analizar proyectos antes de traducirlos.

3. Método operativo

Dividiremos esta práctica en dos partes. En la primera aprenderemos a asignar una memoria de traducción ya creada a un proyecto. En la segunda parte aprenderemos a crear una memoria de traducción nueva.

3.1. PRIMERA PARTE: Asignación de una memoria de traducción a un proyecto

Descargad el archivo *P3-1.zip* de la página web de este manual y descomprimidlo en una ubicación que os resulte conveniente. Si os fijáis, en *P3-1 hay dos subcarpetas:* Una que se llama *Original*, que contiene los archivos originales (son también archivos HTML) y otra que se llama *Memotrad*, que contiene la memoria de traducción. Cread un proyecto de traducción nuevo (podéis crearlo con el FDPA o bien manualmente). Una vez creado el proyecto, copiad la memoria de traducción a la carpeta *_AD* del proyecto. Cuando hayamos hecho esto abriremos el proyecto con ForeignDesk ITE y traduciremos, pero antes haremos un análisis del proyecto para saber cuántas palabras hay y cuánta información se aprovecha de las memorias de traducción y de las repeticiones internas. Para analizar el proyecto haced *Project>Analyze* y os aparecerá la pantalla siguiente:

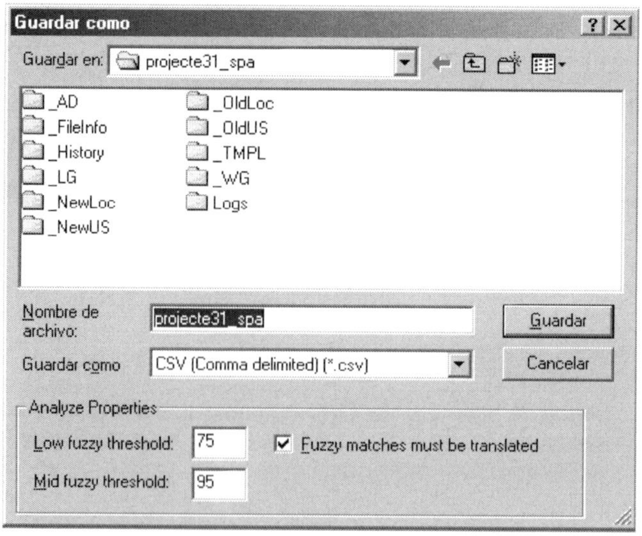

En esta pantalla podemos seleccionar la carpeta y el nombre del archivo que contendrá el análisis. El formato de este archivo es el llamado CSV, es decir, un archivo de texto con la información separada por comas. Este tipo de archivo se puede abrir como documento de texto o bien con algún programa de hoja de cálculo, como Microsoft Excel o Calc de Open Office.

Fijaos que podemos indicar también el *Low fuzzy threshold* y el *Mid fuzzy threshold*. Con el 75% de *Low fuzzy threshold* y el 95%% de *Mid fuzzy threshold* el análisis nos mostrará información sobre los segmentos y palabras que se aprovechan de las memorias de traducción en dos tramos, del 75% al 94% y del 95% al 100%. Llevad a cabo el análisis del proyecto e intentad interpretar los datos (podéis consultar la ayuda del programa).

A medida que vayáis traduciendo veréis cómo muchos segmentos se podrán aprovechar de la memoria de traducción, aunque quizás haya que modificarlos un poco.

3.2. SEGUNDA PARTE: Creación de memorias de traducción a partir de proyectos anteriores ya traducidos

Las memorias se pueden crear a partir de un proyecto de traducción creado y traducido con ForeignDesk. Para hacer esto, únicamente hay que abrir el proyecto con ForeignDesk y hacer *File>Export*; así podremos guardar el proyecto como memoria escogiendo el nombre y el formato (base de datos Access o formato TMX). De esta manera ya tendremos la memoria de traducción creada.

El ejercicio que haremos a continuación consistirá en crear las memorias de traducción correspondientes a las prácticas 1 y 2 y crear un nuevo proyecto de traducción con los archivos de la carpeta *P3-2.zip*. Recordad que debéis situar las memorias de traducción creadas en la carpeta *_AD*.

Cuando exportéis las memorias de traducción podréis escoger entre formato mdb (base de datos Access) o formato TMX (un formato de intercambio de memorias de traducción basado en XML; TMX significa *Translation Memory Exchange*). Podéis hacer la práctica con el formato que prefiráis, o mejor todavía, intentad hacerla con los dos formatos.

Una vez hayáis exportado las bases de datos, es interesante que intentéis abrirlas y mirar qué estructura tienen. Tened en cuenta lo siguiente:

- Para abrir las memorias en formato TMX podéis utilizar cualquier editor de textos

- Para abrir las memorias en formato mdb necesitáis Microsoft Access. Tened en cuenta que las memorias de traducción de ForeignDesk en formato mdb utilizan el formato correspondiente a Access 97. Si tenéis Access 2000 o superior os pedirá abrir el archivo (y no podréis realizar cambios) o transformar la base de datos. Como simplemente se trata de ver el formato interno, es suficiente abrirla sin modificarla.

4. Otras cuestiones: ventajas e inconvenientes de las memorias de traducción con ForeignDesk y organización de las memorias de traducción

En cuanto al tratamiento de las memorias de traducción con ForeignDesk, cabe destacar, en relación con otras herramientas de traducción asistida, una serie de ventajas muy importantes y también algún inconveniente. Empezaremos por los inconvenientes:

4.1. Inconvenientes

- Las memorias de traducción son bilingües y no multilingües, es decir, únicamente contienen la lengua de partida y la lengua de llegada. Muchas herramientas actuales permiten memorias multilingües. Éste no es un problema demasiado importante, ya que los proyectos de traducción de ForeignDesk tampoco son multilingües.
- En las memorias de traducción de ForeignDesk sólo se guarda información sobre texto original y texto traducido, y ningún otro tipo de información (por ejemplo, usuario o fecha de creación).

4.2. Ventajas

- Una ventaja muy importante es que los proyectos de traducción de ForeignDesk admiten un número ilimitado de memorias de traducción simultáneas. Otras herramientas únicamente permiten tener una o dos. El único inconveniente es que no es posible asignar preferencias sobre las memorias de traducción de una manera fácil. Es decir, si un segmento aparece con el mismo índice de similitud en dos memorias de traducción, no podemos hacer que el que proviene de una determinada memoria aparezca en primer lugar. Existe una manera indirecta de hacer esto: puesto que ForeignDesk, cuando crea las tablas de *fuzzy matching*, lee las memorias de traducción por orden alfabético de nombre de archivo, si queremos que una determinada memoria adquiera preferencia podemos modificar su nombre de manera que resulte ser la primera por orden alfabético. De este modo podemos establecer un orden sobre todas las memorias de traducción asignadas.

- Otra ventaja, que ya van incorporando la mayoría de los sistemas de traducción asistida, es que ForeignDesk es compatible con el formato TMX. Esta compatibilidad hace que podamos utilizar memorias de traducción creadas con la mayoría de los sistemas de TAO, y también que otros sistemas puedan utilizar nuestras memorias de traducción. En este sentido, si traducís proyectos en los que interviene una lengua ausente en ForeignDesk, como el catalán, hay que tener en cuenta una cuestión importante. Como que tenemos que utilizar el nombre de otra lengua, cuando creemos las memorias en TMX el código de lengua será el correspondiente a la sustituta; por ejemplo, si utilizamos French (Canadian) en TMX el código de lengua será *"fr-CA"*, por lo tanto, si queremos compartir esta memoria con un usuario que sí que puede asignar el catalán, tendremos que sustituir todos los *"fr-CA"* por *"ca-ES"* (que es el código correspondiente al catalán). Esto se puede hacer automáticamente con cualquier editor de textos. De manera inversa, si utilizamos una memoria TMX en que interviene el catalán tendremos que sustituir todos los "ca-ES" por el código de lengua TMX correspondiente a la lengua que utilizamos en lugar del catalán, es decir, *"fr-CA"* si utilizamos French (Canadian).

4.3. Organización de las memorias de traducción con ForeignDesk

Como hemos visto, el concepto de memoria de traducción en ForeignDesk difiere un poco del concepto más habitual de otras herramientas de TAO. En ForeignDesk tenemos una memoria por cada proyecto de traducción. Esto no supone ningún problema, ya que con ForeignDesk podemos utilizar un número ilimitado de memorias para cada proyecto. Ahora bien, en algunas circunstancias es interesante poder juntar diversas memorias de traducción en una sola. Imaginaos que trabajáis mucho para un determinado cliente y que cada vez que creáis un nuevo proyecto tenéis que asignarle 30 o 40 memorias de traducción (las correspondientes a proyectos anteriores del mismo cliente). Quizás os interese juntar todas las memorias de un determinado periodo (por ejemplo, un año) en una única memoria de traducción. ForeignDesk no tiene ninguna funcionalidad para juntar memorias de traducción, pero sí tiene una que junta diversos proyectos de traducción en uno. Por lo tanto, lo que deberemos hacer es juntar todos los proyectos de traducción finalizados del mismo cliente y periodo en un único proyecto de traducción y después crear una memoria de traducción a partir de este proyecto nuevo. El resultado será exactamente el mismo que si hubiéramos unificado varias memorias de traducción.

Para juntar varios proyectos de traducción en uno hay que hacer lo siguiente:

- Abrir el FDPA, seleccionar la pestaña Merge y hacer clic en el botón Next.
- Nos aparecerá una pantalla en que podremos indicar el nombre y la ubicación del nuevo proyecto de traducción (recordad que podéis navegar haciendo clic en el botón Browse). Después haced clic en Next.
- Os aparecerá una pantalla como ésta:

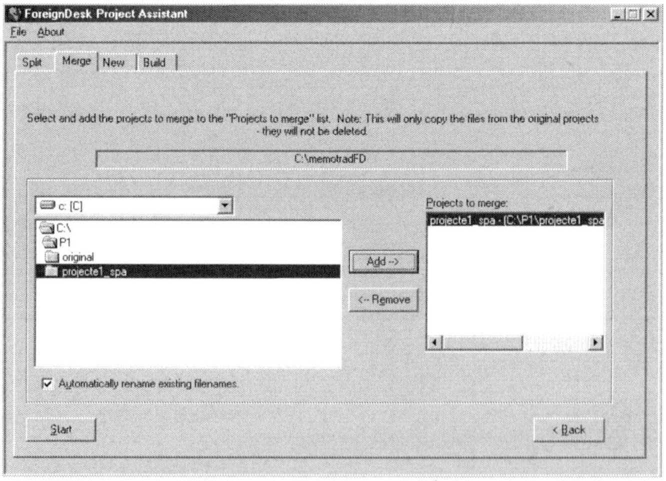

- En esta pantalla podéis navegar por el sistema de archivos de la parte izquierda para seleccionar los diferentes proyectos. Cuando tengáis seleccionado un proyecto, haced clic en el botón *Add* y este proyecto aparece-

rá a la derecha (ventana *Projects to merge*). Repetid esta operación para cada proyecto que queráis juntar. Si os equivocáis podéis eliminar un proyecto seleccionándolo y haciendo clic en el botón *Remove*.
- Una vez tengáis todos los proyectos seleccionados, haced clic en *Start*.

Ahora, si queréis crear una memoria de traducción a partir del nuevo proyecto, sólo tendréis que abrir el proyecto con ForeignDesk ITE y exportarlo como memoria de traducción.

Práctica 4

Creación de una base de datos terminológica con TermBase de ForeignDesk y TBXMaker

1. Introducción

En esta práctica presentamos otro de los grandes componentes de los sistemas de traducción asistida: las bases de datos terminológicas (BDT). El paquete ForeignDesk dispone de un gestor de bases de datos terminológicas muy potente y versátil llamado TermBase. En esta práctica crearemos una BDT con este gestor. En otra práctica veremos cómo podemos asociar una BDT con un proyecto de traducción de forma que ForeignDesk busque automáticamente la información sobre los términos que aparecen en el segmento que estamos traduciendo.

Además, en esta práctica aprenderemos a crear una BDT en el formato estándar TBX. Lo haremos con la herramienta TBXMaker, que convierte una BDT en un formato de texto especial, denominado texto delimitado, al formato TBX. Gracias a este formato, la BDT podrá ser intercambiada libremente con otros colegas que la quieran compartir.

2. Objetivos

- Saber abrir, crear, importar y exportar bases de datos terminológicas con el programa TermBase de ForeignDesk.
- Reflexionar sobre cuáles son los campos necesarios de una base de datos terminológica.

- Conocer el formato de texto de una base de datos terminológica estructurada como tabla (texto delimitado) y saber convertirla al formato estándar TBX.

3. Método operativo

Esta práctica la dividimos en cuatro grandes bloques:

- Abrir una base de datos terminológica con TermBase
- Crear una nueva base de datos terminológica con TermBase.
- Importar y exportar bases de datos terminológicas con TermBase.
- Crear una base de datos terminológica en TBX con TBXMaker

3.1. Abrir una base de datos terminológica

Descargad el archivo *P4.zip* de la página web de este manual y descomprimidlo en una ubicación que os apetezca. Esta carpeta contiene una base de datos terminológica de ForeignDesk. Abridla con el programa TermBase. Os aparecerá una pantalla como la siguiente:

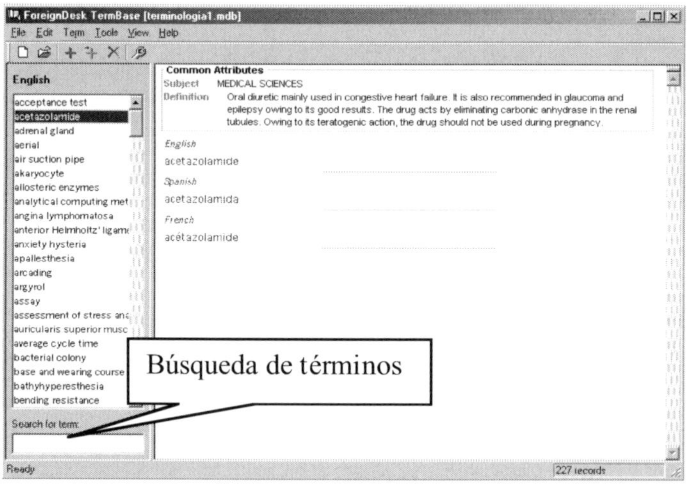

Como podemos observar, las bases de datos terminológicas de ForeignDesk pueden ser multilingües y permiten una estructura de información del término bastante compleja y totalmente libre y configurable por parte del usuario. Otra funcionalidad interesante es que permiten una búsqueda rápida e incremental de términos escribiéndolos en la casilla de texto *Search for term* de la parte inferior izquierda del programa. Fijaos que en la lista de términos figura la denominación del término en una determinada lengua y podemos realizar la búsqueda de los términos en esta lengua. Para cambiar la lengua de la lista de términos y poder hacer búsquedas en otra lengua tenemos que ir a *Tools>Languages* y aparecerá la pantalla siguiente:

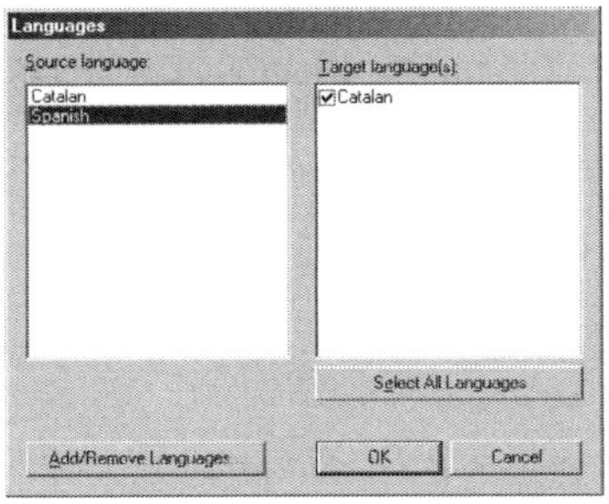

En esta pantalla podemos seleccionar la lengua de partida y las lenguas de llegada que se mostrarán. Los términos se indexarán según la lengua de partida que seleccionemos en esta pantalla y sólo se mostrará la información correspondiente a la lengua o lenguas de llegada que seleccionemos. Para poder añadir más lenguas hay que hacer doble clic en el botón *Add/Remove Languages*. Fijaos también que la información de cada término se divide en una información común (*Common Atributes*) y en una información propia para cada lengua.

La base de datos que habéis abierto contiene términos en inglés, castellano y francés y, como información común, el área temática (Subject) y la definición (Definition). No todas las entradas tienen definición. Realizad los ajustes convenientes para visualizar toda la información y realizar las búsquedas por la lengua deseada.

3.2. Crear una nueva base de datos terminológica

En esta parte de la práctica aprenderemos a crear una nueva base de datos terminológica. Los términos y la información adicional los tendréis que escoger vosotros: podéis utilizar un diccionario terminológico o alguna página web dedicada a la terminología. Lo que hay que hacer es:

- escoger como mínimo tres lenguas
- escoger como mínimo veinte términos.

La información común de los términos será el área temática (pueden ser todos de la misma área temática o de áreas diferentes).

Cada término deberá tener la definición, expresada como mínimo en una de las lenguas. Este atributo lo haremos específico de la lengua en que esté expresada la definición.

Para crear una nueva base de datos terminológica con TermBase tenemos que hacer lo siguiente:

- En el programa TermBase, haced *File>New* o haced clic en el clásico icono de archivo nuevo. Os aparecerá un cuadro de diálogo donde podréis escoger una carpeta y un nombre para la nueva base de datos terminológica.
- Una vez hecho esto, la base de datos terminológica ya estará creada. En este momento ya podemos empezar a introducir nuevos términos. Antes, sin embargo, conviene comprobar si las lenguas son las adecuadas haciendo *Tools>Languages* (ya lo hemos explicado en esta misma práctica). También podemos configurar los atributos que tendrá esta base de datos haciendo *Tools>Attributes*. Os aparecerá una pantalla como la siguiente:

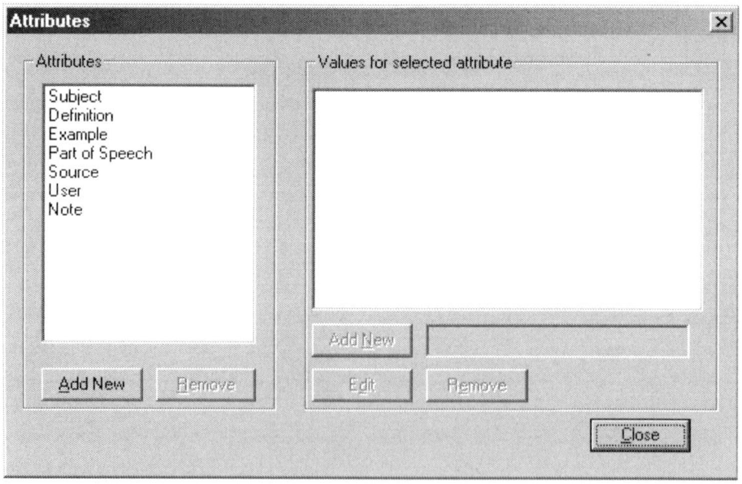

En esta pantalla podemos configurar libremente los atributos de la base de datos. Conviene fijarse en los atributos por defecto que nos propone TermBase. Podemos añadir nuevos atributos haciendo clic en *Add New* y eliminarlos seleccionándolos con el ratón y haciendo clic en Remove. Los atributos pueden ser de dos tipos: de forma libre (*free form*), que son los que pueden adoptar cualquier valor, y de lista (*list*), que son los que pueden adoptar un conjunto determinado de valores. Por ejemplo, de entre los atributos por defecto son de forma libre: *Definition* (definición), *Example* (ejemplo) y *Note* (comentario); y son de lista: *Subject* (tema), *Part of Speech* (categoría gramatical), *Source* (fuente consultada para crear la entrada terminológica) y *User* (usuario). La parte derecha de la pantalla, *Values for selected attribute*, sirve para añadir, editar o eliminar los valores de los atributos.

Para la nueva base de datos que tenéis que crear podéis utilizar el conjunto de atributos por defecto o bien crear una serie de atributos propios. Es necesario utilizar el atributo User y añadir a la lista de posibles valores vuestro nombre, e introducir la información de usuario como atributo común de los términos. Haced lo mismo para el atributo Source, es decir, introducid como valores de la lista las fuentes consultadas para crear las entradas. Si toda la información de Source es común para todo el término, hay que introducirla como información común; si es específica para cada lengua, hay que introducirla entonces como información específica.

- Introducid manualmente toda la información de, como mínimo, 20 términos.

3.3. Importar bases de datos terminológicas

Con TermBase se pueden importar bases de datos terminológicas en dos formatos:

- Trados MultiTerm
- Texto delimitado por tabuladores (*Tab Delimited Text*)

En esta práctica importaremos un texto delimitado por tabuladores en una base de datos terminológica nueva. También se puede importar a una base de datos existente. Para importar un texto delimitado por tabuladores a una base de datos nueva tendremos que hacer lo siguiente:

- Descargad el archivo *P4-3.zip* de la página web de este manual y descomprimidlo en una unidad y carpeta que os convenga. En *P4-3* hay un archivo que se llama importar.txt. Este archivo de texto delimitado por tabuladores contiene la siguiente información: término en inglés, término en castellano, término en francés, área temática y definición.
- En TermBase cread una base de datos terminológica nueva (si queréis, podéis denominarla *fisica*).
- Id a *File>Import>Tab Delimited Text* y aparecerá la siguiente pantalla:

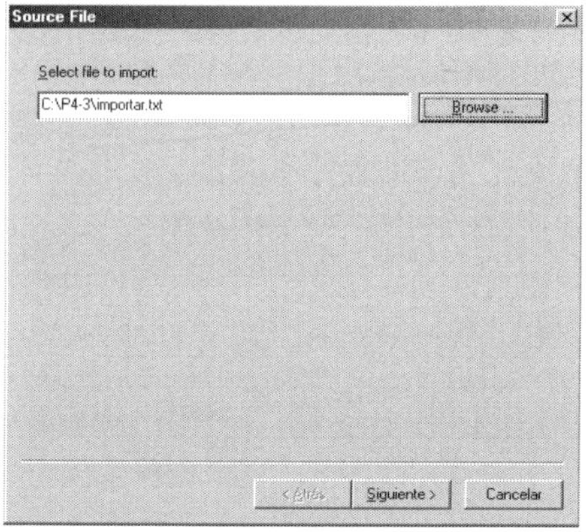

En esta pantalla podéis seleccionar el archivo que queréis importar. Recordad que se puede navegar por la estructura de unidades y carpetas haciendo clic en el botón *Browse*. Una vez seleccionado el archivo, haced clic en *Siguiente*.

- Aparecerá una pantalla como esta:

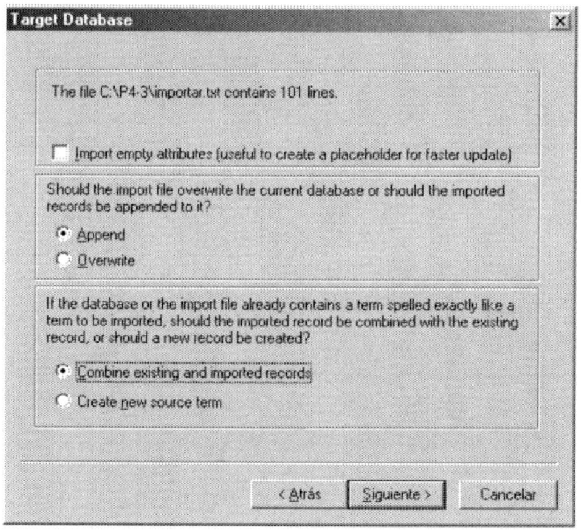

Esta pantalla está dividida en tres apartados:

- Nos informa del número de líneas del archivo que queremos importar y podemos seleccionar o no importar los atributos vacíos (*Import empty attributes*).
- Podemos escoger sobrescribir en la base de datos actual (*Overwrite*) o bien anexar los nuevos registros (*Append* - Anexar; *Overwrite* - Sobreescribir).
- Podemos escoger, en caso de que el término que queremos importar coincida exactamente con un término existente, si combinamos la nueva información con el término existente o bien si creamos una nueva entrada para el nuevo término que queremos importar *(Combine existing and imported records* - Combinar los registros existentes e importados; *Create new source term* - Crear un nuevo término).

Una vez hechas las selecciones (para esta práctica podéis dejar las opciones por defecto) haced clic en el botón *Siguiente*.

- Aparecerá la siguiente pantalla:

En esta pantalla podemos hacer las selecciones adecuadas a fin de que la importación se lleve a cabo con éxito:

- *First line contains field heading* - La primera línea contiene las cabeceras de campo: sirve en caso que la primera línea del fichero de texto contenga los nombres de los camplos. No es nuestro caso.
- *Number of fields in source file* - Número de campos del fichero que queremos importar: nos indica cuántos campos hay en el fichero que queremos importar. Esta cifra se calcula a partir de los tabuladores que hay en cada línea del fichero de texto. En principio no hay que cambiar esta cifra.
- *Maximal number of terms in each record* - Número máximo de términos en cada registro. Tenemos que cambiar el 2 por un 3, ya que tenemos el término en inglés, en castellano y en francés. Fijaos que en la ventana Terms aparecerá un nuevo elemento: *Term 3*.
- En la parte inferior tenemos que indicar la lengua correspondiente a cada término. Primero tenemos que seleccionar con el ratón *Term 1* y escoger de la lista desplegable *Languages* la lengua *English*. Haremos lo mismo para *Term 2* con la lengua Spanish y para *Term 3* con la lengua *French*.

Una vez hechas todas las selecciones tenemos que hacer clic en el botón *Siguiente*.

• Aparecerá la siguiente pantalla:

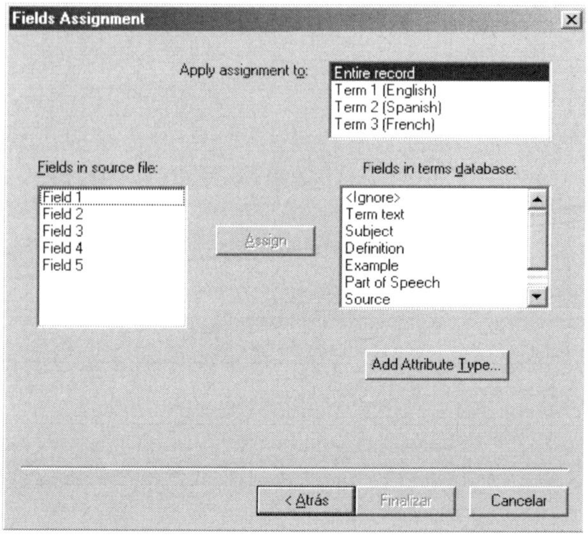

En esta pantalla tenemos que indicar qué información contiene cada campo del fichero. Por ejemplo, con el ratón seleccionamos *Field 1* (contiene el término en inglés), entonces en *Apply assignment* to seleccionamos *Term 1* (English) y en *Fields in terms database* seleccionamos *Term text* y hacemos clic en el botón *Assign*. De esta forma tenemos que relacionar todos los campos con la información que contienen, según la siguiente tabla:

Fields in source file	**Apply assignement to**	**Fields in terms database**
Field 1	Term1 (English)	Term text
Field 2	Term 2 (Spanish)	Term text
Field 3	Term 3 (French)	Term text
Field 4	Entire Record	Subject
Field 5	Entire Record	Definition

Una vez hecho esto haced clic en el botón *Finalizar*.

• Ya hemos importado la base de datos.

3.4. Otras funcionalidades interesantes de TermBase de ForeignDesk

Os proponemos que investiguéis cómo funcionan y para qué sirven dos funcionalidades interesantes de TermBase. Para hacerlo tenéis que ir a *Help>Contents and Index:*

- *Templates* (Plantillas): puede crearse una nueva base de datos basada en una que ya existe. La nueva base de datos contendrá los nombres de los atributos de la base de datos original pero no contendrá ningún término.
- *Input Models* (Modelos de introducción): permite crear un conjunto de atributos comunes que se pueden asignar cuando introducimos un nuevo término. De esta manera podemos ahorrar tiempo en la introducción de nuevos términos.

3.5. Crear una nueva base de datos terminológica en TBX

La creación de una base de datos terminológica en formato estándar TBX se puede realizar con la herramienta TBXMaker.

3.5.1. ¿Cómo se obtiene el TBXMaker?

TBXMaker es una herramienta gratuita desarrollada por la empresa Maxprograms (www.maxprograms.com). Hace un tiempo, esta herramienta se distribuía independientemente. Ahora se distribuye con la Translation Suite de Heartsome (www.heartsome.net). Translation Suite de Heartsome es un conjunto de herramientas muy interesantes. Algunas de las herramientas de la Suite son gratuitas (TMXMaker, por ejemplo) y otras no. Podéis descargar la Suite y disponéis de un periodo de prueba de 30 días durante el cual todas las herramientas son funcionales. Transcurrido este periodo las herramientas gratuitas continuarán funcionando.

Así, para poder hacer esta práctica tenéis diversas posibilidades:

- Utilizar una versión antigua de TBXMaker, que podéis descargar de la página web de este manual.
- Descargar e instalar la última versión del Translation Suite (www.heartsome.net). Si optáis por esta opción, pensad que tendréis 30 días para pro-

bar todas las herramientas asociadas y que pasado este periodo sólo funcionarán las herramientas gratuitas, entre ellas TBXMaker.

3.5.2. Requisitos de TBXMaker

TBXMaker precisa de Java 1.4 o superior. En la página web de este manual encontraréis todos los detalles de cómo conseguir e instalar Java.

3.5.3. Instalación de TBXMaker

Haced doble clic en el fichero ejecutable que habéis descargado. Cuando os aparezca la siguiente pantalla, pulsad *Next*.

Leed detenidamente las condiciones de la licencia de uso. Para continuar la instalación las tenéis que aceptar. Seleccionad *I accept the terms in the License Agreement* y pulsad *Next*.

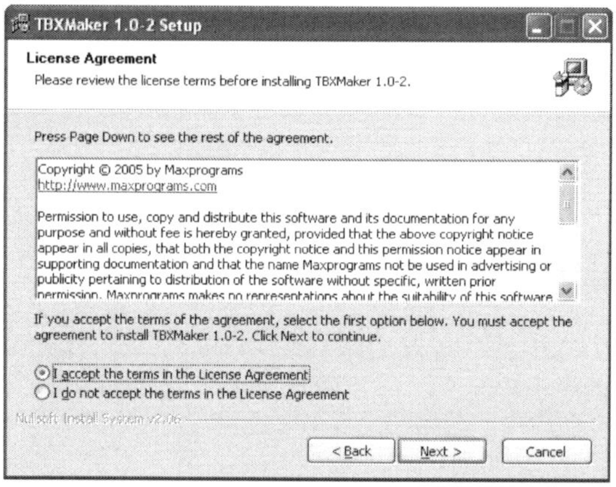

Seleccionad la carpeta donde se instalará el programa y pulsad *Install*.

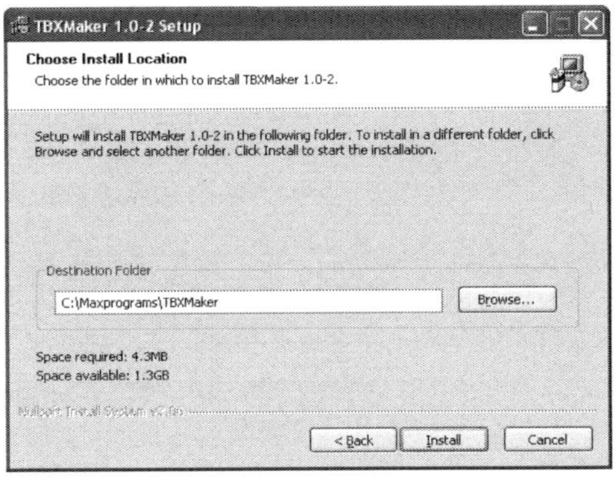

Esperad a que se instalen los componentes y, cuando acabe la instalación, pulsad *Finish* en la ventana que aparecerá a continuación.

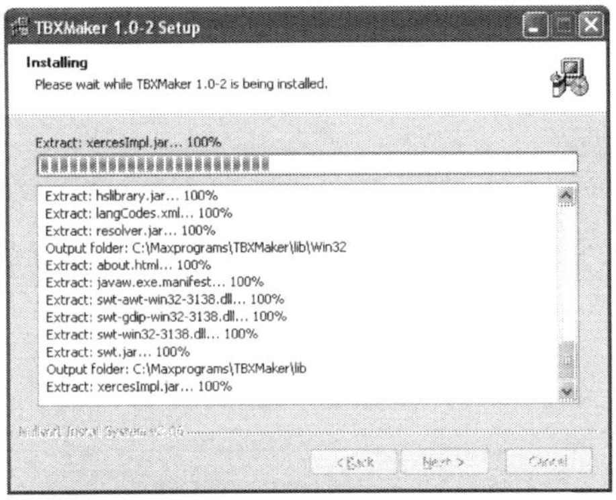

TBXMaker ya está instalado.

3.5.4. Funcionamiento de TBXMaker

Formato de la base de datos terminológicas que queremos convertir: CSV

El TBXMaker convierte una base de datos terminológica en un formato CSV al formato TBX. ¿Qué es el formato CSV? CSV es el acrónimo de *Comma Separated Values* y es el formato de un fichero de texto que representa una tabla en la cual los datos están dispuestos en columnas delimitadas por coma (aunque a menudo se utilizan otros separadores). Por ejemplo, imaginemos que queremos convertir a TBX una base de datos terminológica con tres términos. La base de datos está estructurada según la siguiente tabla, en la que en la primera columna se especifica la denominación en catalán, en la segunda columna la denominación en inglés y en la tercera columna el dominio temático.

Traducción automática	Machine translation	Lingüística Computacional
Analizador	Parser	Lingüística Computacional
IA	IA	Inteligencia Artificial

El formato en CSV sería el siguiente:

Traducción automática,Machine translation,Lingüística Computacional
Analizador,Parser,Lingüística Computacional
IA,AI,Inteligencia Artificial

En esta parte de la práctica tendréis que convertir la base de datos terminológica que habéis creado con TermBase en la primera parte de esta práctica al formato CSV. Éste será el glosario que transformaréis en TBX.

Importación de un glosario en CSV

Lo primero que tenéis que hacer es importar la base de datos terminológica en formato CSV. Para hacerlo tenéis que seleccionar la opción *Open CSV File* del menú *File*. También puede hacerse haciendo clic en el botón . Aparecerá la siguiente pantalla:

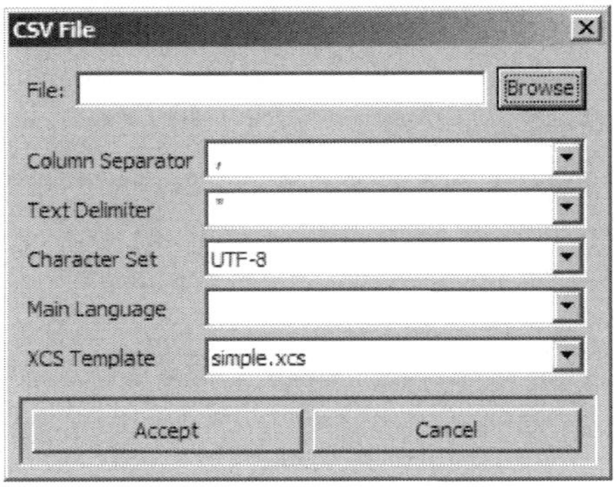

Utilizando *Browse* indicad la localización de la base de datos terminológica que queréis transformar. Tenéis que seleccionar también el carácter que indica la separación de columnas. La opción por defecto es la coma. También tenéis que indicar el carácter que delimita los textos que describen los datos. La opción por defecto son las comillas dobles. En *Character Set* se tiene que indicar la codificación de los caracteres del texto. En *Main Language* se selecciona la lengua en que se expresan los comentarios y las propiedades de las denominaciones y, finalmente, en *XCS Template* escoged la plantilla que contiene la lista de atributos que se pueden especificar sobre un término.

Para llenar esta pantalla hay que conocer, pues, cómo es el archivo que queremos importar. Si no nos dicen cómo es, tenemos la posibilidad de abrirlo con un editor de textos, observar la estructura y ver la codificación de caracteres.

Al hacer clic en *Accept*, vemos cómo se ha importado la base de datos terminológica y se han organizado los datos en columnas.

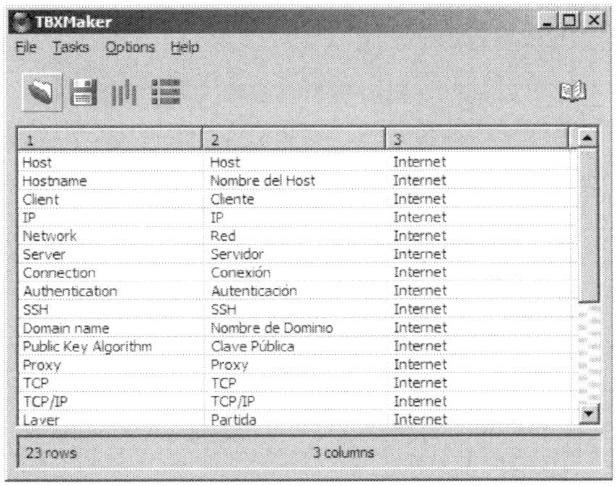

Eliminación de columnas que sobran

En caso de que no queráis exportar todos los campos a la base de datos en TBX, debéis seleccionar las columnas correspondientes a los campos que no queréis exportar. Para hacerlo, tenéis que hacer clic en el botón de la barra de herramientas y, en la pantalla siguiente, seleccionar el número correspondiente a la columna que queréis eliminar.

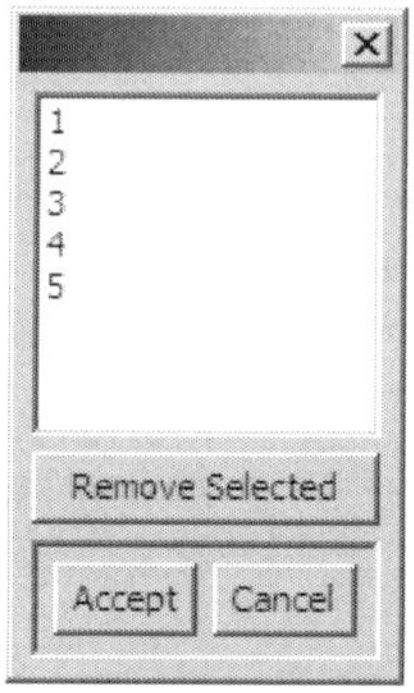

Si queréis eliminar más de una columna tenéis que mantener pulsada la tecla *Ctrl* e ir seleccionando las columnas que queréis borrar. Haced clic en *Remove Selected* y se eliminarán. Para volver a la ventana principal hay que hacer clic en *Accept*.

Selección de las propiedades de las columnas

Para hacer la exportación a TBX hay que indicar las propiedades de cada campo de manera que en la base de datos TBX salga esta propiedad como una etiqueta que describe el texto contenido en las columnas. Por ejemplo, se tiene que indicar que la primera columna es la denominación del término en la lengua de partida, que la segunda columna es la denominación del término en la lengua de llegada, que la tercera columna es el dominio temático, etc. Dado que se utiliza una plantilla XCS, las propiedades están predefinidas, por lo cual se debe escoger la propiedad que queremos asignar a cada columna. La selección se realiza haciendo clic en el botón  o seleccionando *Column Properties* en la barra de herramientas. Aparece una pantalla con el siguiente aspecto:

Para cada columna, en *Column Type* se tiene que especificar si hace referencia a un concepto (*concept*) o a un término (*term*). Por otro lado, se tiene que especificar para cada columna el atributo que le corresponde según su tipo (*Type*). Si la columna hace referencia a un concepto, el tipo puede ser *note* (comentario) o *descrip* (descripción del concepto); si la columna hace referencia a un término, el tipo puede ser *term* (denominación del término), *descrip* (descripción del término) y *termNote* (anotaciones sobre el término, como por ejemplo contextos de aparición). Si nos fijamos en la figura anterior, la columna 1 es una columna en la que se encuentran comentarios sobre el concepto denotado por el término, la columna 2 es aquella en la que se especifica la denominación del término en inglés, la columna 3 es la que contiene la definición del término en inglés, que es un atributo de tipo *descrip*, la columna 4 es la columna en la cual se encuentran los contextos en inglés que ejemplifican los usos del término en esta lengua (podéis observar que *contexts* es un atributo del tipo *termNote*). El resto de columnas expresan la misma información pero referida a la denominación en castellano.

Indicamos aquí la organización de atributos según su tipo.

Concept
    descrip
        relatedConcept
        sequentallyrelatedConcept

note

Term

term

termNote

abbreviatedFormFor

termType

administrativeStatus

pronunciation

usageNote

descrip

relatedConcept

sequentallyrelatedConcept

A continuación presentamos la selección del glosario que hemos importado, una vez eliminadas las columnas que no nos interesa exportar:

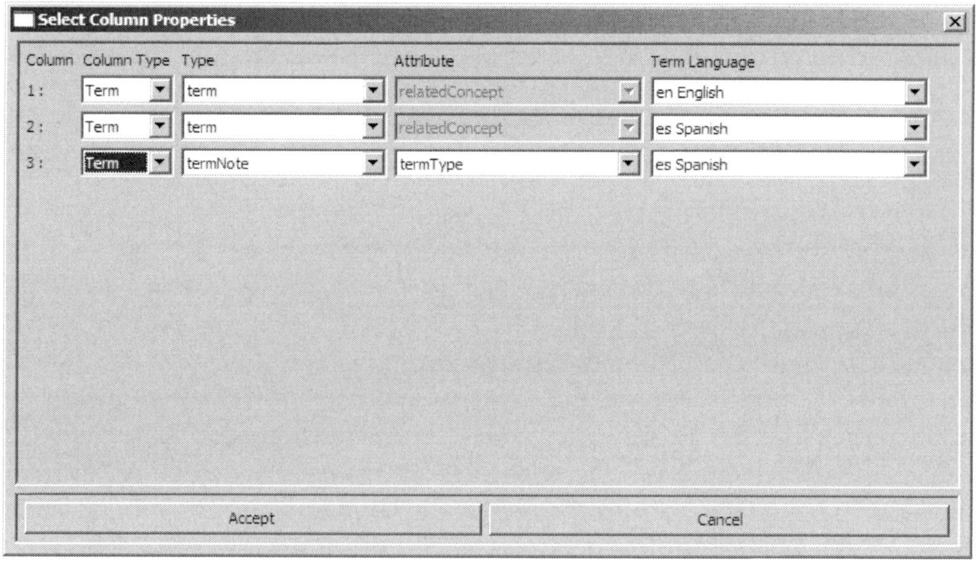

Conviene fijarse en que hemos considerado la columna 3, dedicada a explicitar el dominio temático de los términos, como un atributo *termType*. Comentaremos esto más a fondo en el apartado *Exportación a TBX* con más atributos.

Exportación a TBX

Ahora ya podemos exportar esta base de datos a TBX. Para hacerlo, sólo hay que ir a *File > Export as TBX* o hacer clic en el botón y aparecerá la siguiente pantalla de exportación:

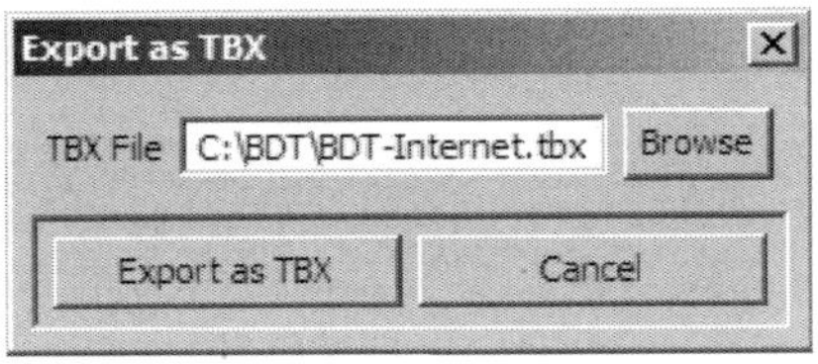

Si el nombre y la ubicación del fichero .tbx os parece correcto, sólo tenéis que hacer clic en *Export as TBX*. Si no, se puede cambiar el nombre y la ubicación con Browse.

3.5.5. Aspectos que se deben tener en cuenta

Configuración

Podéis cambiar el idioma del entorno de usuario en *Option > Language* si está originalmente en inglés o bien *Opciones > Idioma* si está en español. Los idiomas que se pueden escoger son estos dos. Para hacer efectivo el cambio de idioma hay que salir de la aplicación y volver a ejecutarla.

Exportación a TBX con más atributos

Podéis seleccionar una plantilla XCS que os permita declarar más atributos. Es una plantilla especialmente diseñada para declarar la información estándar de una base de datos en TBX; se llama *tbxdefault.xcs*.

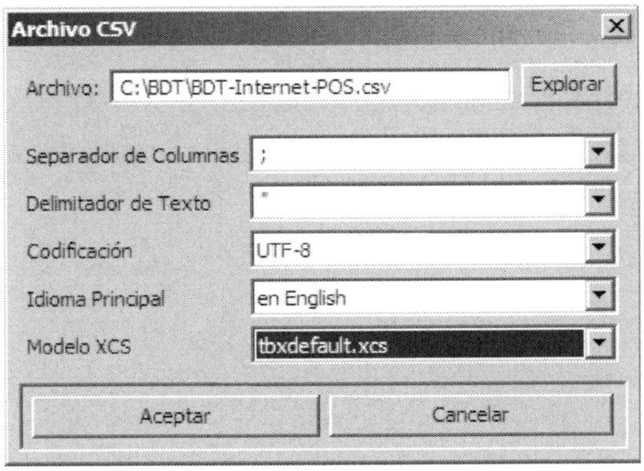

Gracias a esta plantilla podéis explicitar la información sobre la categoría gramatical o sobre el dominio temático de cada término.

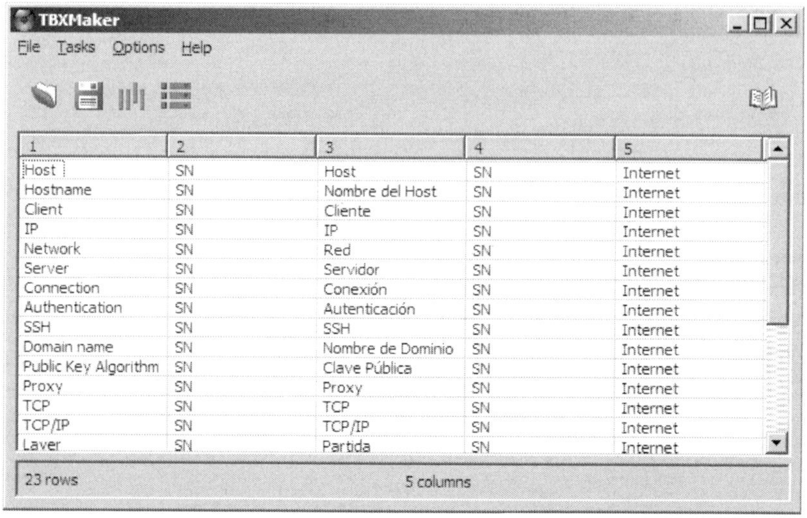

En la pantalla siguiente se establece que la columna 2 indica la categoría gramatical (*PartOfSpeech*) de la denominación del término en inglés, que la columna 4 explicita en inglés la categoría gramatical de la denominación en español y que la columna 5 está preparada para explicitar en español el dominio temático.

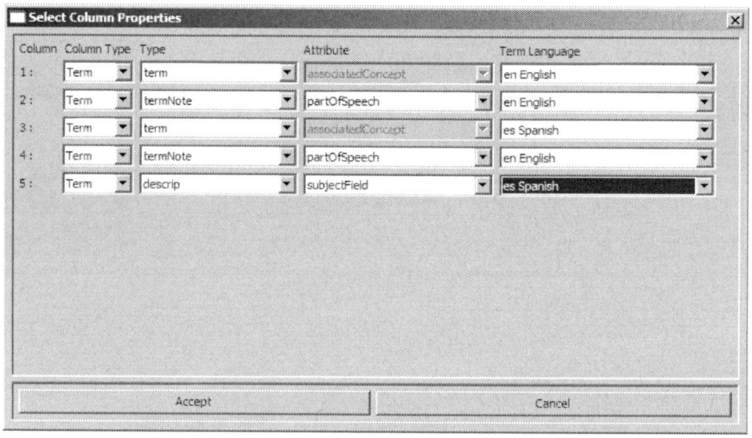

Teniendo en cuenta estas indicaciones, tendríais que exportar a TBX la base de datos terminológica que habéis creado con TermBase en la primera parte de esta práctica.

Práctica 5

Uso de bases de datos terminológicas con ForeignDesk

1. Descripción de la práctica

Las bases de datos terminológicas de TermBase se pueden asociar a ForeignDesk ITE de manera que cuando en el segmento que estamos traduciendo aparezca un término presente en la base de datos terminológica se nos muestre en una pantalla el término original con su equivalente de traducción. Esta funcionalidad es muy útil para mantener la coherencia terminológica de un proyecto y ahorrarnos tiempo de consultas en diccionarios.

2. Objetivos

- Saber asociar bases de datos terminológicas a ForeignDesk ITE.
- Valorar la importancia de una buena gestión de la terminología en el proceso de traducción.

3. Método operativo

Descargad el archivo *P5.zip* de la página web de este manual. Una vez descomprimido encontraréis dos subcarpetas:

- *original*: donde está el documento original para traducir
- *terminología:* donde hay una pequeña base de datos terminológica. Fijaos que esta base de datos tiene asignadas las lenguas inglesa y española tradicional aunque estéis traduciendo de otra lengua. Eso está relacionado con un problema en el motor de búsqueda de terminología con ForeignDesk.

Para asociar una base de datos terminológica a ForeignDesk ITE hay que hacer lo siguiente:

- Cuando abrís ForeignDesk ITE íd a *Tools>Options* y en la pantalla que aparece seleccionad la pestaña TermBase.

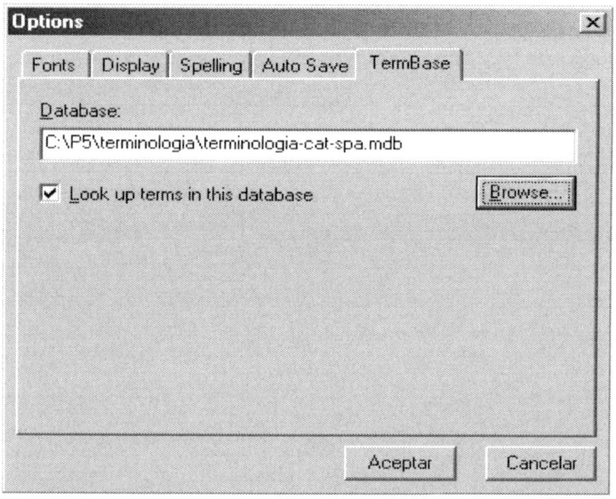

- En esta pantalla, haciendo clic en *Browse* podréis seleccionar la base de datos que queréis utilizar. Seleccionad la base de datos de la carpeta *terminología*. La casilla *Look up terms in this database* debe estar activada para que se realice la búsqueda automática.

Ahora podéis crear el nuevo proyecto de traducción y abrirlo. Cuando creéis el proyecto tendréis que asignarle como lengua de partida el inglés (aunque traduzcáis de otra lengua) y como lengua de llegada el *Spanish traditional*. Uno de los problemas que tiene la integración está relacionado con las lenguas de la base de datos terminológica y del proyecto. Si el original no es el inglés, en principio (y esperamos que se mejore en futuras versiones) no se encuentran los términos automáticamente. Cuando en el segmento que estáis traduciendo haya un término de la base de datos terminológica, éste se marcará en el texto original con un subrayado rojo. Si, además, tenéis activado el icono , os aparecerá una pantalla con información sobre el término:

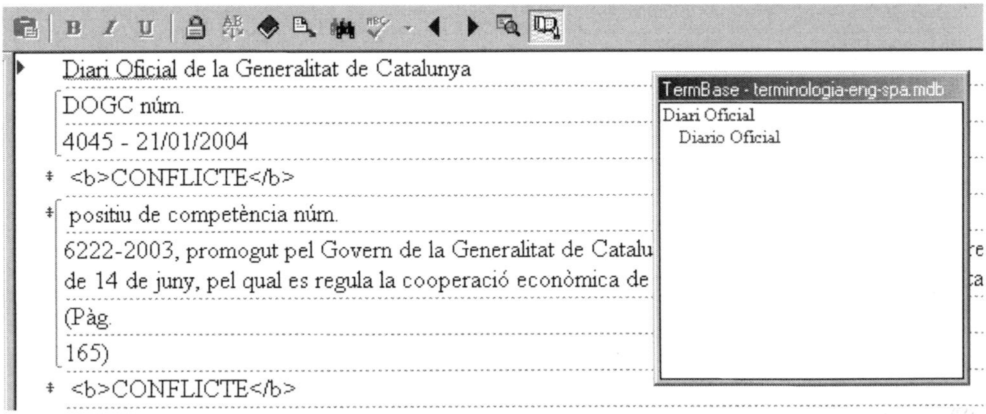

Si hacéis doble clic sobre la traducción del término, ésta se insertará automáticamente en el segmento traducido.

Hay que decir que la búsqueda automática presenta algunos problemas. Como podéis comprobar, algunos términos no aparecen. Esta funcionalidad requiere sin duda de algunas mejoras en su programación.

4. Otras cuestiones: Frog Translator

Como habéis podido observar en esta práctica, la integración entre TermBase y ForeignDesk ITE es deficiente. Dado que ForeignDesk se ha liberado como software de código abierto, es posible corregir los errores del programa y añadir nuevas funcionalidades. Claro que, para hacerlo hay que saber programar y, incluso en ese caso, no siempre es sencillo.

En la Universitat Oberta de Catalunya se han introducido unas pequeñas modificaciones a ForeignDesk y ha nacido la herramienta denominada Frog Translator. Frog Translator es un ForeignDesk con unas modificaciones en ITE y en TermBase. Estas modificaciones son básicamente dos:

- En ITE, la posibilidad de seleccionar *catalán* como lengua de partida y lengua de llegada
- En TermBase, corrección de los principales problemas de conectividad entre TermBase y ITE

También está previsto añadir nuevos formatos de archivo y conexión con sistemas de traducción automática. Desde la web de este manual podréis descargar la última versión disponible de Frog Translator e instrucciones detalladas para realizar la instalación.

Probad ahora, si queréis, estas aplicaciones y comprobad si funcionan las novedades, es decir, si se puede asignar el catalán como lengua de los proyectos y si la conexión entre TermBase y Frog Translator funciona correctamente.

Práctica 6

Extracción automática de terminología

1. Descripción de la práctica

En esta práctica utilizaremos un programa de extracción automática de terminología. La extracción automática de terminología consiste en encontrar un conjunto de candidatos a término a partir de un texto o conjunto de textos. Esta práctica se complementa con la P7, en la que aprenderemos a utilizar la utilidad de búsqueda automática de equivalentes de traducción en un corpus paralelo.

2. Objetivos

- Comprender los fundamentos básicos de la extracción automática de terminología
- Saber utilizar una herramienta de extracción automática de terminología gratuita, de código abierto y de libre distribución.
- Valorar la utilización de este tipo de herramientas en el trabajo de un traductor.

3. Método operativo

3.1. Obtención de la herramienta y lectura del manual de usuario

De la página web de este manual podéis descargar la última versión de esta herramienta, así como el manual de usuario. Instalad el programa siguiendo las instrucciones y leed atentamente el manual.

3.2. Ficheros disponibles para hacer la extracción de terminología

De la página web de este manual podéis descargar el archivo *P6.zip*, en el que encontraréis una serie de archivos que os permitirán hacer esta práctica. Recordad que podéis utilizar textos propios para probar el programa de extracción de terminología.

3.3. Extracción de terminología

Haced el proceso de extracción automática de terminología con dos lenguas diferentes como mínimo. Una vez hecha la extracción de terminología, fijaos en los aspectos siguientes e intentad responder a las preguntas que os planteamos a continuación:

- Revisa los 50 primeros candidatos. ¿Cuántos de éstos realmente son unidades terminológicas interesantes?
- ¿De los candidatos que no son unidades terminológicas interesantes, cuántos se podrían evitar mejorando la lista de palabras vacías o *stop-words*?

4. Otras cuestiones: extracción de términos monopalabra

Una de las grandes dificultades para las técnicas de extracción de terminología es la detección de términos monopalabra, es decir, aquellos términos formados por una única palabra. Para las técnicas estadísticas, la dificultad radica en el hecho de que las combinaciones de una palabra son todas las palabras del texto, y si filtramos por palabras vacías lo que obtenemos es una lista de todas las palabras del corpus excepto las palabras vacías.

La extracción de terminología de tipo lingüístico topa con la misma dificultad para detectar términos monopalabra. El patrón típico sería N (sustantivos) de manera que acabaríamos extrayendo todos los sustantivos del texto, y no únicamente los que presentan algún interés desde el punto de vista terminológico.

La extracción automática de términos monopalabra no está resuelta satisfactoriamente desde el punto de vista técnico, pero hay algunas técnicas que se pueden aplicar:

- Filtrar a los candidatos obtenidos por una lista de "todas" las palabras generales de la lengua con todas sus formas (formario). De esta manera obtendríamos todas las palabras poco comunes, incluidas las posibles faltas de ortografía y nombres propios y palabras extranjeras. Esta técnica no es satisfactoria porque muchas palabras generales son también términos de especialidad.
- Algunas especialidades tienen un elevado número de cultismos (pensemos en medicina, por ejemplo). Los cultismos se caracterizan por acabar en unos sufijos muy típicos (por ejemplo *-itis*, en medicina). Detectando las palabras que acaban en estos sufijos podemos realizar una detección de este tipo de términos. Esta técnica tiene el inconveniente que no es bastante general.
- Una buena manera de detectar los términos monopalabra es fijándonos si los términos multipalabra detectados contienen a la vez un término monopalabra interesante.

Práctica 7

Búsqueda automática de equivalentes de traducción

1. Descripción de la práctica

En la práctica anterior hemos aprendido a utilizar un programa para extraer terminología en una determinada lengua. Esta extracción de terminología la hemos realizado a partir de textos monolingües. Si disponemos de corpus paralelos podremos, además de extraer a los candidatos a término, determinar de manera automática el equivalente de traducción. De esta manera podremos crear glosarios terminológicos bilingües de una manera muy rápida.

2. Objetivos

- Comprender los fundamentos básicos de la búsqueda automática de equivalentes de traducción.
- Aprender a utilizar una herramienta de extracción automática de terminología gratuita, de código abierto y de libre distribución.
- Valorar la utilización de este tipo de herramientas en el trabajo de un traductor.

3. Método operativo

3.1. Lectura del manual de usuario

En la práctica anterior ya hicisteis una lectura detallada del manual de usuario de la herramienta de extracción automática de terminología. Ahora sería conveniente hacer un repaso, muy especialmente de aquellos apartados del manual que tratan de la búsqueda automática equivalentes de traducción.

3.2. Ficheros disponibles para hacer la búsqueda automática de equivalentes de traducción

En la práctica anterior teníais a vuestra disposición una serie de archivos para hacer la extracción automática de equivalentes de traducción. Podréis utilizar estos archivos también en esta práctica. Ahora ponemos a vuestra disposición, en el archivo *P7.zip* (que podéis descargar de la página web de este manual), una serie de corpus paralelos relacionados con los anteriores, que os permitirán hacer la búsqueda automática de equivalentes de traducción.

3.3. Extracción de terminología

Siguiendo los pasos de la práctica anterior, realizad un proceso de extracción de terminología. Para hacer esta extracción utilizad uno de los corpus monolingües de la práctica anterior. Una vez obtengáis la lista de candidatos, continuad por el paso siguiente.

3.4. Búsqueda automática de equivalentes de traducción

Una vez extraída la lista de candidatos a término, podremos hacer la búsqueda automática de equivalentes de traducción. Fijaos que propone un posible equivalente, pero podemos desplegar toda una lista de candidatos. Hay que tener en cuenta que el proceso de búsqueda automática de equivalentes de traducción es un proceso estadístico y que el programa no siempre acierta.

Seleccionad unos 50 candidatos y los equivalentes de traducción correspondientes. Una vez seleccionados, podéis utilizar la opción de exportación para obtener una lista de términos y equivalentes de traducción en algún formato adecuado para poder importar estos términos a otra aplicación. Una vez hecho esto, y para repasar los contenidos de la práctica P4, importad estos datos a una base de datos terminológica de TermBase de ForeignDesk.

4. Otras cuestiones: extracción de candidatos a término a partir de corpus paralelos

En esta práctica hemos extraído los candidatos a término a partir de un corpus monolingüe y hemos calculado los equivalentes de traducción a partir de un corpus paralelo. Con la herramienta de extracción automática de terminología podemos extraer los candidatos a término también a partir de un corpus paralelo.

Práctica 8

Combinación de traducción asistida y traducción automática

1. Descripción de la práctica

Los objetivos y las metodologías de la traducción asistida y de la traducción automática son muy diferentes. Por una parte, la traducción asistida pretende asistir al traductor ofreciéndole los segmentos más parecidos de una memoria de traducción y la terminología de una base de datos terminológica. La traducción asistida no pretende traducir todos los segmentos de un texto, sino simplemente ser una ayuda para el profesional de la traducción, sobre el que recaerá la responsabilidad final de la traducción. Los sistemas de traducción automática, pretenden o intentan traducir todas las oraciones de un texto. No presuponen que habrá un traductor profesional detrás corrigiendo los posibles errores, aunque es siempre necesario hacer una postedición esmerada.

A pesar de estas diferencias en metodologías y objetivos, la traducción asistida y la traducción automática se pueden combinar para aprovechar las ventajas de cada uno de estos sistemas. Esta combinación se puede orientar en dos sentidos:

- Un sistema de traducción asistida que envía a traducir a un sistema de traducción automática los segmentos no solucionados por la memoria de traducción. De esta manera, el sistema de traducción asistida siempre proporcionará alguna propuesta de traducción, o bien la proveniente de la memoria de traducción o bien la proveniente de una traducción automática.
- Un sistema de traducción automática que antes de traducir una determinada oración verifica si tiene la traducción en una memoria de traducción. Si la tiene al 100% de similitud, la recupera de la memoria. De esta manera se puede mejorar la calidad de los sistemas de traducción automática,

alimentándolos con memorias de traducción provenientes de las correcciones de los textos traducidos automáticamente con anterioridad.

En esta práctica veremos el primero de los casos. Como que no todos los sistemas de traducción asistida disponen de una conexión con sistemas de traducción automática, en esta práctica aprenderemos cómo simular esta conexión.

2. Objetivos

- Aprender a combinar sistemas de traducción asistida y sistemas de traducción automática.
- Valorar el uso de esta posibilidad para algunos pares de lenguas.

3. Método operativo

3.1. La herramienta TMX Translator

Para hacer esta práctica utilizaremos la herramienta TMX Translator. Esta aplicación puede traducir automáticamente memorias de traducción TMX (y también ficheros separados por tabuladores). Esta aplicación en realidad no realiza el proceso de traducción, sino que envía a traducir los segmentos a diferentes sistemas de traducción automática que están configurados como Web Services. Para hacerlo utiliza el protocolo SOAP. Este protocolo permite conectar diferentes aplicaciones (en este caso TMX Translator con diferentes sistemas de traducción automática) a través de Internet.

En la página web de este manual podéis descargar la última versión de esta herramienta, así como el manual de usuario. Instalad la herramienta y leed detalladamente el manual.

3.2. Preparación de la memoria TMX a partir del proyecto de ForeignDesk

Una vez creado el proyecto de ForeignDesk será necesario exportarlo en formato TMX. Esto es posible con ForeignDesk ITE, haciendo clic en *File > Export* y escogiendo el formato TMX. El único inconveniente es que, para que la exportación funcione, el proyecto debe estar traducido (es decir, únicamente exporta los segmentos que han sido traducidos). Dado que todavía no tenemos traducido el proyecto, será necesario que simulemos que lo está, haciendo una pseudotraducción. Para pseudotraducir el proyecto hay que ir a *Project>Pseudoize*. Veréis que todas las traducciones se llenan con cadenas formadas por Xxxx".

Ahora ya podremos hacer la exportación del proyecto en forma de memoria TMX, del modo que hemos explicado anteriormente. Una vez hecha la exportación, podremos borrar todas las Xxx" de la pseudotraducción haciendo *Project > Clear Translations*.

El fichero TMX resultante de la traducción será el que traduciremos con TMX Translator.

3.3. Asignación de la memoria traducida al proyecto de traducción

Una vez TMX Translator acabe su trabajo, podremos asignar la memoria de traducción al proyecto. Recordad que simplemente hay que copiar la memoria a la carpeta *_AD* del proyecto. Para hacer esto, hay que tener cerrado el proyecto o bien, si lo tenéis abierto, cerrarlo y volverlo a abrir una vez asignada la memoria.

Recordad que con ForeignDesk podemos asignar todas las memorias de traducción que queramos.

3.4. Realización de la práctica

Haremos la traducción de dos archivos, uno del catalán al castellano y otro del inglés al castellano.

Si no sabéis cuál es el código TMX que se corresponde a la lengua de origen o de destino, podéis abrir con cualquier editor de textos el archivo TMX y fácilmente podréis encontrar los códigos.

4. Otras cuestiones

Podéis aprender más sobre el protocolo SOAP siguiendo el programa de aprendizaje de W3schools: http://www.w3schools.com/soap/default.asp.

Si queréis echar un vistazo a los diferentes servicios web disponibles, consultad la página http://xmethods.net/

Práctica 9

Herramientas integradas en MS Word (I): traducción asistida con WordFast

1. Descripción de la práctica

En esta práctica presentamos la herramienta WordFast. Esta herramienta, a pesar de no ser ni gratuita ni de libre distribución, se puede utilizar en modo de prueba gratuitamente. El modo de prueba permite trabajar con memorias de traducción de 110 Kbytes y/o 500 segmentos; es decir, se puede utilizar gratuitamente para traducir proyectos pequeños y medianos.

El entorno de trabajo de esta herramienta es muy similar al de un programa comercial muy extendido entre las agencias de traducción: Trados. De esta manera, si se ha trabajado alguna vez con WordFast es sencillo pasar a trabajar con Trados.

En esta práctica explicaremos muy brevemente como obtener e instalar WordFast y aprenderemos a traducir con esta herramienta. Para evitar extendernos demasiado, haremos continuas referencias al manual de la herramienta.

WordFast funciona integrado en MS Word. Como sabéis, esta herramienta tampoco es gratuita ni de libre distribución, pero es un procesador de textos muy popular. Si no tenéis MSWord, no podréis realizar esta práctica. Como solución podéis intentar trabajar con el ordenador de un compañero o de algún amigo que lo tenga instalado.

2. Objetivos

• Saber instalar y utilizar la herramienta WordFast.

3. Método operativo

3.1. Obtención de WordFast

Esta herramienta se puede descargar de la página web www.wordfast.net. No olvidéis descargar también el manual de WordFast, que os hará falta para realizar la práctica. El manual de WordFast está editado en diversos idiomas, entre ellos el castellano. Los archivos descargados están comprimidos. Si los descomprimís veréis que WordFast es una plantilla de Word (tiene la extensión. dot).

3.2. Instalación de WordFast

El manual explica detalladamente la instalación de este programa. Recordad que simplemente es una plantilla de Word. Seguid las instrucciones del manual y, si tenéis algún problema, haced lo siguiente:

- En Word id a *Herramientas>Plantillas* y complementos y en la pantalla que aparece haced *Agregar* y añadid la plantilla de WordFast.

Si la instalación se ha podido hacer correctamente, os tendría que aparecer un icono como este en la barra de Word .
Si la instalación no os funciona, es posible que tengáis que hacer lo siguiente:

- Bajar el nivel de seguridad de las macros. En Word, id a *Herramientas> Macro>Seguridad*. En la pestaña *Nivel de seguridad* bajad el nivel.
- En la pestaña *Fuentes de confianza* marcad la casilla *Confiar en el acceso en proyectos de Visual Basic.*

3.3. Traducción de un documento con WordFast

En esta parte de la práctica aprenderemos a traducir un documento con WordFast. Para traducir este documento no asignaremos ninguna memoria de traducción ni ninguna base de datos terminológica. Estas cuestiones las abordaremos en la siguiente parte de la práctica.

Descargad el archivo *P9-1.zip* de la página web de este manual. Este zip contiene el archivo a traducir. En este caso se trata de un documento de Word (*P9-1.doc*).

- Una vez instalado WordFast, abrid el documento con Word.
- Haced clic en el icono de WordFast  y se desplegará la barra de herramientas completa.
- Para saber qué hace cada uno de los botones, os podéis situar con el ratón sobre el botón y pasados unos instantes aparecerá la descripción.
- Antes de empezar a traducir el documento es necesario que leáis detenidamente las instrucciones de uso del manual. Sin embargo, a continuación daremos unas cuantas indicaciones.
  - Para empezar a traducir es necesario situarse sobre la primera línea y hacer clic en el icono . Dado que no tenemos ninguna memoria de traducción asignada, nos aparecerá la pantalla siguiente:

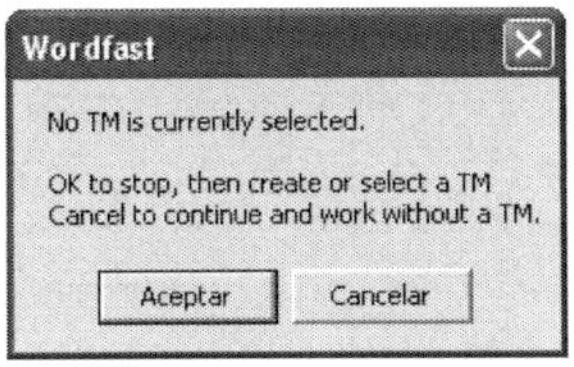

  - Conviene hacer clic en *Aceptar* para asignar una memoria de traducción. Las pantallas que aparecerán os ofrecerán instrucciones para crear la nueva memoria de traducción. Cread una memoria nueva, ya que de esta manera podremos aprovechar los segmentos traducidos en la siguiente parte de la práctica. Os aparecerá la pantalla siguiente que os informará de que tenéis activada la memoria de traducción que habéis creado y podréis ver su descripción.

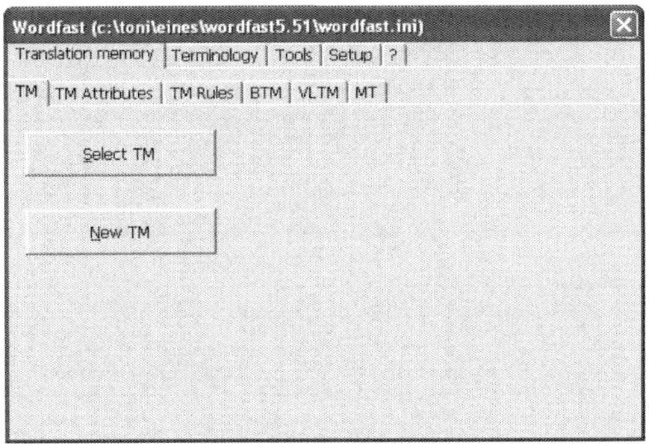

- Traducid la totalidad del documento. Para pasar de un segmento al siguiente tenéis que hacer clic en el mismo icono  . La traducción se tiene que escribir en la zona que hay bajo el segmento original.

- Cuando acabéis de traducir, debéis hacer un *QuickClean* para borrar todos los códigos y revisar que no se haya quedado por traducir ningún segmento original. Una vez hecho esto, ya podéis guardar el documento totalmente traducido asignándole un nombre nuevo.

3.4. Uso de memorias de traducción y de bases de datos terminológicas con WordFast

En la parte anterior de la práctica hemos creado una memoria de traducción que aprovecharemos en aquí. También usaremos de una pequeña base de datos terminológica.

- Descargad el archivo *P9-2.zip* de la página web de este manual. Encontraréis un documento nuevo para traducir (*P9-2.doc*). Abridlo con Word.
- Probablemente la memoria de traducción ya estará seleccionada y será la misma que en la parte anterior. Pero para comprobar que sea así, podéis hacer clic en el icono y os aparecerá la siguiente pantalla (seleccionad la pestaña *Translation Memory*):

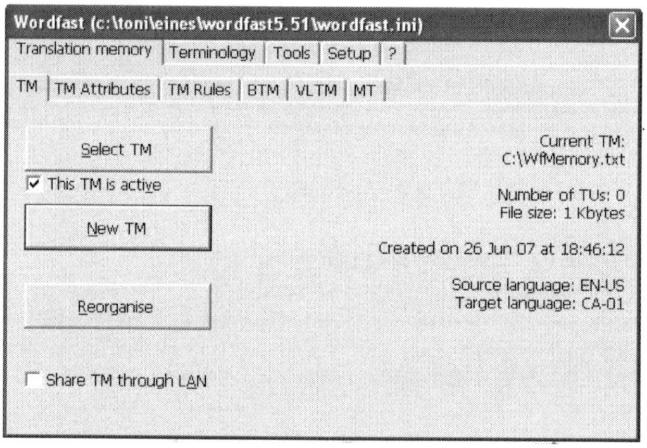

- Esta pantalla nos permite seleccionar y crear memorias de traducción. En la parte superior derecha nos muestra la memoria de traducción seleccionada actualmente. Si no está seleccionada la memoria que queréis, podéis seleccionarla haciendo clic en el botón *Select TM*.
- En la carpeta *P9-2* también encontraréis una pequeña base de datos terminológica que utilizaréis para la traducción de este proyecto. Para seleccionar la base de datos tenéis que activar la pestaña *Terminology* de la pantalla anterior y os aparecerá una pantalla como esta:

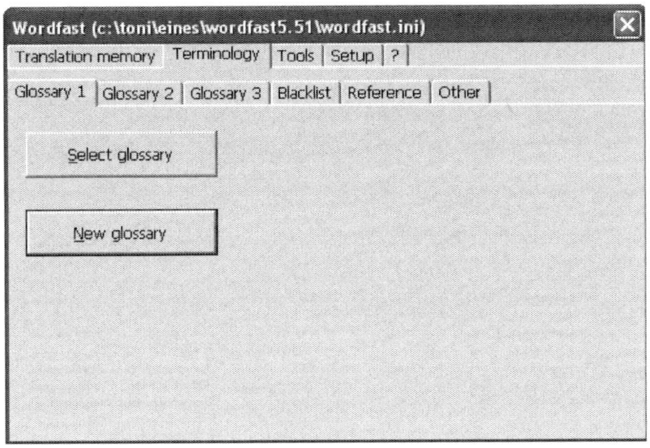

- Esta pantalla nos permite seleccionar y crear glosarios, entre otras funcionalidades. Haced clic en el botón *Select Glossary* y seleccionad la base de datos terminológica de la carpeta *P9-2*.
- Una vez seleccionada, aparecerá una pantalla como la siguiente:

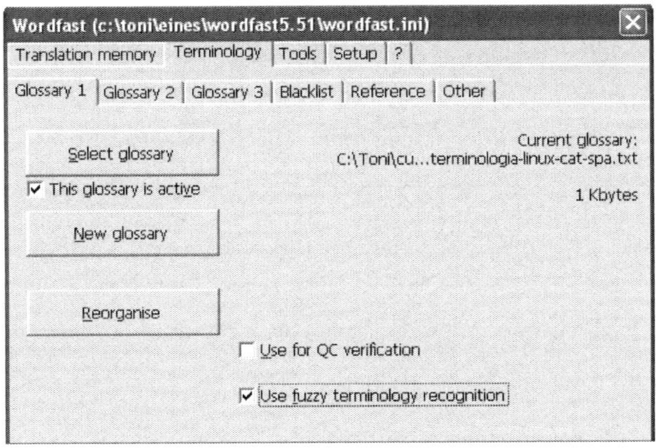

- Aseguraos de marcar las casillas *This glossary is active* y *Use fuzzy terminology recognition*.
- Una vez hecho esto podéis empezar a traducir el documento. Fijaos que ahora se aprovecharán muchos segmentos que provienen de la traducción anterior. Además, el programa buscará automáticamente la terminología que hay en la base de datos terminológica utilizada. Si encuentra la entrada de algún término lo resaltará.
- Si nos situamos con el ratón sobre el término resaltado nos aparecerá la traducción sobre la barra de herramientas.
- Si queréis introducir nuevos términos al glosario mientras traducís, tenéis que hacer *Ctrl+Alt+T*.

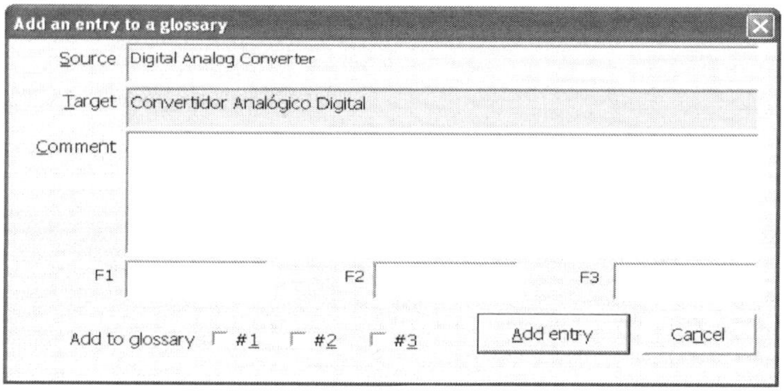

- Para añadir un nuevo término tenéis que pulsar el botón *Add entry*. Como podéis tener hasta tres glosarios activos, seleccionad el glosario (#1, #2, #3). En la pantalla de ejemplo hemos escrito *Digital Analog Converter*. De todas maneras, si queréis recuperar la traducción cuando al segmento original salga tanto Digital Analogic Converter como Digital Analogic Converters se tendría que escribir:

```
Digital Analogic Converter*
```

- Traducid todo el documento y añadid entre 10 y 15 términos nuevos.

4. Otras cuestiones: uso de TMX con WordFast

WordFast puede trabajar con memorias de traducción en formato TMX. También es posible exportar las memorias de traducción creadas con WordFast en formato TMX (mirar P11). Esto significa que podemos compartir las memorias entre ForeignDesk y WordFast. Intentad trabajar con WordFast con una memoria de ForeignDesk exportada a TMX y al revés. ¿Son plenamente compatibles? ¿Os habéis encontrado con algún problema?

Práctica 10

Herramientas integradas en MS Word (II): automatización de tareas con +Tools

1. Descripción de la práctica

El paquete +Tools es un paquete *freeware* que integra una serie de herramientas que permiten al traductor realizar automáticamente una serie de acciones de manera masiva sobre los ficheros que tiene que traducir y sobre los ya traducidos. Con estas acciones el traductor obtiene recursos (corpus alineados, glosarios) y optimiza su trabajo porque puede realizar búsquedas y sustituciones masivas, ejecutar macros, marcar los segmentos traducibles de un documento XML o realizar conversiones de formatos en uno o más archivos. Además, +Tools ayuda al gestor de un proyecto a realizar su seguimiento.

+Tools trabaja sobre Ms-Word 97 y versiones superiores (Ms-Word 2000, Ms-Word 2002, Ms-Word 2003). Puede trabajar también en un Mac. Aunque está relacionado con Wordfast, la mayoría de las operaciones no necesitan dicha herramienta excepto para alinear (P11) y extraer términos para hacer glosarios.

2. Objetivos

- Saber utilizar +Tools para corregir una traducción sobre diversos documentos.
- Saber utilizar +Tools para convertir un conjunto de documentos en formato PDF a un formato tratable por una herramienta de TAO.
- Saber utilizar +Tools para crear un glosario monolingüe.

3. Método operativo

3.1. Obtención de +Tools

Podéis descargar +Tools de la misma dirección de donde habéis descargado el programa Wordfast: www.wordfast.net.

3.2. Instalación de +Tools

1. Descomprimid en una carpeta el fichero .zip que habéis descargado. En esta carpeta encontraréis el fichero *PlusTools.dot*.
2. Abrid MS Word e id a *Herramientas/Plantillas y complementos* y agregad *PlusTools.dot* a la lista de plantillas.
3. Id a *Ver -> Barra de herramienta* y seleccionad *PlusTools*. Veréis el icono .
4. Haced clic en el icono (o Alt+F2).

3.3. Corregir una traducción sobre diversos documentos

Descargad el archivo *P10.zip* de la página web de este manual. Encontraréis dos ficheros (*P10-1.doc* i *P10-2.doc*). Imaginad que en estos documentos se ha traducido el término *traducció automàtica* al inglés por *automatic translation*. Nos apercibimos de qué se tendría que haber traducido por *machine translation*, pero este cambio se debe realizar en los dos documentos y tenemos que estar seguros que no quedará ningún *automatic translation* por corregir.

En primer lugar, en la pestaña *Files* es necesario seleccionar los ficheros que queremos modificar. Los ficheros tienen que estar abiertos. Después vamos a la pestaña *Find*, escribimos la secuencia que queremos sustituir, hacemos clic en *Replace with* y escribimos la secuencia corregida. Finalmente, pulsamos *Search on selected files*.

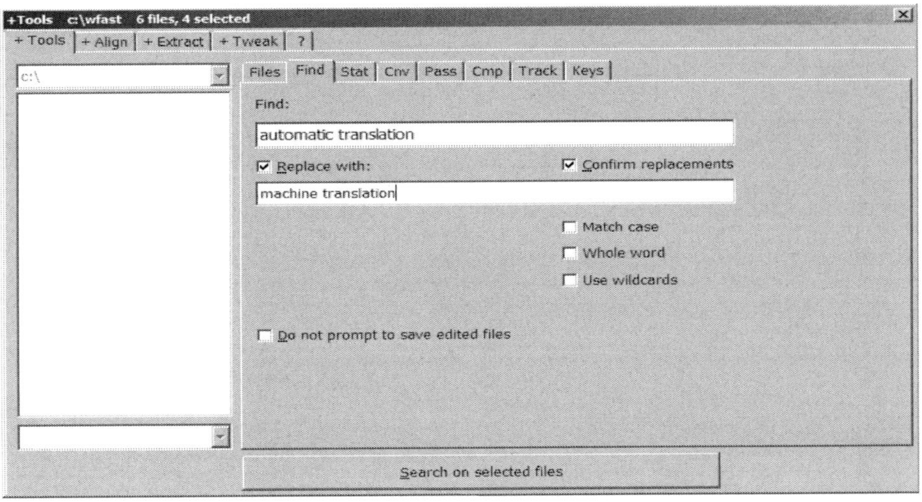

Aparece una ventana en la que hay que decir que reemplace *automatic translation* por *machine translation* en todos los ficheros *(Replace all).*

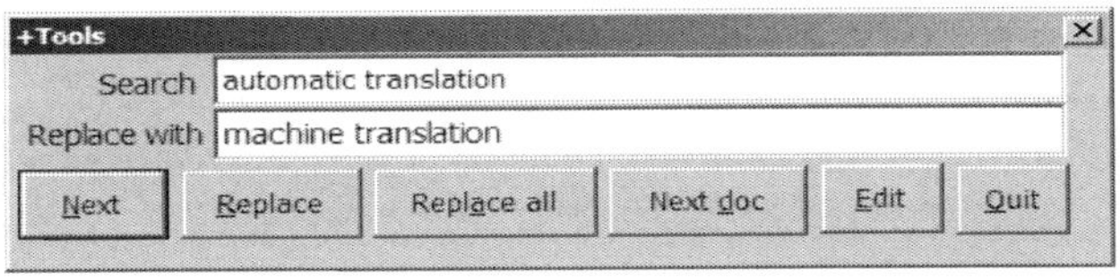

Se puede hacer una pausa y editar el documento (*Edit*). Una vez acabada la edición se reinicia la búsqueda en el lugar que se había dejado haciendo *Alt+F2* o haciendo clic en el icono de +Tools. Si queremos parar la búsqueda del documento actual y continuar en el documento siguiente se tiene que hacer clic sobre *Next doc.*

3.4. Convertir un documento en formato PDF a un formato tratable en una herramienta de TAO

El formato PDF es un formato difícil de tratar con herramientas de traducción asistida. Explicamos cómo convertir un documento de PDF a doc, que es un formato de documento tratable por una herramienta TAO. De todas maneras, no garantizamos al 100% la calidad de la conversión.

En primer lugar, abrimos el documento PDF que queremos convertir, que se encuentra en el fichero que habéis descargado en el apartado anterior.

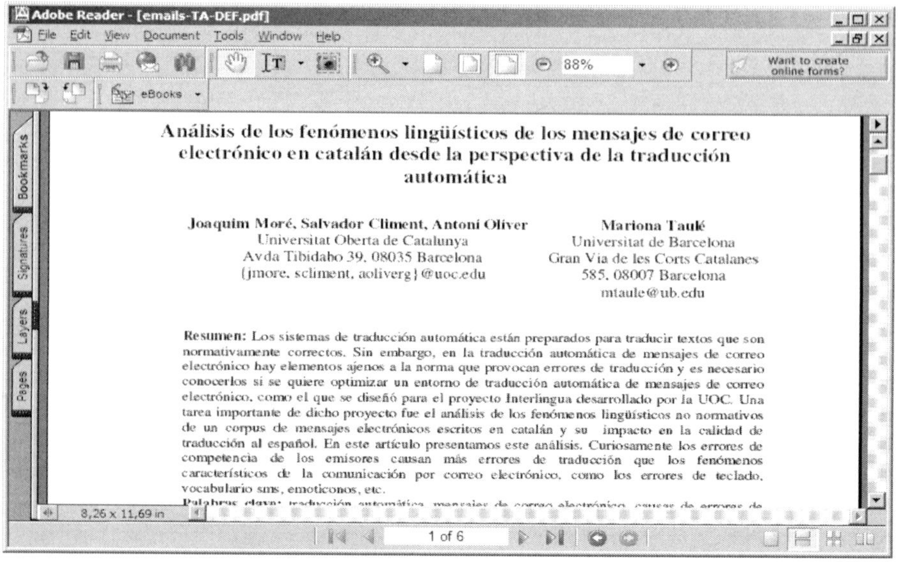

Hacemos clic en +Tools y vamos a la pestaña *Cnv* de *+Files*. Hacemos clic en el botón *Import Current PDF to Word.*

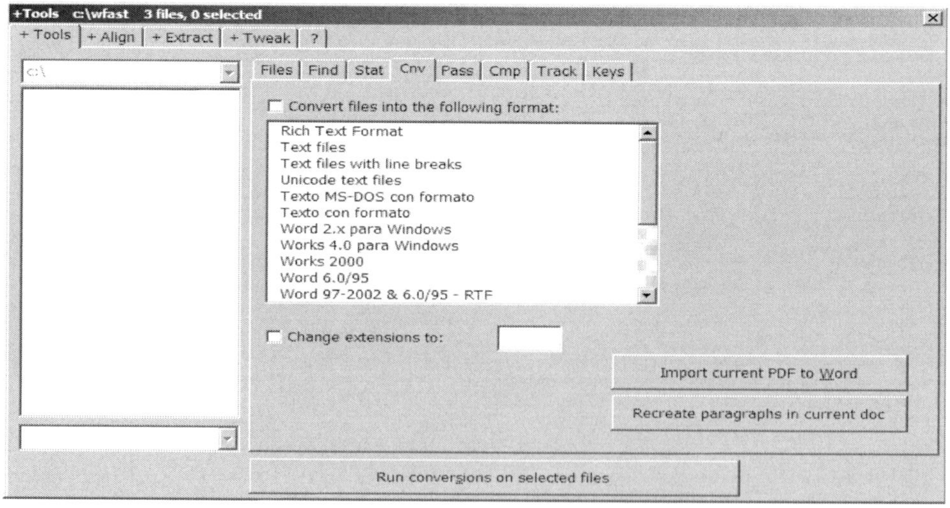

El texto del fichero en PDF se escribe en un documento nuevo en formato doc, que aparece en una ventana nueva.

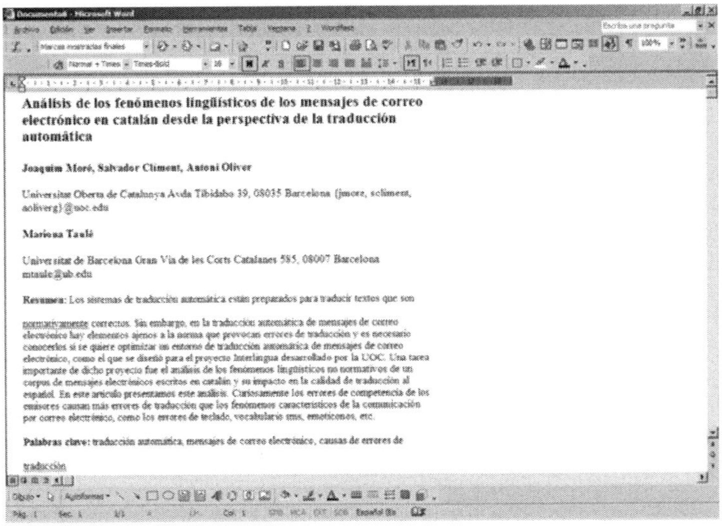

Es recomendable revisar el formato. Una vez revisado se puede salvar como documento Word. Desgraciadamente, en la fecha de redacción de este capítulo, esta función no está disponible en Mac.

3.5. Creación de un glosario monolingüe

Para elaborar una lista de candidatos a términos y crear un glosario, primero se deben seleccionar los documentos sobre los cuales se hará la extracción (*+Tools -> Files*). Los documentos que utilizaremos serán *P10-3.doc* y *P10-4.doc*. Id a la pestaña *+Extract*. Aparece una pantalla como esta:

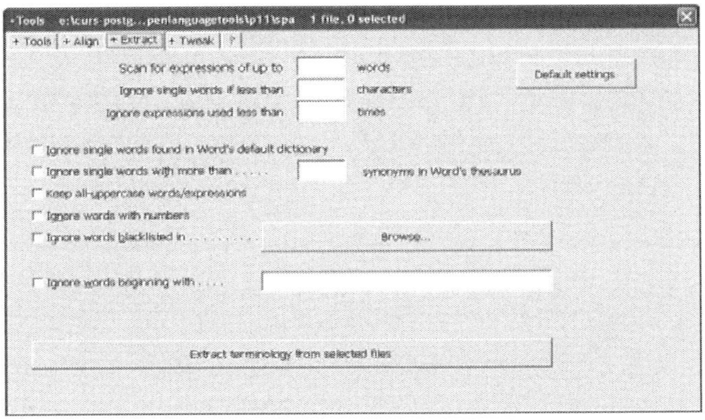

Si hacéis clic en el botón *Default settings* veréis que determinados parámetros adquieren automáticamente unos valores.

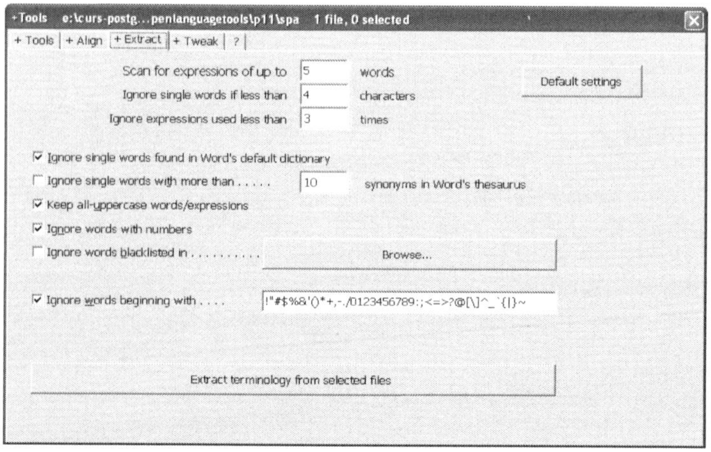

Según estos valores, los candidatos a término no tendrán más de 5 palabras. Tampoco aparecerán candidatos que tengan menos de cuatro caracteres o que aparezcan en el documento menos de tres veces. Por otra parte, teniendo en cuenta que los términos interesantes no suelen estar en un diccionario general, no se recogerán las palabras que ya están contenidas en el diccionario interno de Word. Tampoco recogerá palabras con números o que empiecen por símbolos o números. Si queréis, podéis modificar estas opciones. También podéis indicar como criterio de selección de términos el hecho de que un término relevante no suele tener muchos sinónimos; por lo cual se establece que no aparezcan las palabras que tengan más de 10 sinónimos en el tesauro del Word. Finalmente, podéis ignorar las combinaciones de algunas palabras que pertenecen a una 'lista negra' que se puede especificar en un fichero de texto.

Una vez establecidos los parámetros, se hace clic sobre *Extract terminology from selected files* y se activa la extracción. El resultado se guarda en un fichero de texto.

Práctica 11

Alineación de documentos con PlusTools

1. Descripción de la práctica

En esta práctica aprenderemos a alinear documentos con PlusTools (+Tools). La alineación de documentos consiste en relacionar los segmentos de un texto original con los segmentos correspondientes su traducción. La alineación de documentos se utiliza para la creación de memorias de traducción a partir de documentos que se han traducido sin utilizar un sistema de traducción asisitida. Una situación típica es la de un traductor que decide empezar a utilizar herramientas de TAO pero que quiere aprovechar todo el material que ya ha traducido anteriormente. Mediante las aplicaciones de alineación de textos podrá crear memorias de traducción que podrá utilizar en los proyectos siguientes.

La mayoría de las aplicaciones al alcance de los traductores y de las empresas de traducción utilizan una estrategia de alineación muy sencilla que consiste en segmentar el texto original y el traducido a partir de reglas de segmentación que se basan en signos de puntuación y en marcas de final de línea. Esta estrategia sirve en los casos en que un segmento original se corresponde con un segmento traducido, siempre y cuando se mantengan los signos de puntuación. Pero muchas veces una frase original se traduce por más de una frase, o bien diversas frases originales se traducen por una sola frase en la lengua de llegada. En estos casos la estrategia de alineación falla. Las herramientas de asistencia a la alineación nos permitirán arreglar manualmente estos casos en una interfaz visual. Las operaciones que se suelen permitir son: juntar, dividir y borrar, tanto para los segmentos originales como para los segmentos traducidos.

Existen estrategias que aplican un conocimiento estadístico y lingüístico más amplio. En el apartado 4 proponemos algunas lecturas para ampliar conocimientos sobre estas técnicas. En la práctica *P12* utilizaremos un programa de alineación totalmente automático.

2. Objetivos

- Crear memorias de traducción a partir de la alineación de textos con la herramienta PlusTools.

3. Método operativo

3.1. Alineación de documentos con PlusTools

a. Creación de los archivos de configuración

Antes de empezar la tarea de alineación es necesario crear dos archivos de configuración (.ini), uno para la lengua de partida y otro para la lengua de llegada. Para crear los archivs de configuración es necesario abrir WordFast y hacer clic en el icono . Entonces, en la pantalla que aparece, hay que ir a *Setup>General.*

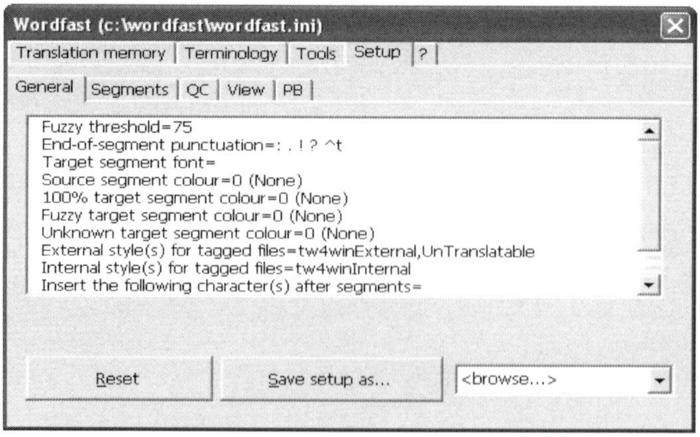

En esta pantalla se tiene que hacer clic en el botón *Save setup as...* y en la pantalla que aparece indicar el nombre que queremos dar al archivo de configuración. Es recomendable utilizar simplemente el nombre de la lengua.

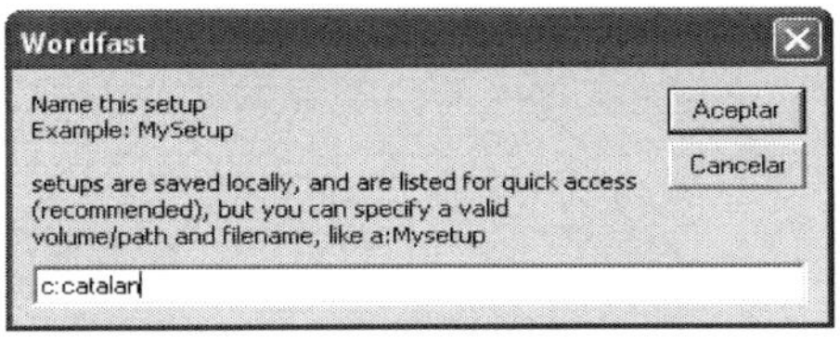

Una vez creados un archivo de configuración para la lengua de partida y uno para la lengua de llegada, indicaremos los códigos de cada lengua (por ejemplo, para el catalán CA-ES, para el castellano ES-ES y para el inglés EN-GB o EN-US). En el manual del WordFast encontraréis los códigos de lengua que es recomendables utilizar. La indicación del código de lengua para cada fichero de configuración la realizaremos al crear una memoria de traducción. Para crear una memoria de traducción hay que ir a la pestaña *Translation Memory,*

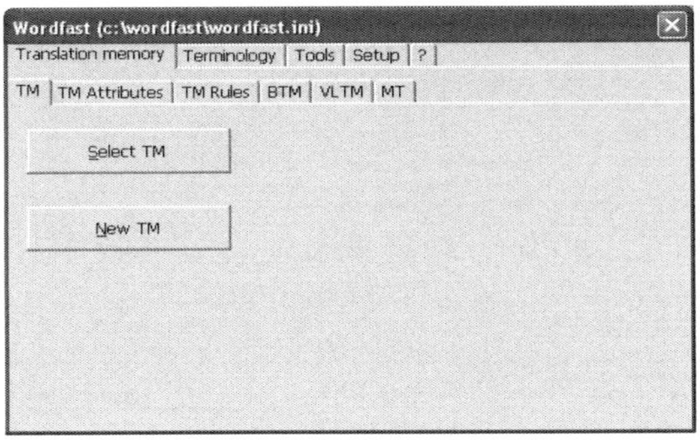

y hacer clic en el botón *New TM;* aparecerá una pantalla en que se nos pedirá el código de la lengua de partida (que debe ser la de la lengua correspondiente al archivo de configuración).

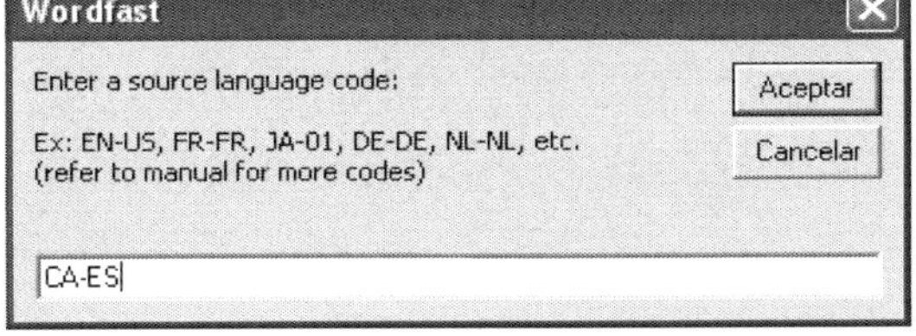

Una vez aceptada, nos pedirá el código de la lengua de llegada (que puede ser cualquiera, ya que para el archivo de configuración sólo tendrá en cuenta el código de la lengua de origen).

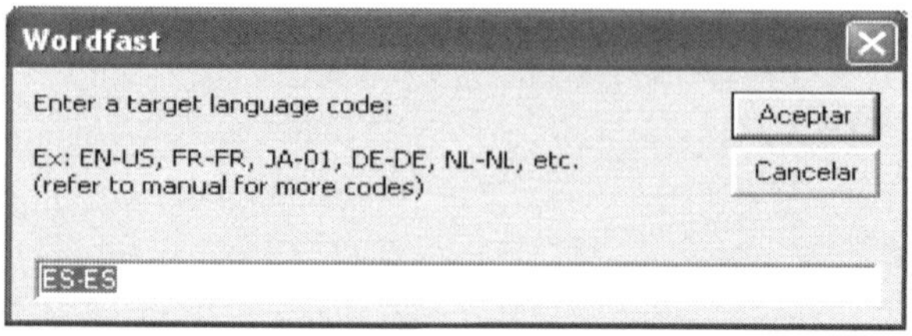

Una vez hecho esto nos pedirá que guardemos la memoria. Escoged un nombre y una ubicación que os convenga. Se puede realizar el proceso de alineación sin realizar estos pasos, pero es aconsejable hacerlos, ya que una vez creada la memoria de traducción, esta contendrá los códigos de lengua correctos.

b. Pasos genéricos del proceso de alineación

El proceso de alineación de documentos con PlusTools se puede dividir en tres pasos genéricos:

- Extracción de los segmentos de los dos conjuntos de documentos (originales y traducciones).
- Alineación manual de los segmentos.
- Generación de la memoria de traducción.

c. Extracción de los segmentos de los dos conjuntos de documentos

Descargad el archivo *3-11.zip* de la página web del manual. Este zip contiene dos subcarpetas. En cada una hay un documento: son los dos documentos que alinearemos. Descomprimid estas carpetas en una ubicación adecuada. En esta práctica alinearemos dos documentos, pero es posible alinear de golpe un conjunto de documentos que se encuentren en los directorios respectivos.

Abrid PlusTools e id a la pestaña *+Align*. Si tenéis más de un documento abierto os aparecerá una pantalla como esta:

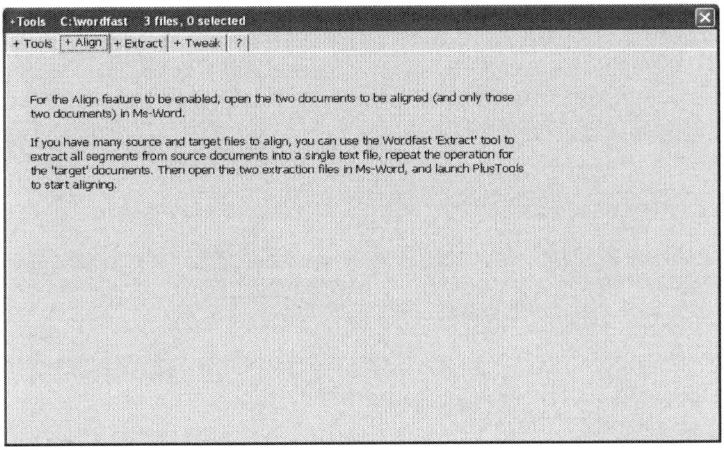

Aquí se nos indica que para hacer la alineación hay que abrir los dos documentos (y sólo estos dos) en MS Word. También indica que, en el caso que haya muchos documentos originales y traducidos para alinear, habría que extraer los segmentos de los documentos originales y volcarlos en un fichero de texto y que lo mismo con los documentos traducidos. La extracción se hace con *+Extract*. Entonces se tiene que activar *+Align* con los dos ficheros de texto abiertos con MS Word. Como ahora queremos alinear tan sólo dos documentos, no ejecutaremos *+Extract*. Aparece una pantalla como esta:

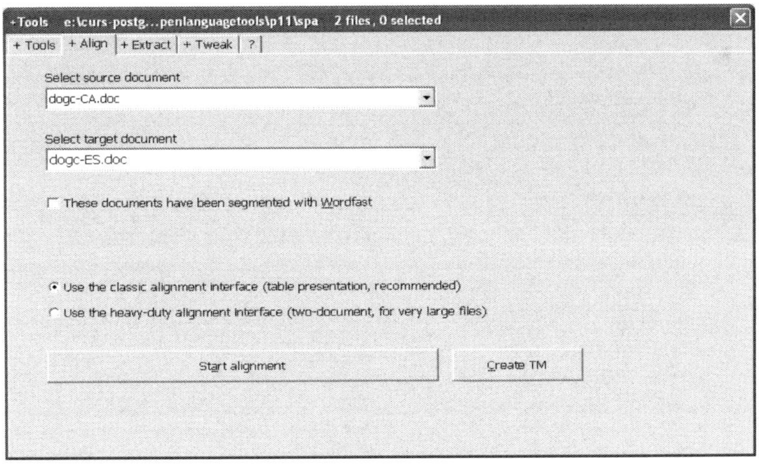

Haciendo clic en el botón *Start alignment* comienza la extracción. Los resultados se pueden ver en forma de tabla (opción recomendada).

d. Alineación manual de los segmentos

d1. Alineación en tabla

Si escogemos la opción en tabla, una vez acabado el proceso de extracción aparecerá una pantalla como la siguiente:

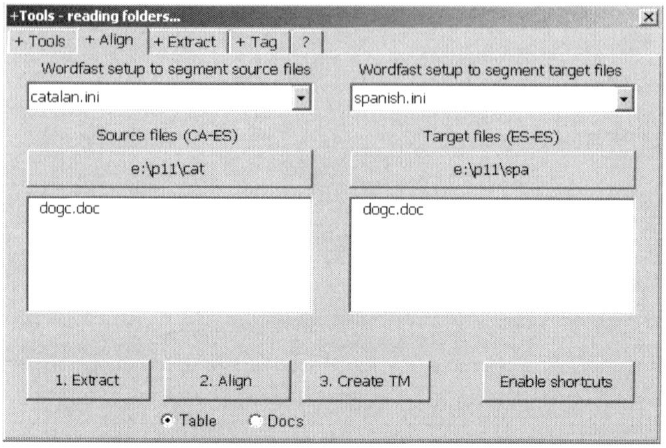

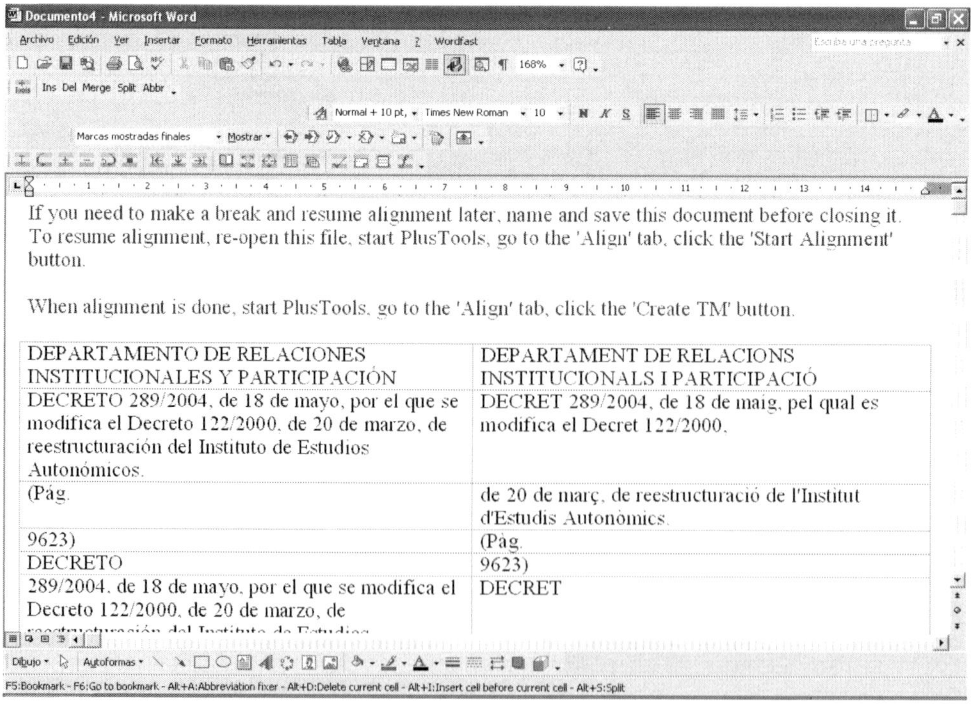

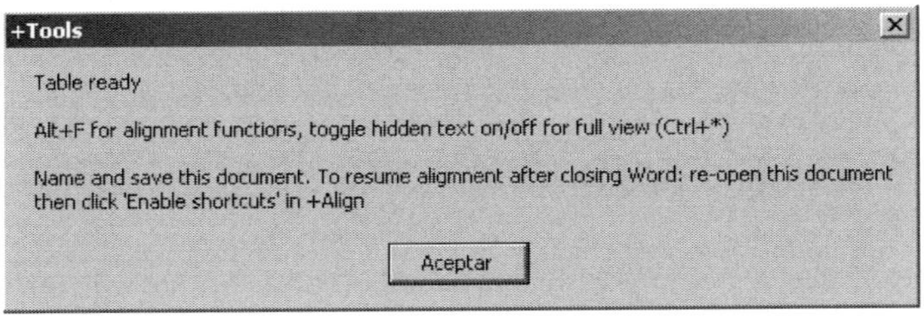

Aquí se nos indica que si queremos salir de la sesión de alineación y continuar en otro momento tenemos que guardar el documento, cerrarlo y después abrirlo. Una vez abierto, iniciar *PlusTools* y hacer *Star Alignment* en la pestaña *+Align*.

Fijémonos en los botones "Ins", "Del", "Merge", "Split" y "Abbr". Con estos botones podemos ejecutar las funciones básicas que nos permitirán ir alineando los documentos:

- Ins: Insertar una nueva celda.
- Del: Eliminar la celda seleccionada.
- Merge: Juntar la celda seleccionada con la siguiente
- Split: Dividir la celda seleccionada en el punto donde se encuentre el cursor.
- Abbr: Juntar celdas divididas por una abreviatura.

Intentad ir alineando los documentos con estas funciones.

d2. Alineación en documentos paralelos

La opción *Use the heavy-duty alignment interface* consiste en alinear documentos en dos ventanas paralelas. Quizás esta posibilidad sea menos aconsejable, ya que para realizar la alineación sólo tendremos disponibles las funciones básicas de edición (copiar, eliminar, pegar, etc.). Conviene mantener la sincronización entre los dos documentos (es decir, que nos desplacemos a la vez por uno y otro documento). Para conseguir esto, nos tenemos que mover utilizando las teclas *Up, Down, PageUp, PageDown, Home y End* (en teclados en castellano són ↑, ↓, *RePág, AvPág, Inicio* i *Fin*) pulsando a la vez la tecla *Alt*. Si se pierde la sincronización la podemos recuperar apretando *Alt+right/left* (en teclados en castellano *Alt+*→/←).

El aspecto de las ventanas para cada documento es el siguiente:

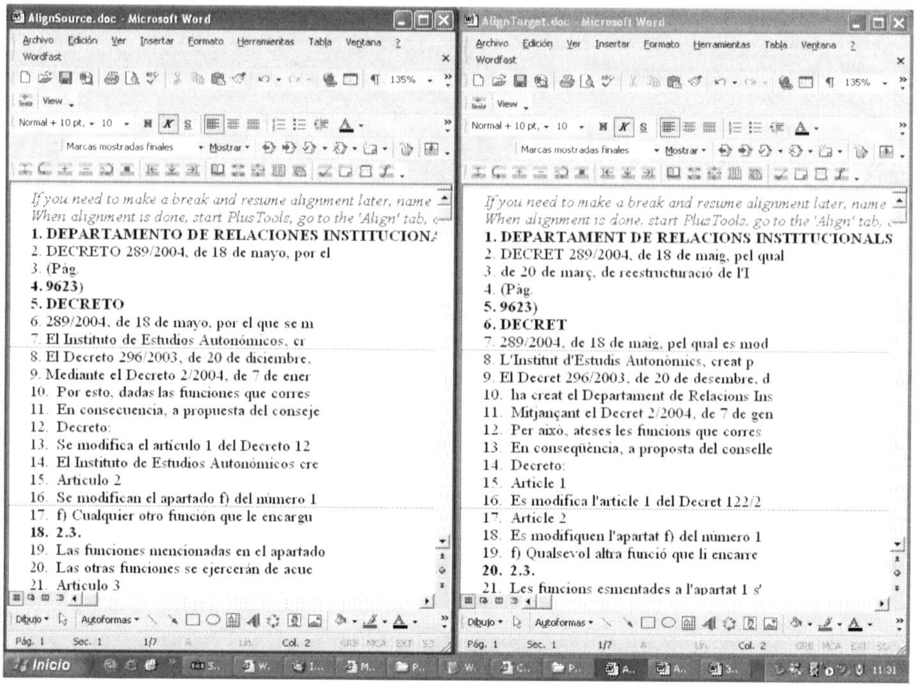

e. Generación de la memoria de traducción.

Una vez alineados los documentos tenemos que hacer clic en el botón Create TM de +Align. Aparecerán unas pantallas donde tenemos que especificar las lenguas de partida y de llegada, además de indicar dónde tenemos que guardar la memoria de traducción generada. El formato de la memoria es exportable en TMX. Para hacerlo, haced clic en el botón (Edit TM). Os aparecerá una pantalla como esta:

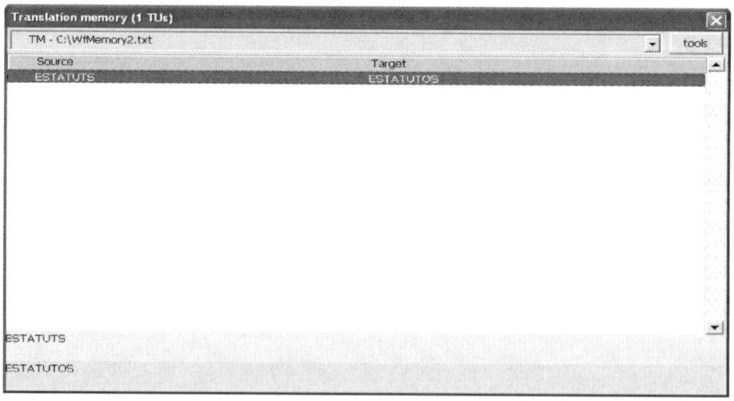

Haced clic en el botón *tools* y, en la pantalla que aparece a continuación, seleccionad *Export TM as TMX* en el menú desplegable de *Special filters* y haced clic en *OK*.

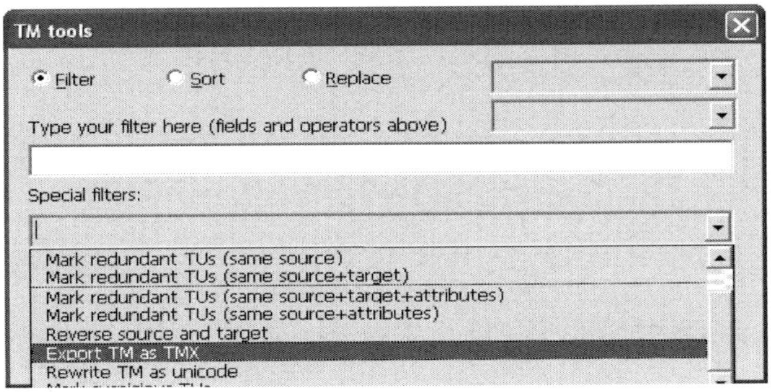

4. Otras cuestiones: alineación automática

Como habéis podido comprobar, la herramienta que hemos presentado es simplemente una ayuda a la alineación manual. La alineación automática de documentos es un área de investigación bastante activa. Podéis leer diversos artículos sobre técnicas de alineación automática en la página web http://nlp.cs.nyu.edu/bma/. De esta misma página web se puede descargar una aplicación de alineación automática. Si tenéis buenos conocimientos de Java podéis ejecutarla y probar su funcionamiento.

Práctica 12

Alineación automática de documentos

1. Descripción de la práctica

El proceso de alineación de textos consiste en relacionar los segmentos del documento o documentos originales con los segmentos del documento o documentos traducidos a otra lengua. El proceso de alineación acostumbra a ser bilingüe, es decir, normalmente se procesan documentos en dos lenguas, aunque a partir de diversos procesos de alineación se pueden alinear documentos en más de dos lenguas.

La alineación de documentos se utiliza para la creación de memorias de traducción a partir de documentos originales y sus respectivas traducciones. Si la traducción de los documentos se ha hecho con un sistema de traducción asistida, no es necesario alinear posteriormente los originales y las traducciones, ya que el sistema de traducción asistida podrá crear directamente la memoria de traducción. Ahora bien, si disponemos de un conjunto de documentos originales y traducidos y queremos crear una memoria de traducción será necesario alinearlos.

En la práctica anterior habéis aprendido a alinear documentos, pero esta alineación no era totalmente automática y requería un grado importante de intervención del usuario. En esta práctica veremos que existen técnicas automáticas para alinear documentos.

2. Objetivos

- Comprender el funcionamiento de las herramientas de alineación automática de documentos.

- Saber distinguir las herramientas de alineación manual de las automáticas.
- Valorar el uso de este tipo de herramientas para la creación de memorias de traducción.
- Aprender a utilizar una herramienta de alineación automática de documentos.

3. Método operativo

3.1. La herramienta de alineación automática

El Bilingual Sentence Aligner de Moore se puede descargar de la página web http://research.microsoft.com/. Este programa está escrito en Perl y funciona mediante línea de comandos. Además, necesita tener los archivos para alinear en un formato especial. Si tenéis bastante experiencia en la ejecución de programas en línea de órdenes podréis utilizar directamente la versión que podéis descargar de Microsoft.

Para facilitar el uso de este programa se ha desarrollado una interfaz gráfica y un programa auxiliar que podéis descargar de la página web de este manual. Leed detenidamente las instrucciones de instalación y de funcionamiento.

3.2. Método operativo

En el material de esta práctica encontraréis 5 documentos en inglés con las correspondientes traducciones al castellano. La tarea consiste en alinear estos documentos.

¿Cuántos segmentos es capaz de alinear? ¿Cuántos deja sin alinear? Sería interesante que intentarais calcular la precisión aproximada de la alineación revisando por ejemplo 100 segmentos y viendo cuántos están correctamente alineados y cuántos no.

4. Otras cuestiones:

Hay otros sistemas de alineación automática. A continuación podéis encontrar una lista de artículos accesibles desde Internet que explican otras aproximaciones. Os aconsejamos la lectura de alguno de estos artículos.

William A. Gale i Kenneth Ward Church. *A Program for Aligning Sentences in Bilingual Corpora*. Meeting of the Association for Computational Linguistics. 177-184. 1991 (http://citeseer.nj.nec.com/gale91program.html).

Peter F. Brown, Jennifer C. Lai i Robert L. Mercer. *Aligning Sentences in Parallel Corpora*. Meeting of the Association for Computational Linguistics. 169-176. 1991 (http://citeseer.nj.nec.com/brown91aligning.html).

M. Simard, G. Foster i P. Isabelle. *Using Cognates to Align Sentences in Bilingual Corpora*. Proceedings of the Fourth International Conference on Theoretical and Methodological Issues in Machine Translation (TMI92), (Montreal), 67-81. 1992 (http://citeseer.nj.nec.com/simard92using.html).

D. IDO, K. CHURCH i W. GALE. *Robust bilingual word alignment for machine aided translation*. Proceedings of the Workshop on Very Large Corpora, 1-8, Columbus, OH. 1993 (http://citeseer.nj.nec.com/ido93robust.html).

Stanley F. Chen. *Aligning Sentences in Bilingual Corpora using Lexical Information*. Meeting of the Association for Computational Linguistics. 9-16. 1993 (http://citeseer.nj.nec.com/stanley93aligning.html).

I. Dan Melamed. *A Geometric Approach to Mapping Bitext Correspondence*. Proceedings of the Conference on Empirical Methods in Natural Language Processing. Association for Computational Linguistics. Somerset, New Jersey. Editors: Eric Brill i Kenneth Church. 1-12. 1996 (http://citeseer.nj.nec.com/melamed96geometric.html).

Kenneth Ward Church. Char_align: *A Program for Aligning Parallel Texts at the Character Level*. Meeting of the Association for Computational Linguistics. 1-8. 1993 (http://citeseer.nj.nec.com/church93charalign.html).

Bibliografía

Moore, Robert C. 2002. 2002. Fast and Accurate Sentence Alignment of Bilingual Corpora. A: *Machine Translation: From Research to Real Users* (Proceedings, 5th Conference of the Association for Machine Translation in the Americas, Tiburon, Califòrnia), Springer-Verlag, Heidelberg, Alemanya, p. 135-244.

Práctica 13a

Herramientas multiplataforma: OmegaT

1. Descripción de la práctica

En esta práctica introduciremos OmegaT, una herramienta gratuita, de código abierto, que tiene como particularidad que está programada en Java y, por lo tanto, es multiplataforma. Esto quiere decir que puede funcionar sobre diferentes sistemas operativos (Windows, Linux, Unix, Mac, etc.). Para poder ejecutar esta herramienta es necesario tener instalado el Java Runtime Environment. Si no lo tenéis instalado, o bien no sabéis si lo tenéis instalado o no, leed detenidamente el manual de obtención e instalación de Java Runtime Environment, que encontraréis a la página web de este manual.

OmegaT puede traducir ficheros de texto, documentos de Open Office Writer y ficheros HTML. En esta práctica traduciremos ficheros HTML. Si trabajáis habitualmente con Open Office sería interesante que intentárais traducir documentos en éste formato. Quien no conozca Open Office es recomendable que lea la parte 4 de esta práctica.

Si trabajáis con Linux (Unix o Mac), podéis intentar realizar esta práctica a través de este sistema operativo.

2. Objetivos

- Aprender a utilizar la herramienta OmegaT.
- Valorar el hecho de que una herramienta sea multiplataforma.
- Introducir el paquete ofimático Open Office.

3. Método operativo

3.1. Obtención e instalación de OmegaT

La herramienta OmegaT se puede descargar de la página web http://www.omegat.org/omegat/omegat.html. Seguid el enlace de descarga del fichero .zip de la versión más reciente según la plataforma con la que trabajéis. Descomprimid el fichero .zip y se creará una carpeta denominada OmegaT. También podéis obtener el código fuente del programa. Si conocéis el lenguaje de programación Java, podréis programar nuevas prestaciones o modificar aspectos de la aplicación.

No hay que tener instalado el programa. Simplemente es necesario hacer doble clic sobre el archivo *OmegaT.jar*. Recordad que es necesario tener instalado el Java Runtime Environment (JRE). De todas maneras, si bajáis el fichero de instalación para Windows es probable que el Java JRE ya esté incluido.

Podéis bajar el fichero de instalación de una versión de OmegaT en castellano y en catalán. Mostraremos el funcionamiento de la herramienta con la versión en castellano.

3.2. Creación de un proyecto con OmegaT

Para crear un proyecto hay que ir a *Archivo -> Proyecto nuevo*. En la pantalla que aparece tenemos que escoger una ubicación y un nombre para el nuevo proyecto.

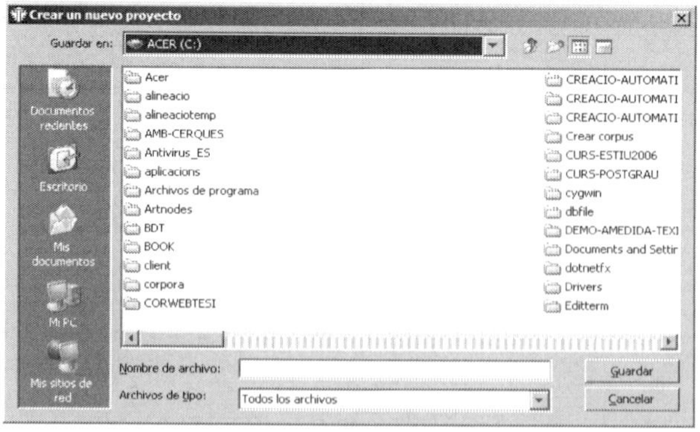

OmegaT creará automáticamente una estructura de carpetas y subcarpetas. Concretamente crea esta estructura:

- *glossary*
- *source*
- *omegat*
- *target*
- *tm*

La ubicación de estas carpetas se puede cambiar en la pantalla que aparece justo después de hacer *Guardar*. En esta pantalla también tendremos que escoger los códigos de la lengua original y de la lengua destino:

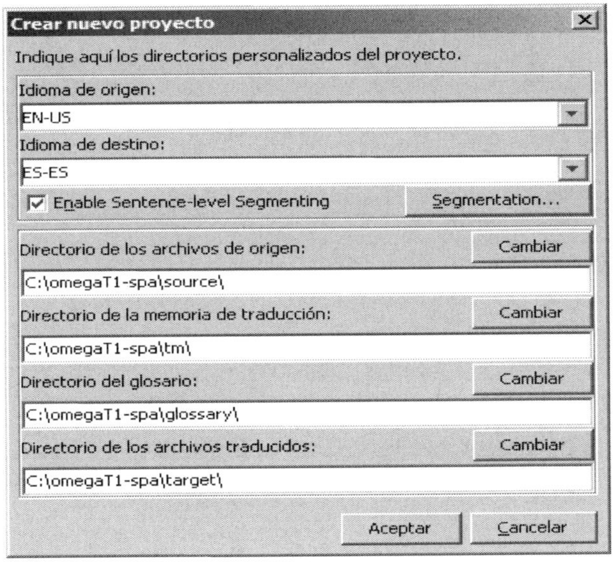

Una vez hechas todas las selecciones tenemos que hacer clic en el botón *Aceptar*. En este momento ya tenemos el proyecto creado. Como el proyecto que acabamos de crear no contiene ningún archivo para traducir, nos aparecerá la pantalla siguiente:

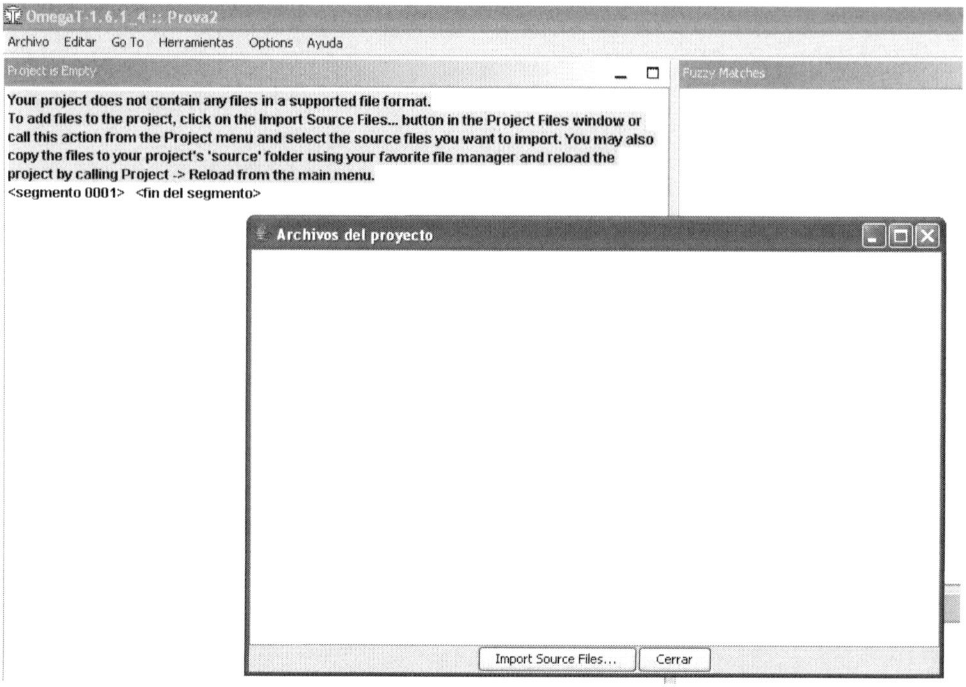

Ahora tendremos que poner los archivos originales en la carpeta *source* haciendo clic en el botón *Import Source Files*. Descomprimid el archivo *3-13a.zip* y encontraréis una subcarpeta que se llama *Original*. Aquí tenéis el archivo original que tenéis que traducir. También se pueden incorporar archivos para traducir manualmente. Para hacer esto, es necesario cerrar el proyecto que acabamos de crear y copiar los archivos que queremos traducir a la carpeta *Source* del proyecto. Una vez volvemos a abrir el proyecto ya podremos traducir los archivos

OmegaT es compatible con TMX; por lo tanto, podéis utilizar memorias de traducción creadas con otras herramientas. En esta práctica no trabajaremos con memorias de traducción, pero, si queréis, podéis hacer la prueba. Sólo hay que copiar las memorias en la carpeta *tm* del proyecto.

Los glosarios terminológicos de OmegaT tienen un formato de texto delimitado por tabuladores, en los que el primer campo es el término original, el segundo el equivalente de traducción y el tercero está reservado para comentarios. En esta práctica no trabajaremos con terminología. Si queréis hacer la prueba, cread un glosario terminológico en este formato y copiadlo en la carpeta *glossary* del proyecto.

Ahora abrimos el proyecto, tal como se muestra en la pantalla:

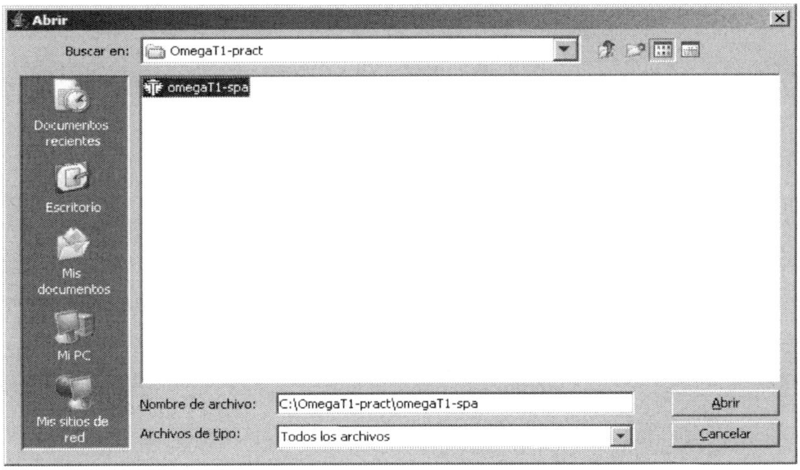

Una vez abierto el proyecto, aparece una pantalla que nos muestra todos los archivos originales del proyecto y el número de segmentos de cada uno. Para importar un fichero tenéis que hacer clic en el enlace que lleva su nombre.

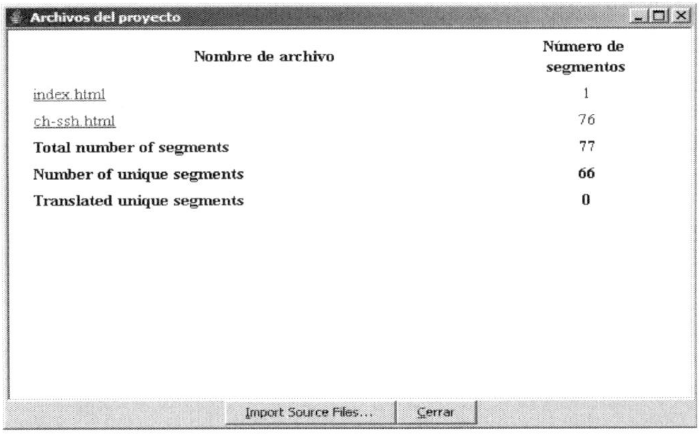

3.3. Traducción con OmegaT

El segmento actual está marcado en amarillo. Para traducir, es necesario editar el texto que hay entre las etiquetas *<segment núm.>* i *<final segment>*. Para pasar el siguiente segmento hay que hacer *Ctrl.+N* (o bien pulsar la tecla de retorno) y para ir al segmento anterior hay que hacer *Ctrl+P* (o bien

Ctrl+Return). No olvidéis hacer *Fichero* > *Guardar* de vez en cuando para ir grabando el trabajo.

<segment 0002> Red Hat Linux 7.3: The Official Red Hat Linux Reference Guide <final segment>

Una vez acabada la traducción, se puede exportar haciendo Fichero / Compilar. El fichero traducido se generará en la carpeta target del proyecto.

Si decidís probar cómo funciona OmegaT con memorias de traducción y bases de datos terminológicas, en la misma página web de donde habéis descargado el programa podréis encontrar las instrucciones de cómo hacerlo.

4. Otras cuestiones: Open Office

Muchos usuarios de informática están acostumbrados a trabajar con Microsoft Office (Word, Excel, Access...). Como sabéis, son programas de pago, pero existe un paquete de ofimática gratuito, de libre distribución y código abierto muy bueno: Open Office. Open Office, a diferencia de MS Office, funciona con Windows, Linux, Solaris, FreeBSD y Mac. Quien esté interesado en probar este conjunto de programas (procesador de textos, hoja de cálculo, etc.) lo puede descargar libremente de la página web www.openoffice.org.

Open Office dispone de filtros que permiten editar un documento creado originalmente con un programa del paquete MS Office (Word, Excel, PowerPoint...). Si, por ejemplo, queréis traducir un documento de Word con OmegaT, podéis transformarlo al formato de Open Office e importarlo en un proyecto de OmegaT. De todas maneras, tenéis que ser conscientes de que el formato de Word es propietario. Esto quiere decir que, aunque los filtros de Open Office son muy efectivos, es posible que haya elementos del formato del documento original que no estén trasladados a la traducción de manera satisfactoria.

Práctica 13.b

XLIFF Translation Editor de Open Language Tools

1. Descripción de la práctica

XLIFF Translation Editor es una herramienta gratuita de código abierto y multiplataforma que forma parte del paquete Open Language Tools. Este paquete ha sido desarrollado en Java precisamente por la compañía Sun, creadora de este lenguaje de programación. La finalidad del programa XLIFF Translation Editor es la de ayudar a los traductores que se dedican a la localización de software, aunque también es apropiada para los traductores acostumbrados a traducir documentos. Aparte de ser una herramienta gratuita y que se puede adaptar a las necesidades particulares del usuario, también importa documentos originales en diversos formatos. La importación requiere la conversión de los documentos originales a un formato estándar de intercambio de archivos de localización: el XLIFF. Explicaremos más detenidamente el XLIFF y la conversión de los documentos a este formato en la práctica 15.

2. Objetivos

- Conocer las funcionalidades básicas para traducir con XLIFF Translation Editor.

3. Método operativo

3.1. Obtención del XLIFF Translation Editor

En la dirección https://open-language-tools.dev.java.net/ podéis encontrar la página dedicada a Open Language Tools, desde la cual podéis bajar el programa XLIFF Translation Editor. Si trabajáis con Windows, bajaos el fichero .zip. En cambio, si trabajáis con Unix, el fichero comprimido es .tar.gz. Os recomendamos que también bajéis el manual de usuario.

3.2. Instalación

Si trabajáis con Windows descomprimid el fichero en una carpeta. Una vez descomprimido, haced doble clic en el fichero de instalación *install.bat* y seguid las instrucciones de instalación. Para la instalación en Unix tenéis que descomprimir el fichero .tar.gz en una carpeta con las funciones *gunzip* y *tar -xvf*. A continuación ejecutad el fichero *install.sh* desde la consola. La ruta por defecto de ejecución del programa es *$HOME/Open_Language_Tools/XLIFF_Filters_<versión>*.

Dado que este programa funciona en el entorno Java, es necesario haber instalado previamente Java Runtime Environment (JRE). En el caso que la instalación falle, siempre se puede ejecutar desde Java (recordar que un programa escrito en este lenguaje se puede ejecutar desde cualquier plataforma). Tan solo hay que escribir lo siguiente:

```
java -jar transeditor_<version>.jar
```

3.3. Ejecución

Si trabajáis en Windows, ejecutad el programa haciendo doble clic en el fichero *translation* en la carpeta en la que habéis descomprimido el fichero .zip. Si trabajáis en Unix, ejecutad *translation.sh* en el directorio donde se ha instalado el programa.

Cada vez que se ejecuta el editor, se tiene que entrar una identificación del traductor (*translator ID*). Esta identificación no puede superar los cinco caracteres de longitud. La identificación aparecerá en una nueva sesión. Para cambiarla es necesario reiniciar el editor.

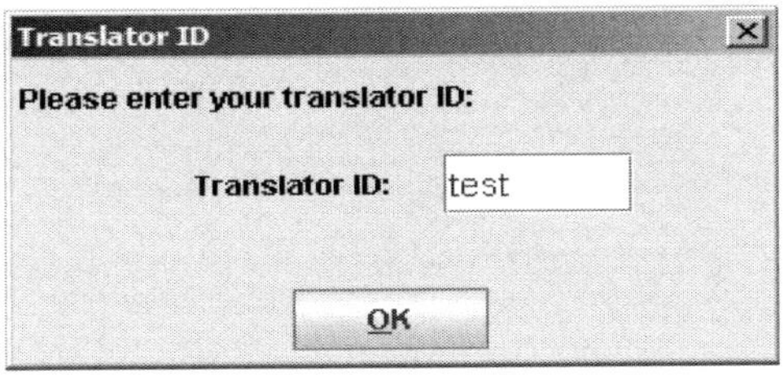

3.4. Creación de un proyecto

El traductor que utiliza XLIFF Translation Editor utiliza proyectos de traducción, tal y como lo haría con Déjà Vu o con ForeignDesk. Como ésta es la primera vez que utilizáis el editor, tenéis que crear un proyecto. Id a *File-> New Project.*

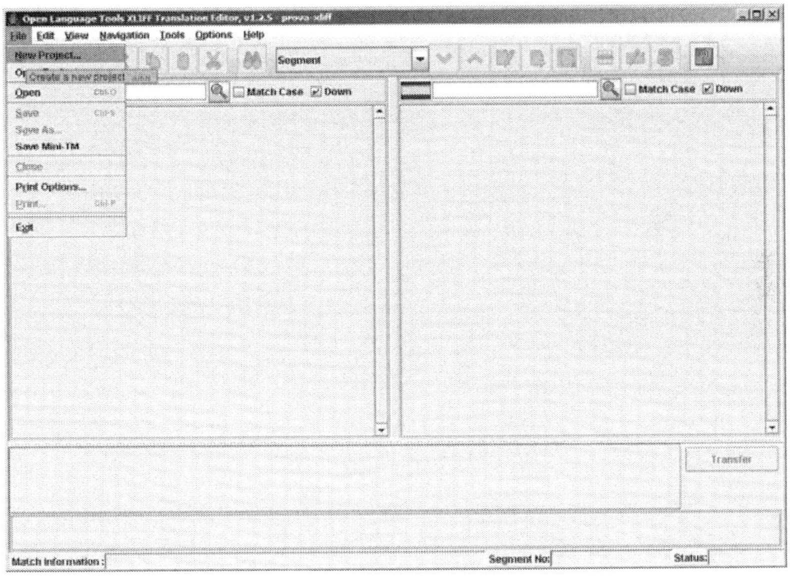

Escribíd el nombre del proyecto (no puede tener más de 25 caracteres y no puede contener el símbolo '_'). Seleccionad las lenguas de partida y de destino y haced clic en OK.

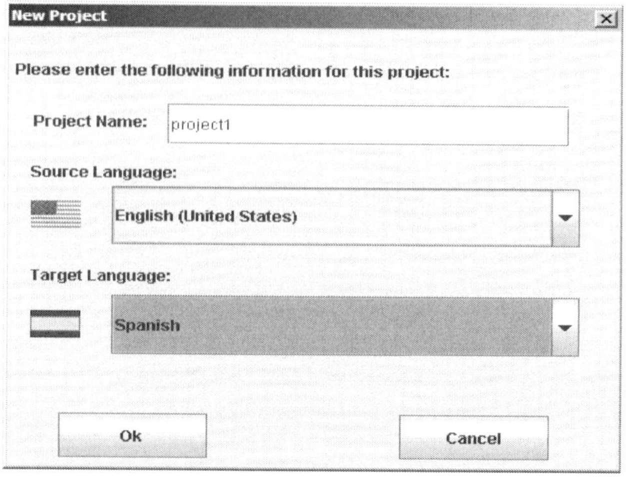

Ahora el editor tiene que abrir un fichero con la extensión .xlz. Haced *File->Open* y abrid el fichero *3.13b.xlz*. Este fichero es el resultado de haber convertido un documento original en HTML al formato XLIFF (ver la práctica 15).

Cuando se crea un nuevo proyecto se crea también una *mini-TM* vacía. Una *mini-TM* es una base de datos que almacena todas las traducciones que el traductor va haciendo con el editor. Es útil para detectar repeticiones internas y coincidencias *fuzzy*. Es conveniente que a medida que vayáis traduciendo vayáis guardando la *mini-TM* con regularidad (*File->Save Mini-TM*). Podéis encontrar la *mini-TM* en *c:\Documents and Settings\<nombre del usuario>\.xliffeditor\mini-tm* si trabajáis con Windows, y en *$HOME/.xliffeditor/mini-tm* si trabajáis con Unix.

El editor guarda automáticamente la *mini-TM* cuando el traductor cambia de proyecto, crea uno nuevo o cierra el editor. En el caso de que el traductor cierre un fichero .xlz se le pregunta si quiere guardar la *mini-TM*. Si hace clic en No, los datos se mantendrán retenidos en memoria pero no se escribirán en el fichero de la *mini-TM*.

La *mini-TM* tiene la duración del proyecto. Una vez finalizado, la traducción se guarda en una base de datos que contiene todas las traducciones que el traductor ha realizado y que puede ser reutilizada para otros proyectos. Esta base de datos es la *Sun Translation Database*. Por lo tanto, una vez finalizado el proyecto y actualizada la *Sun Translation Database* con las nuevas traducciones, la *mini-TM* del proyecto puede eliminarse.

3.5. Traducir con el editor

El editor tiene el siguiente entorno:

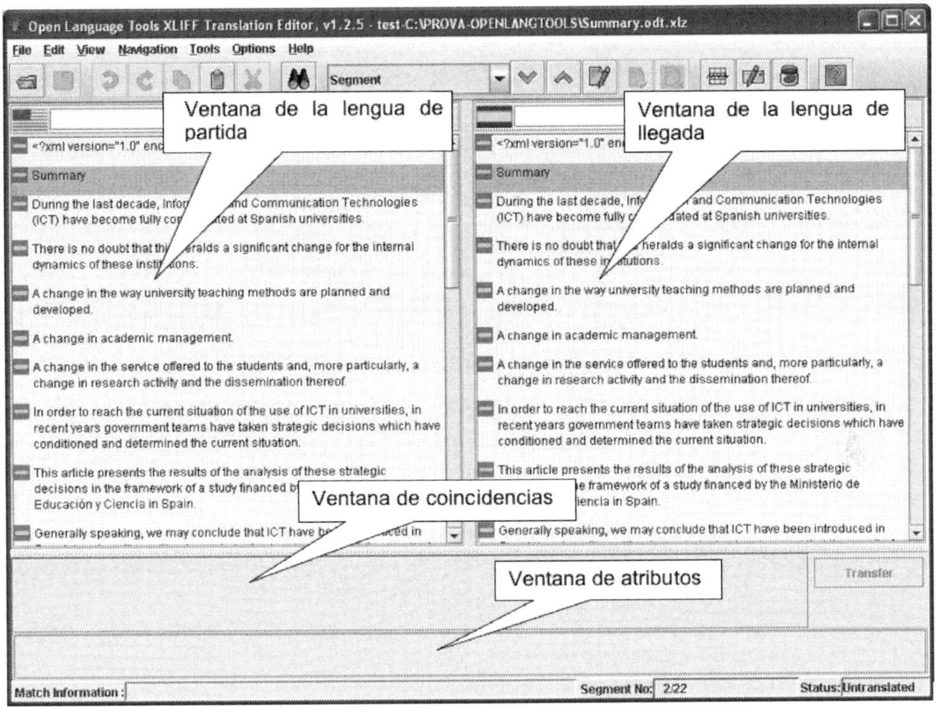

Como veis, los segmentos del documento original están en paralelo a segmentos idénticos en dos ventanas diferentes. La ventana de la izquierda se denomina *ventana de la lengua de partida* y la de la derecha se denomina *ventana de la lengua de llegada*. Los segmentos de la ventana de la lengua de partida no se pueden editar, mientras que los segmentos de la ventana de la lengua de llegada sí ya que es ahí donde se debe escribir la traducción del segmento original.

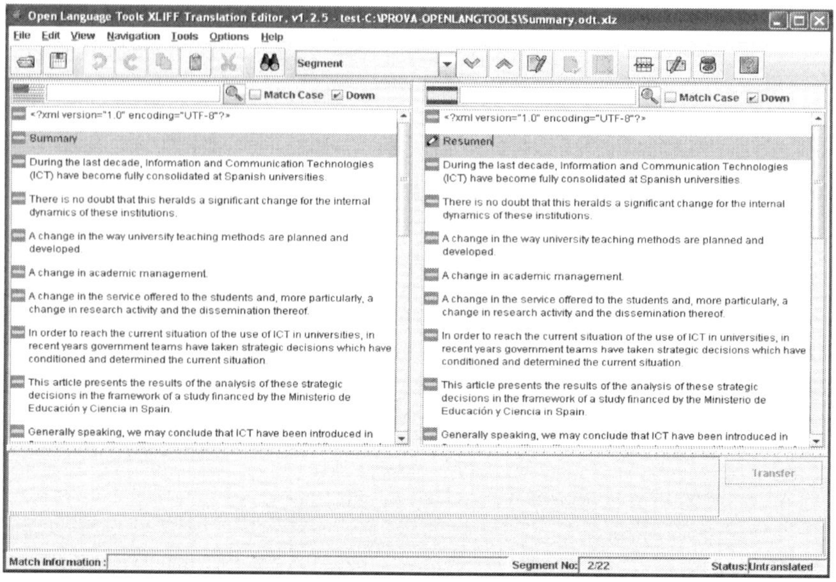

Los códigos de formato aparecen en rojo y para evitar que se pierdan a la hora de exportar la traducción, están protegidos contra escritura. Podéis desactivar la protección contra escritura (*Options- Source Write Protection*), pero no es aconsejable.

3.5.1. Estado del segmento

A la izquierda de cada segmento de la ventana de la lengua de partida hay un icono que indica el estado del segmento. Los estados de los segmentos son los siguientes:

- *No traducido:* segmento que no se ha traducido ni automática ni manualmente.
- *Traducido:* segmento traducido automáticamente o a mano.
- *Aprobado:* Segmento traducido que ha sido revisado y aprobado el traductor. Un segmento aprobado no se puede editar. Si se quiere volver a editar, hay que ponerlo en estado *traducido*.
- *Rechazado:* Segmento traducido que ha sido revisado y rechazado por el traductor.

Iréis estableciendo los diferentesestados a medida que vayáis haciendo estas acciones:

1. *Confirmar y traducir el segmento siguiente:* haced clic sobre el botón . Cuando realizáis esta acción, el editor marca el segmento como traducido, actualiza la *mini-TM* con el segmento original y su traducción, y se sitúa en el segmento siguiente. Si este segmento únicamente contiene códigos de formato o texto no traducible, lo marca automáticamente como traducido. Si hay una coincidencia exacta entre el segmento original y un segmento de la *mini-TM,* recupera la traducción y la escribe en la ventana de la lengua de llegada siempre y cuando la opción *Autopropagate* del menú *Option* esté activada. El editor no parará hasta que no llegue a un segmento no traducido que no contenga códigos de formato, texto no traducible o no coincida con un segmento recogido en la *mini-TM.*
2. Marcar el segmento como traducido: Esta opción se encuentra en el menú *Edit* (*Mark Segment As->Translated*). Cuando hacéis esta acción, el editor marca el segmento como traducido y actualiza la *mini-TM* con el segmento original y su traducción.
3. Rechazar la traducción de un segmento: haced clic sobre el botón .

3.5.2. Tipo de traducción

En cada segmento de la ventana de la lengua de llegada aparece uno de los iconos siguientes:

- *No traducido:* segmento que no se ha traducido ni automática ni manualmente.
- *Coincidencia del 100%:* traducciones de segmentos originales con una coincidencia del 100% en la base de datos *Sun Translation.* Se marcan así automáticamente cuando se abre el fichero .xlz por primera vez.
- *Coincidencia fuzzy:* traducción del segmento por recuperación de la *mini-TM* o de la *Sun Translation Database.*
- *Traducido por el usuario:* traducciones del usuario partiendo de cero o bien modificando una traducción *fuzzy* recuperada de la *mini-TM.*
- *Autotraducción*: segmentos traducidos automáticamente a partir de la *mini-TM* (traducciones propagadas por todo el proyecto).

3.5.3. Funcionalidades que facilitan la edición de la traducción

Cuando se quiera mantener en la traducción un segmento tal y como aparece en el original (por ejemplo, una cita de un autor en la lengua en que ha sido escrita o una referencia bibliográfica) podéis hacer *Edit -> Copy Source* y aparecerá el segmento original en la ventana de la traducción. De esta manera no es necesario que la escribáis a mano. Por otro lado, si hacéis *Edit -> Copy Source Tags*, no tendréis que escribir los códigos de formato del original, ya que los pone automáticamente el editor. Así tenéis la seguridad que no habrá incoherencias.

El resto de funcionalidades son las típicas de un editor: copiar, pegar, recortar, buscar, etc.

3.5.4. Ventana de coincidencias (Match Window)

En esta ventana se indican las coincidencias con un segmento de la *Sun Translation Database* o de la *mini-TM*.

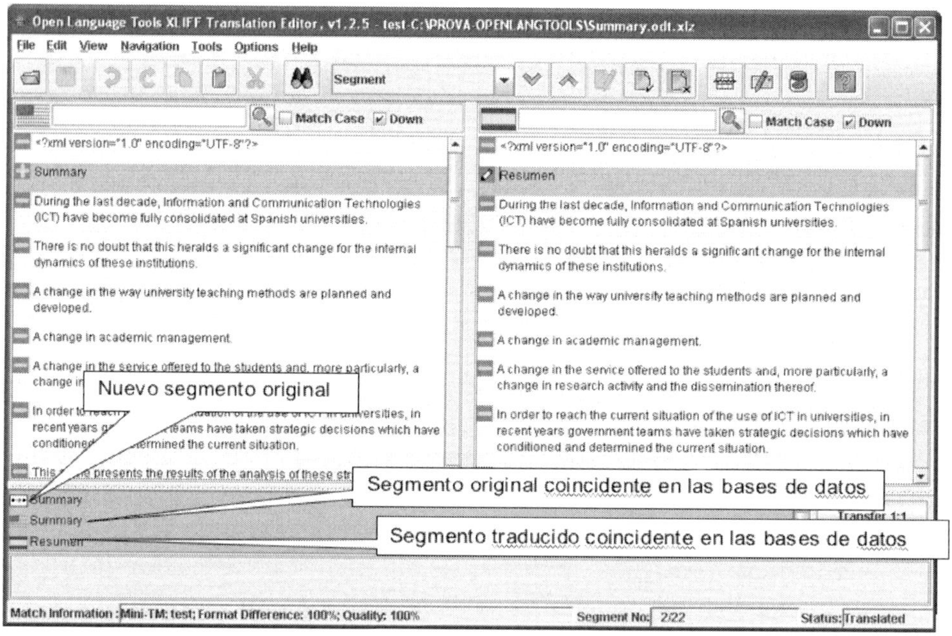

Las diferencias entre el nuevo segmento original y el segmento coincidente de la base de datos se marcan con colores. Hay colores que son informativos según la convención siguiente:

- Azul si en el nuevo segmento se ha insertado texto.
- Gris si en el nuevo segmento se ha eliminado texto.
- Blanco si un fragmento de texto se ha sustituido por otro.

Los iconos que aparecen también son informativos. Aparte de las banderas indicativas de las lenguas de partida y de llegada, tenemos iconos que indican que el segmento de partida coincidente tiene un único segmento de llegada (1:1) o bien que dos o más segmentos de partida ya se habían traducido utilizando uno (o más) segmentos en la lengua de llegada (M:N o many to many). Por ejemplo:

- Segmento origen nuevo 1: *Hoy es domingo.*
- Segmento original nuevo 2: *Llueve.*
- Segmento original antiguo: *Hoy es domingo. Llueve.*
- Segmento final antiguo: *Today is Sunday. It is raining.*

Os aconsejamos que consultéis esta cuestión en el manual de usuario que hay en la carpeta donde se encuentra el editor.

La información sobre si la coincidencia es 1:1 o M:N también aparece en el botón *Transfer*. Este botón sirve para transferir las traducciones que se presentan en la ventana de coincidencias a la ventana de segmentos traducidos. Si la coincidencia no es exacta, podéis modificar el segmento traspasado como consideréis conveniente. En el caso de que un segmento original tenga varias traducciones, haced clic en la que queráis transferir. Las traducciones múltiples aparecen ordenadas según el orden de similitud, de más a menos similitud. Si hay diversas coincidencias al 100%, la primera estará en la ventana de segmentos finales pero podréis navegar por la ventana de coincidencias y seleccionar la que creáis conveniente y la sobreescribirá.

Cuando se produce una coincidencia, el editor muestra la información siguiente:

- *DB:* nombre de la *Sun database* donde se ha encontrado la coincidencia.
- *Mini-TM-nombre del proyecto:* indica que la coincidencia se ha encontrado a la *mini-TM* del proyecto.
- *Format Difference:* porcentaje de diferencia con respecto al formato entre el nuevo segmento original y el segmento original encontrado en la base de datos. Si las etiquetas de formato son idénticas, la *Format Difference* es del 0%.
- *Calidad:* porcentaje de similitud entre el nuevo segmento original y el segmento original encontrado en la base de datos. Tiene en cuenta la similitud de formato y texto. La calidad va del 75% al 100%. Por debajo del 75% ya no aparece en la ventana de coincidencias.

3.6. Revisión y exportación de la traducción

Antes de exportar la traducción, conviene comprobar que no haya desaparecido ningún código de formato y así poder garantizar la coherencia de formato de la traducción con respecto al documento original. Como ya hemos dicho, por defecto todas las etiquetas de formato están protegidas. La verificación se lleva a cabo haciendo clic en el icono de verificación de marcas. La verificación consiste en comprobar, segmento por segmento, que los códigos de formato del segmento original estén en el segmento final y, por defecto, comprobar si aparecen en el mismo orden. Ahora bien, esta opción se puede desactivar en *Options->Ignore Tag Order.*

A pesar de que se asume que los códigos de formato del original son correctos, es posible que hayáis considerado necesario añadir o eliminar códigos de formato que estaban en el original. En este caso, aparece una ventana de diálogo informativa y el editor da la opción *Correct Manually* y posiciona el cursor en la parte del segmento donde las etiquetas no coinciden.

También conviene, antes de exportar la traducción, que el traductor verifique la ortografía del resultado. El editor contiene correctores ortográficos para las lenguas que se han seleccionado en el momento de la instalación (consultad el manual).

Pasamos ahora a realizar la exportación de la traducción. Es posible exportar un fichero .xlz o todos los ficheros .xlz de un directorio. En nuestro caso, queremos exportar un solo fichero. Id a *Tools->Convert to Original* y os aparecerá una ventana como ésta:

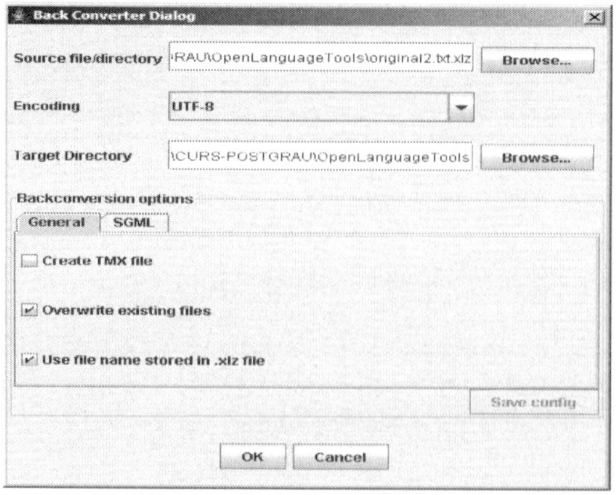

En *Source File/Dir* se nos muestra la ruta del fichero .xlz que está abierto en el editor. En *Encoding* seleccionad la codificación del fichero exportado. Por defecto, la opción es UTF-8. Haciendo clic en *Browse* seleccionad el directorio donde irá el fichero exportado. Si no especificáis ningún directorio, los ficheros exportados se colocarán en la carpeta que contiene los ficheros .xlz. La opción *Create TMX Files* permite crear, para cada fichero .xlz, un fichero en formato TMX que contiene los segmentos originales aparejados con sus correspondientes segmentos traducidos. Finalmente, si las opciones *Overwrite existing files* y *Use file name stored in .xlz file* están activadas, los últimos ficheros exportados tienen el mismo nombre que los ficheros originales, por lo que los ficheros con las traducciones sobrescribirán los originales.

Hay que tener en cuenta que si un segmento original no tiene traducción, en la exportación se inserta este segmento en el lugar que ocupa en el documento original. Por lo tanto, es muy importante comprobar antes de hacer la exportación que todos los segmentos tienen la marca de traducidos.

4. Otras cuestiones: organización de proyectos de traducción

Podéis consultar en el manual de este programa otros aspectos interesantes del XLIFF Translation Editor, como los relacionados con la organización de un proyecto de traducción (distribución del trabajo de un proyecto entre un equipo de traductores, mantenimiento de las bases de datos, gestión de las versiones de las traducciones, etc.).

Práctica 13c

Herramientas multiplataforma: Transolution

1. Descripción de la práctica

En esta práctica os familiarizaréis con el programa XLIFF Editor de Transolution. Transolution es una suite de herramientas de traducción asistida, de código abierto y de libre distribución que, al igual que la suite Open Language Tools, soporta el formato estándar XLIFF. Transolution ha desarrollado también unos filtros de conversión a XLIFF de diferentes formatos (XML, SGML, PO, RTF, OpenOffice). La particularidad de Transolution es que el editor y el programa de conversión a XLIFF están programados en Python. Python es un lenguaje de programación interpretado. Para poder ejecutar programas en Python es necesario tener instalado el intérprete. Los programas escritos en Python son multiplataforma y, por lo tanto, funcionan en Windows, Linux y Mac.

2. Objetivos

- Conocer las funcionalidades básicas del XLIFF Editor.
- Consolidar los conocimientos sobre el funcionamiento de las herramientas TAO que soporten el formato XLIFF.

3. Método operativo

3.1. Obtención del XLIFF Editor

Desgraciadamente, el proyecto Transolution ha finalizado, por lo que ya no se mantiene. La página web de descarga se ha cerrado. Podéis encontrar Transolution y la documentación relacionada con el programa en la página web de este manual. Si trabajáis con Windows, utilizad el fichero de instalación (extensión .exe). En cambio, si trabajáis con Unix, utilizad el fichero comprimido .zip.

Transolution está programado en Python. Como ya hemos comentado, para ejecutar un programa en Pitón es necesario tener instalado el intérprete, el cual se puede descargar de la página web http://python.org/.

3.2. Instalación

Si trabajáis en Windows haced doble clic sobre el fichero de instalación y seguid las instrucciones. Si trabajáis en Unix tenéis que descomprimir el fichero .zip. La instalación en Linux/Unix no es tan directa como en Windows. Por ejemplo, de un paquete denominado Pygtk, que podéis descargar de la página http://ftp.gnome.org/pub/GNOME/sources/pygtk/. Por lo tanto, os recomendamos que leáis los ficheros *Readme* tanto de Transolution como de Pygtk y sigáis sus indicaciones.

3.3. Traducir con Transolution XLIFF Editor

Transolution XLIFF Editor tiene el entorno siguiente:

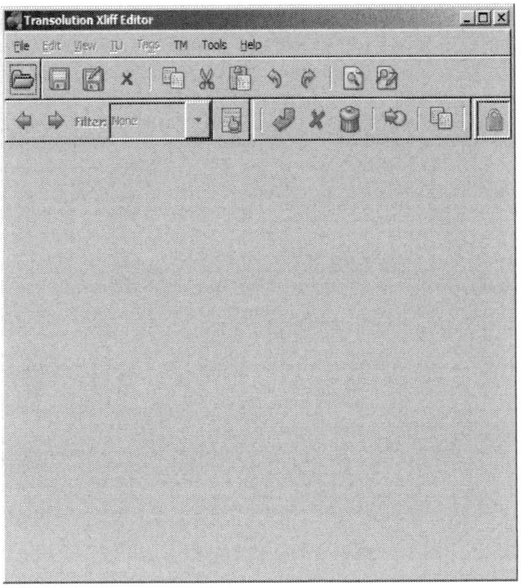

Para importar el documento que se tiene que traducir, hay que hacer *File / Open* y seleccionar el documento o documentos en el formato XLIFF (extensiones .xlf, .xlz, xliff). Abrid el fichero 3.13c.xlz.

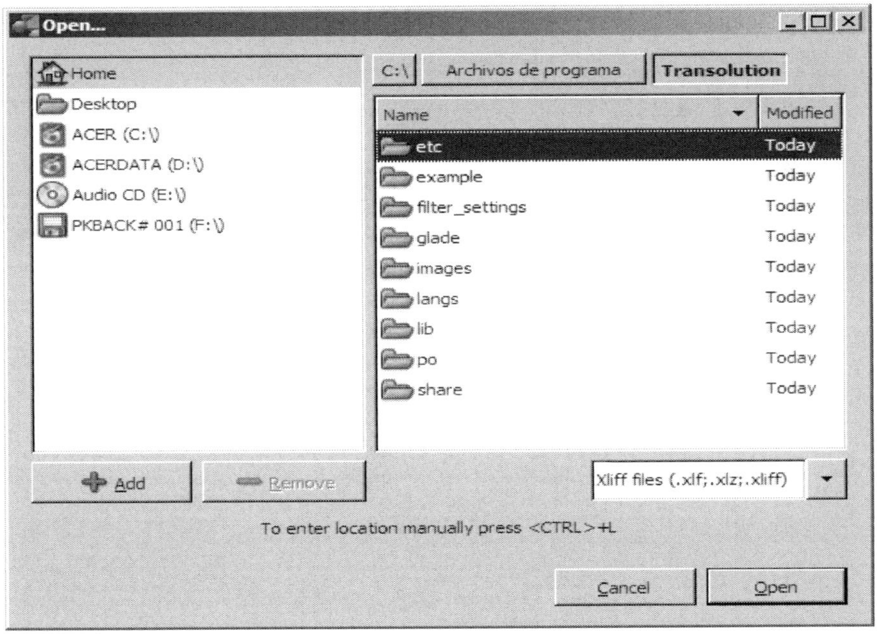

La importación de más ficheros XLIFF se lleva a cabo añadiéndolos con el botón *Add*. Para eliminar ficheros de la lista de importación, haced clic sobre el botón *Remove*.

Una vez hayáis hecho clic en el botón *Open*, si el fichero XLIFF no tiene especificada una lengua de destino aparece la siguiente ventana para establecerla.

A continuación aparece la ventana siguiente:

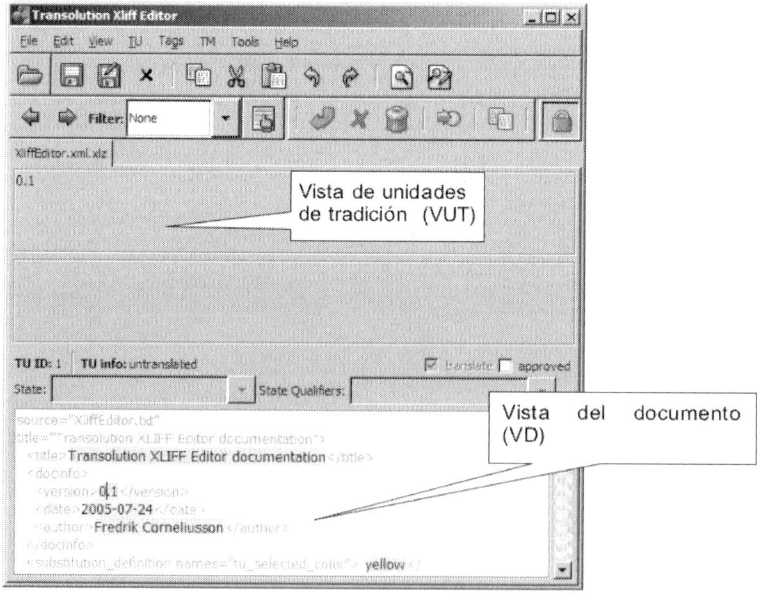

La ventana tiene dos partes: La *vista de unidades de traducción* (VUT), que sirve para editar las traducciones, y la *vista del documento* (VD), que permite navegar entre las unidades de traducción y ver también el contexto.

El editor tiene dos modos: El modo de navegación por el documento y el modo de edición. El modo de navegación es el modo por defecto y es el que está en funcionamiento cuando no se ha abierto ninguna unidad de traducción. En el momento de abrir una unidad de traducción para ser traducida se pone en modo de edición. En este modo se bloquea la VD y la navegación. Cuando se cierra la unidad de traducción porque ya está traducida, se vuelve al modo de navegación.

Como se puede ver, en la VD aparecen las marcas XLIFF del documento. Las unidades de traducción se marcan en color rosa. Con los botones ⇦ y ⇨ podéis navegar por las diferentes unidades de traducción.

Finalmente, podéis ver también el estado de la unidad de traducción, si está traducida o no (*TU info*), y otros tipos de información, como si hay coincidencia, la calidad de la coincidencia, etc.

3.3.1. Editar el texto traducible de una unidad de traducción

Para editar una unidad de traducción tan sólo hay que hacer doble clic sobre ella en la VD y aparecerá en la primera ventana de edición de la VUT. En la VD aparece esta unidad en amarillo para indicar que es la unidad seleccionada. Después es necesario hacer clic sobre el botón *Open Translation Unit or Subtag*.

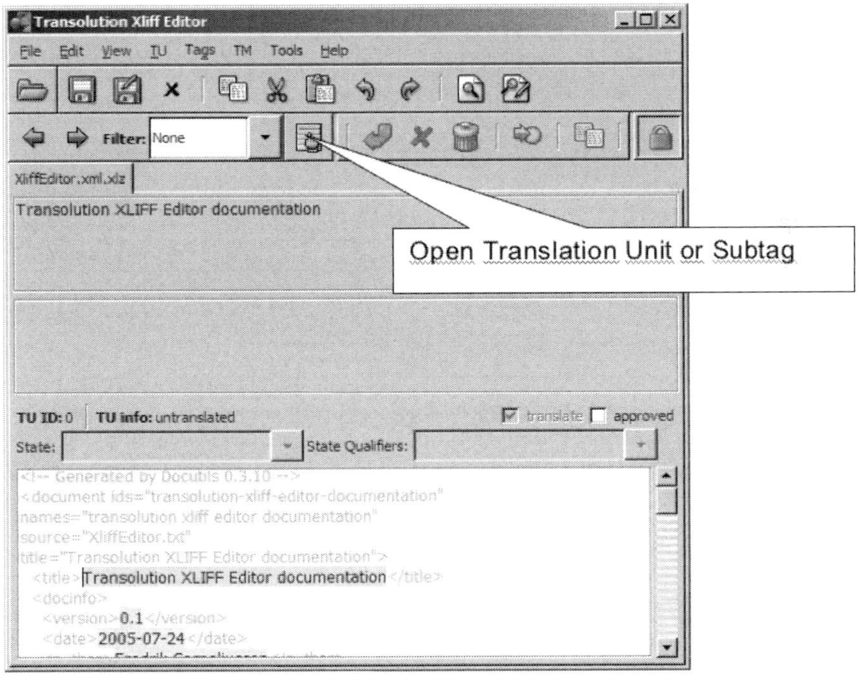

Ahora se puede editar la traducción en la segunda ventana de edición. El segmento abierto se marca en la VD de color magenta.

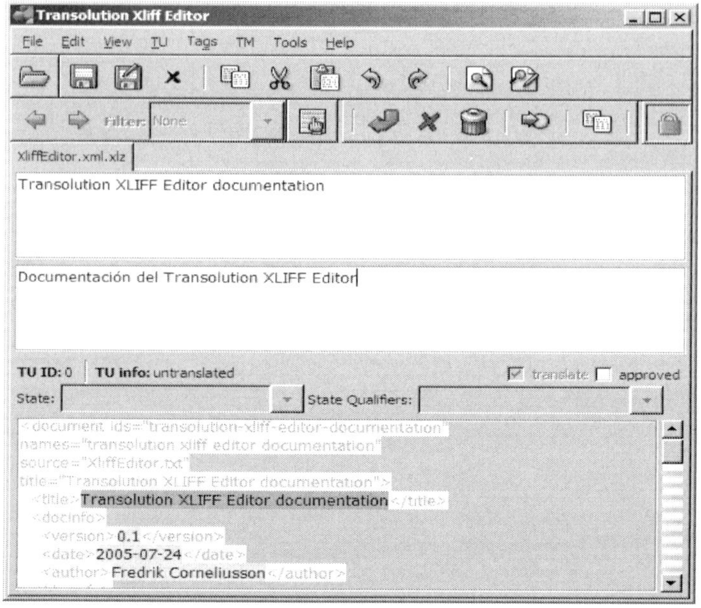

Para editar la traducción de los segmentos traducibles podéis realizar las operaciones de cortar, copiar, pegar, deshacer, etc., típicas de cualquier editor. Además, podéis hacer las siguientes operaciones especiales a las que se accede por el menú *TU* de la barra de herramientas:

- *Copy Source* (Alt+Insert): copia el contenido del original en la ventana de la traducción (recomendable cuando hay que realizar pocos cambios). También se puede ejecutar haciendo clic en  .
- *Copy from TM* (Ctrl+Alt+Insert): si la búsqueda en una memoria de traducción está activa y existen coincidencias entre el segmento original y uno o más segmentos de la memoria, se coloca automáticamente la traducción del segmento que tenga una coincidencia mayor.

3.3.2. Editar las marcas de formato en la traducción

Es conveniente mantener las mismas marcas de formato del segmento original. Para copiar todas las etiquetas del original (la opción recomendada) tenéis que ir al menú *Tags -> Insert all tags*. Por otra parte, las etiquetas están protegidas. Ahora bien, si queréis eliminar alguna, debéis desactivar dicha protección en *Tags -> Tag Protection*. A continuación seleccionad toda la extensión de la marca y eliminad las etiquetas.

En el caso de que queráis modificar los contenidos marcados, hay que colocar el cursor al principio de la etiqueta y hacer *Open TU or tag*. De esta manera se abrirá una etiqueta para ser editada.

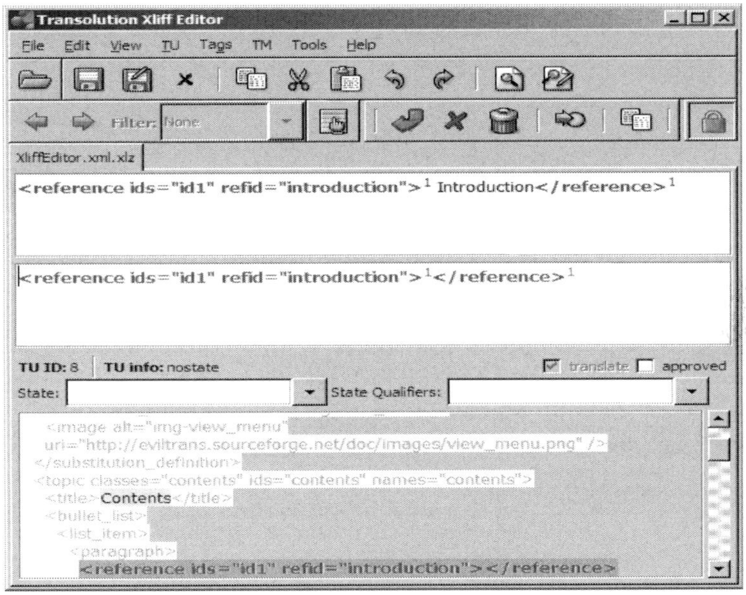

Cuando hacemos *TU-> Commit and Close* (Alt+End) se vuelve al segmento original.

3.3.3. Cerrar la unidad de traducción

Una vez hayáis traducido y finalizado las operaciones de edición, cerrad la unidad de traducción. Las opciones son las siguientes:

- *TU->Commit & Close:* acepta los cambios realizados en la unidad de traducción. Si hay una memoria de traducción los añadirá.
- *TU->Cancel & Close:* no se guarda ningún cambio realizado en la unidad de traducción.
- *TU->Remove target and close:* saca la traducción de la unidad de traducción y la deja para traducir.

- *TU->Commit and open next:* hace un *Commit & Close* y abre la unidad de traducción siguiente para traducir. También se puede hacer pulsando el botón .

4. Otras cuestiones: memoria de traducción y exportación de la traducción

Uno de los rasgos característicos de Transolution es que la recuperación de las traducciones mediante una memoria de traducción se realiza de manera remota. Por este motivo, primero se tiene que indicar la dirección del servidor en donde se encuentra la memoria de traducción (*TM->Setup*). En el momento de redactar este capítulo, si queréis activar el servidor en vuestra propia máquina, la dirección es http://localhost:6315, que es la opción por defecto. Tenéis que hacer *TM -> Active* y aparecerá una ventana de diálogo indicando que el *Transolution TM server* está conectado. Si queréis, podéis realizar pruebas ayudándoos del manual que podéis descargar de la página web de este manual.

Si tenéis ciertos conocimientos de Python también podéis exportar el documento traducido en formato XLIFF al formato HTML, utilizando la herramienta XLIFF Filters de Transolution. Os podéis guiar también con el manual.

Práctica 14

Tratamiento de formatos con ForeignDesk

1. Descripción de la práctica

En las diversas prácticas que hemos llevado a cabo con ForeignDesk, todos los archivos para traducir estaban en formato HTML. Pero ForeignDesk puede tratar otros formatos. Para ver una lista detallada de los formatos que puede tratar, consultad la página 1 del manual de usuario (que podéis encontrar en la subcarpeta *docs* que cuelga del directorio donde habéis hecho la instalación, normalmente *C:/Archivos de programa/ForeignDesk*). Cómo veréis, muchos de estos formatos están relacionados con la localización de software.

ForeignDesk puede traducir también el formato RTF (Rich Text Format), pero utilizando el "Trados Process". Para utilizar esta opción es necesario tener la herramienta de traducción asistida Trados. Existe la posibilidad de descargar una versión de demostración de Trados e instalarla, con lo que la opción "Trados Process" de ForeignDesk estará operativa. Es muy posible que algunos usuarios potenciales de ForeignDesk se sientan decepcionados por no poder traducir más formatos relacionados con la documentación. Potencialmente ForeignDesk puede traducir un número prácticamente ilimitado de formatos, ya que incluye un lenguaje de programación y una herramienta para crear filtros específicos. Esta herramienta es DDL Workshop, del cual podéis encontrar también un manual bastante detallado en el directorio *docs*.

La explicación exhaustiva del funcionamiento de esta herramienta requeriría un manual entero y, por este motivo, en esta práctica nos limitaremos a crear filtros para dos formatos específicos. Quien lo desee podrá profundizar en el tema leyendo el manual.

2. Objetivos

- Entender la filosofía general del tratamiento de formatos con ForeignDesk.
- Aprender el funcionamiento básico de la herramienta DDL Workshop.

3. Método operativo

3.1. Traducción de un formato nuevo

De la página web de este manual podéis descargar el archivo *P14.zip*. Si descomprimís dicho archivo encontraréis una subcarpeta llamada *P14a*, en la que se encuentra un documento para traducir en un formato especial, y una carpeta DDL, que contiene el fichero DDL a partir del cual se creará el filtro. El formato con que proponemos trabajar está formado por líneas que empiezan por *Src:*, que contienen el texto original, y líneas que empiezan para *Tgt:*, que tienen que contener, una vez traducido el documento, las traducciones correspondientes. Las extensiones posibles de este fichero serán *.cat, .spa .cat, .spa* y *.eng.*[1] Fijaos que hasta ahora hemos traducido unos ficheros que contenían texto y que el resultado tenía que ser un fichero con el texto traducido. En el formato que os proponemos, el resultado de la traducción es un fichero que contiene tanto el texto original como el texto traducido.

Para poder traducir el fichero, primero deberemos que transformar el archivo *exemple.ddl* en un archivo ODL. Para hacerlo, simplemente es necesario ejecutar el programa DDL Workshop y abrir el fichero *exemple.ddl*. A partir de este momento ya disponemos de un fichero ODL que nos servirá para crear el proyecto.

Para crear el proyecto seguid los pasos habituales con el FDPA.

1. Es un formato prácticamente idéntico al presentado en el segundo ejemplo del manual de DDL Workshop.

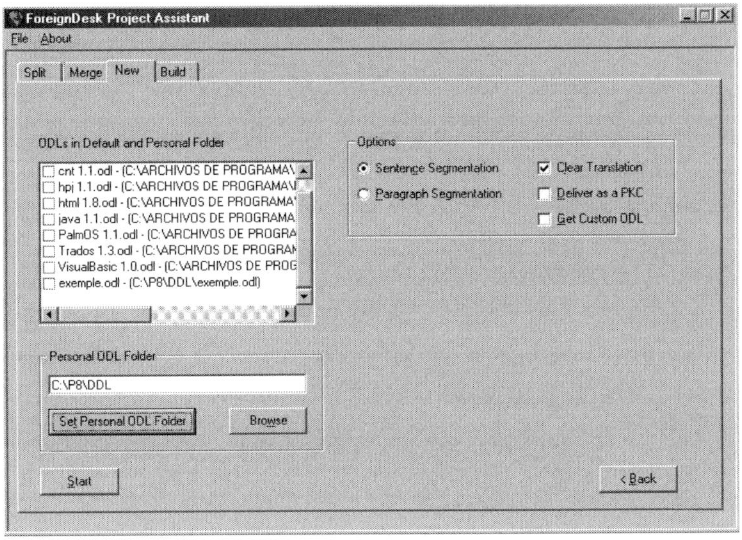

Cuándo lleguéis a la última pantalla, tendréis que establecer una carpeta personal de ficheros ODL utilizando el botón *Browse* para seleccionar la carpeta y el botón *Set Personal ODL Folder* para establecerla. Seleccionad la carpeta donde hayáis creado el archivo *exemple.odl* y establecedla como carpeta personal. En este momento, el archivo *exemple.odl* aparecerá en la lista de archivos ODL disponibles. Seleccionadlo y haced clic en el botón *Start.*

Traducid el documento y exportadlo. Verificad si se han obtenido los resultados deseados.

Si queréis crear vuestros filtros, sólo es necesario crear los archivos DDL con cualquier editor de textos y compilarlos (es decir, crear los archivos ODL) con DDL Workshop.

3.2. Traducción de un fichero XML

El DDL Workshop también permite crear filtros para importar ficheros XML. Traduciremos el fichero *bdrecords.xml,* que podéis obtener descargando el archivo *P14-b.zip* de la página web de este manual.

El fichero *bdrecords.xml* contiene tres reseñas discográficas en inglés. Por cada reseña existen los siguientes campos (entre paréntesis indicamos si hay que traducirlo o no y, por lo tanto, si será necesario importarlo o no):

- *composer* (no traducir)
- *title* (traducir)
- *player* (no traducir)
- *company* (no traducir)
- *collection* (no traducir)
- *number* (no traducir)
- *recording date* (no traducir)
- *composer_biography* (traducir)
- *review* (traducir)

Crearemos el filtro siguiendo los pasos siguientes:

- Abrir el programa DDL Workshop.
- Hacer *File > New > XML DDL.*
- Aparecerá la pantalla *XML Assistant.* Como creamos el filtro a partir de un archivo XML, habrá que seleccionar XML en la casilla de selección bajo Specification e indicar la ubicación del archivo *bdrecords.xml* haciendo clic en *Browse.* Una vez seleccionada la carpeta donde se encuentra el archivo *bdllibres.xml,* hay que hacer clic en el botón *Analyse.*
- Entonces aparecerá la estructura y ejemplos del contenido del archivo.

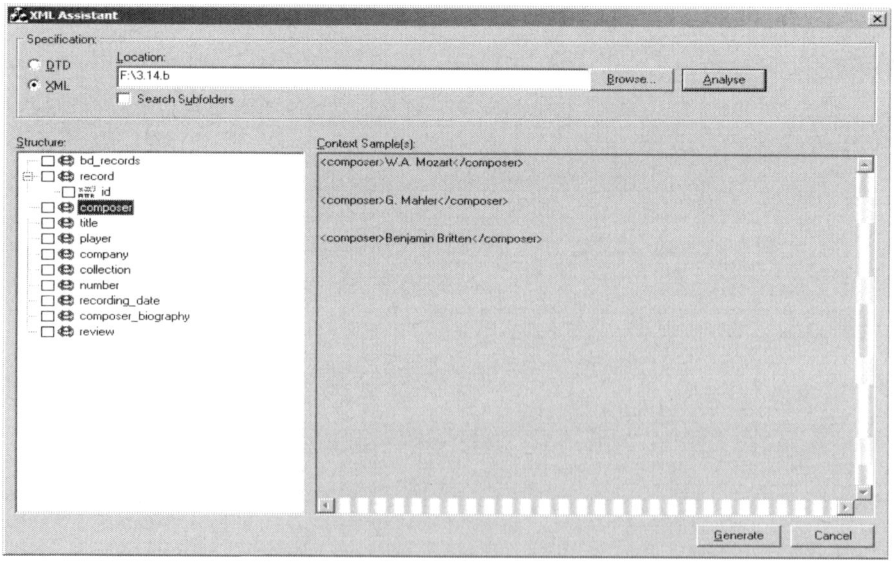

- En esta pantalla hay que ir indicando qué etiquetas marcan campos traducibles y cuáles no. Seleccionad las etiquetas: *title, composer_biography* y *review*.
- Haced clic en el botón *Generate*. Os pedirá que indiquéis el nombre y la ubicación del archivo DDL que se creará. Indicad la carpeta *P14b* y como nombre, *filtro-bdrecords*.
- Una vez hecho esto es necesario "compilar" el archivo DDL para generar un archivo ODL que servirá para importar el archivo a traducir a ForeignDesk. Para hacerlo, simplemente hay que hacer *File* > *Open* e indicar el archivo *filtre-bdrecords.ddl*. Enseguida os pedirá el nombre del archivo ODL que se creará. Podéis dejar el mismo nombre.

Con todos estos pasos ya tenéis creado el filtro necesario para importar el archivo *bdrecords.xml* en ForeignDesk y traducirlo.

4. Otras cuestiones: ForeignDesk y documentos XLIFF y otros XML

Hemos comentado antes la frustración que algunos usuarios potenciales de ForeignDesk pueden sentir por no poder traducir alguno de los formatos más relacionados con la documentación. Uno de los formatos más extendidos que ForeignDesk no puede importar directamente son los correspondientes al MS Office (Word, Power Point) ni tampoco los correspondientes de Open Office.

En esta práctica hemos aprendido a hacer filtros para archivos XML. Muchos de los formatos que acabamos de comentar son XML, o bien se pueden convertir a XLIFF (cómo veremos en la práctica siguiente).

- Documentos de Word: a partir de la versión 2003 de Word se pueden guardar en un formato XML.
- Todos los formatos relacionados con OpenOffice son formatos XML. Por ejemplo, un archivo de Open Office Writer (ODT) es en realidad un archivo comprimido *zip* que contiene una serie de archivos XML, uno de los cuales se corresponde al contenido del archivo.

En la próxima práctica veremos cómo podemos transformar algunos de estos formatos en archivos XLIFF que son, de hecho, archivos XML.

Intentad crear un filtro para alguno de éstos formatos para traducirlo con ForeignDesk. Veréis que no es una tarea sencilla, pero que es abordable.

Práctica 15

Tratamiento de formatos estándar con Open Language Tools

1. Descripción de la práctica

Una herramienta TAO es útil para un traductor si gracias a ella puede traducir documentos en los formatos con los que está más habituado a trabajar. Si bien los programas TAO propietarios (Déja Vu, SDL Trados) son capaces de importar documentos en una gran variedad de formatos, en el entorno de los programas de código abierto y de libre distribución ésta ha sido, hasta hace poco, una asignatura pendiente, sobre todo por el hecho de que los formatos más habituales para el traductor son programas de propiedad, como el formato de Word.

Recientemente se ha estado trabajando en la confección de un formato estándar de intercambio de archivos de localización basado en XML. Este formato se conoce como XLIFF (XML Localisation Interchange File Format) y no se usa solamente en la localización de software sino también en la traducción de cualquier documento. El formato XLIFF representa información relevante sobre el contenido, la estructura y los formatos incluídos en las líneas de texto (negritas, cursivas, etc.) del archivo original, y también representa la información necesaria para exportar la traducción a un fichero que conserve la estructura y los formatos de texto del original. La gran ventaja es que un fichero XLIFF puede ser tratado por cualquier herramienta TAO capaz de interpretarlo. Esto es lo que hemos visto en la explicación de XLIFF Translation Editor (P13b) y de XLIFF Editor de Transolution.

Es esta práctica veremos una aplicación del paquete Open Language Tools, Open Language Tools XLIFF Filtres, que transforma documentos originales que están en diferentes formatos al formato XLIFF. De momento, los formatos de entrada son formatos estándar (HTML, txt) y del entorno del código libre (ficheros del paquete OpenOffice.org, Java).

2. Objetivos

- Conocer de manera general el formato XLIFF.
- Conocer el funcionamiento de Open Language Tools XLIFF Filters.

3. Método operativo

3.1. Descripción del formato XLIFF

XLIFF es un formato creado en colaboración por diferentes compañías (incluida Sun Microsystems) y actualmente está gestionado por el consorcio OASIS[1] (Organization for the Advancement of Structured Information Standards). El objetivo principal de este formato es permitir que el traductor se concentre exclusivamente en el texto que tiene que traducir y que, por lo tanto, no se tenga que preocupar por el hecho de que el fichero traducido tenga las mismas especificaciones estructurales del documento original. Además, XLIFF puede ser tratado con diversas herramientas y es capaz de contener información que puede ser útil para el trabajo del traductor (contexto de aparición de un segmento, etc.).

A continuación presentamos un ejemplo de la información contenida en un fichero XLIFF sobre un documento en formato HTML que tiene una sola unidad de traducción ("It is raining"):

```
<?xml version="1.0"?>
<!DOCTYPE xliff PUBLIC "-//XLIFF//DTD XLIFF//EN"
"http://www.oasis-open.org/committees/xliff/documents/xliff.dtd" >
<xliff version="1.0">
<file source-language="en-US" datatype="HTML" original="E:\CURS-
POSTGRAU\OpenLanguageTools\original3.html">
```

1. http://www.oasis-open.org/home/index.php

```
  <header><skl>
<external-file href="skeleton.skl" /></skl></header>
  <body>
<trans-unit id="a1">
       <source> It is raining.</source>
       <count-group name="word count">
          <count count-type="word count" unit="word">3</count>
       </count-group>
</trans-unit>
</body>
</file>
</xliff>
```

Ahora presentamos la información del segmento original y también de su traducción al castellano:

```
<?xml version="1.0"?>
<!DOCTYPE xliff PUBLIC "-//XLIFF//DTD XLIFF//EN"
"http://www.oasis-open.org/committees/xliff/documents/xliff.dtd">
<xliff version="1.0">
<file source-language="en-US" datatype="HTML" original="E:\CURS-
POSTGRAU\OpenLanguageTools\original3.html" xml:space="default" tar-
get-language="es-ES">
<header><skl>
<external-file href="skeleton.skl"></external-file></skl></header>
  <body>
<trans-unit id="a1" translate="yes" reformat="yes"
xml:space="default">
       <source>It is raining.</source>
     <target xml:lang="es-ES" state="user:translated">Llueve.</tar-
get><count-group name="word count">
          <count count-type="word count" unit="word">3</count>
       </count-group>
</trans-unit>
</body>
</file>
</xliff>
```

Podemos ver declarada la lengua de llegada, el número de palabras y el estado de la traducción. En este caso la traducción la ha realizado manualmente el traductor, pero si se hubiera traducido con una coincidencia exacta o *fuzzy*, también este hecho saldría declarado, con información sobre el porcentaje de coincidencia.

3.2. Conversión de los documentos originales al formato XLIFF

La conversión a XLIFF de un documento en txt, OpenOffice u otro formato consiste en separar el texto traducible de la información sobre el formato de estructura del documento. El objetivo es que esta información no la vea el traductor porque es molesta. La información estructural se guarda en un fichero llamado *skeleton*, en el que se indica dónde se debe colocar cada unidad de traducción (<trans-unit>) en el documento traducido. En principio, la conversión se puede realizar para cualquier formato, siempre que la información traducible y la información de estructura sean fácilmente identificables. Por esta razón, cualquier formato basado en XML o fácilmente trasladable a XML tiene más posibilidades de ser convertido a XLIFF.

Si bien el traductor no ve la información sobre la estructura, la información sobre los formatos de línea (negritas, cursivas, etc.) no puede ocultarse completamente. La razón es que, para garantizar la coherencia de los formatos de línea entre el fichero original y el de la traducción, los traductores tienen que saber dónde aparecen las marcas de formato en el documento original porque tienen que insertar marcas equivalentes en sus traducciones. Lo que hace el conversor es extraer la información de los formatos de línea del documento original y guardarla en el *skeleton*. Asimismo, pone unas etiquetas mínimas en los lugares en qué aparece el formato en el texto original y también en los lugares donde éste tendría que aparecer en el texto traducido. De esta manera, la visualización de la información sobre formatos no es tan molesta para el traductor y se garantiza la coherencia tipográfica, de estilos, etc. respecto al original.

3.3. Obtención del programa Open Language Tools XLIFF Filters

En la página dedicada a Open Language Tools (https://open-language-tools.dev.java.net/) podéis descargar Open Language Tools XLIFF Filters. Si trabajáis con Windows, descargad el fichero .zip. En cambio, si trabajáis con Unix, el fichero comprimido es .tar.gz.

3.4. Instalación

Si trabajáis con Windows descomprimid el fichero .zip en una carpeta. Una vez descomprimido, haced doble clic en el fichero de instalación *install.bat* y seguid las instrucciones de instalación. La instalación en Unix se diferencia de la instalación en Windows en el hecho que se tiene que descomprimir el fichero .tar.gz con las funciones *gunzip* y *tar -xvf*. A continuación ejecutad el fichero *install.sh* desde la consola. La ruta por defecto de ejecución del programa es $HOME/Open_Language_Tools/XLIFF_Filters_ <versión>.

Este programa funciona en el entorno Java. Por lo tanto es necesario haber instalado previamente Java Runtime Environment (JRE). En el caso que la instalación falle, siempre se puede ejecutar el programa desde Java. Únicamente se tiene que escribir lo siguiente:

```
java  -jar transeditor_<versió>.jar
```

3.5. Conversión

Si trabajáis en Windows, ejecutad el programa haciendo doble clic en el fichero *filters* en la carpeta donde habéis descomprimido el fichero .zip. Si trabajáis en Unix, ejecutad *filters.sh* en el directorio donde se ha instalado el programa. Aparecerá la siguiente pantalla:

Descargad y descomprimid el archivo P15.zip de la página web de este manual. Una vez hecho esto, seleccionad con el explorador el fichero y arrastradlo a la zona de la pantalla donde pone *Drop Files Here*. El programa hará la conversión y dejará un fichero con la extensión .xlz. Lo dejará en la misma carpeta donde se encuentran los originales. Los ficheros .xlz son ficheros comprimidos que contienen tanto el fichero XLIFF como su *skeleton* asociado.

4. Otras cuestiones: documentación sobre XLIFF y otras herramientas basadas en filtros XLIFF

En la página web www.opentag.com/xliff.htm podéis encontrar enlaces interesantes sobre XLIFF. Como actividad interesante también os recomendamos que os descarguéis e instaléis las RWS Localization Tools, unas herramientas gratuitas que nos permitirán crear proyectos XLIFF a partir de diversos formatos. Podéis encontrar estas herramientas en la página web http://www.opentag.com/downloads.htm.

Práctica 16

Localización de software con ForeignDesk

1. Descripción de la práctica

ForeigDesk permite localizar aplicaciones sencillas de Windows a partir del ejecutable de la aplicación que queremos localizar. Esta posibilidad funciona para versiones del sistema operativo Windows 2000 o superiores. Evidentemente, permite localizar aplicaciones a partir de otros tipos de fichero (código, ficheros de recursos, ficheros preparados especialmente, etc.). En esta práctica proponemos localizar una aplicación sencilla a partir del ejecutable.

2. Objetivos

- Aprender a localizar una aplicación sencilla con ForeignDesk a partir del fichero ejecutable.
- Ver la utilidad de la función de pseudotraducción en proyectos de localización de software.
- Valorar la posibilidad de visualizar el contexto en proyectos de localización de software.
- Conocer la opción de colaboración en línea entre diversos traductores que ofrece ForeignDesk.

3. Método operativo

3.1. Material necesario

Necesitamos disponer de un programa para localizar. En esta práctica proponemos localizar el editor de textos Scintilla que podéis descargar de la página http://scintilla.sourceforge.net/SciTEDownload.html

3.2. Creación de los proyectos de traducción

Lo primero que tendremos que hacer será crear el proyecto de traducción. Como fichero para traducir tenemos que seleccionar el fichero ejecutable y no hay que seleccionar ningún filtro. Si no seleccionamos ningún filtro, ForeignDesk extraerá el texto del ejecutable del programa que queremos localizar. En este momento ya podemos empezar a traducir, pero antes explicaremos algunas funciones que pueden ser de mucha utilidad.

3.3. Pseudotraducción de un proyecto

Antes de empezar a traducir un proyecto, y muy especialmente en los casos de localización de software, hay que asegurarse de que en el proceso de importación del proyecto todo ha funcionado correctamente. De esta manera nos aseguraremos que una vez finalizada la traducción todo lo que se tenía que traducir quede realmente traducido.

Para esta finalidad haremos uso de la función de pseudotraducción de un proyecto. La pseudotraducción consiste en simular la traducción de un proyecto mediante una cadena de caracteres generada automáticamente.

En ForeignDesk ITE haced *Project > Pseudoize*. Veréis que todos los campos de la traducción se han substituido por cadenas que contienen XXX y xxx.

Ahora lo que haremos será finalizar la traducción y generar el ejecutable traducido (bien, no traducido, sino pseudotraducido). Haced *Project > Build*.

Si vais a la carpeta *New_Loc* del proyecto, encontraréis un fichero *SciTE.exe*. Cambiad el nombre de este fichero por *SciTE-es.exe* y copiadlo a la carpeta del programa *SciTE* (este paso es necesario porque para ejecutar el programa son necesarias ciertas DLL que se encuentran en aquella carpeta). Si ahora ejecutáis el programa, haciendo doble clic sobre el archivo SciTE-es.exe, veréis algo parecido a lo que os mostramos a continuación.

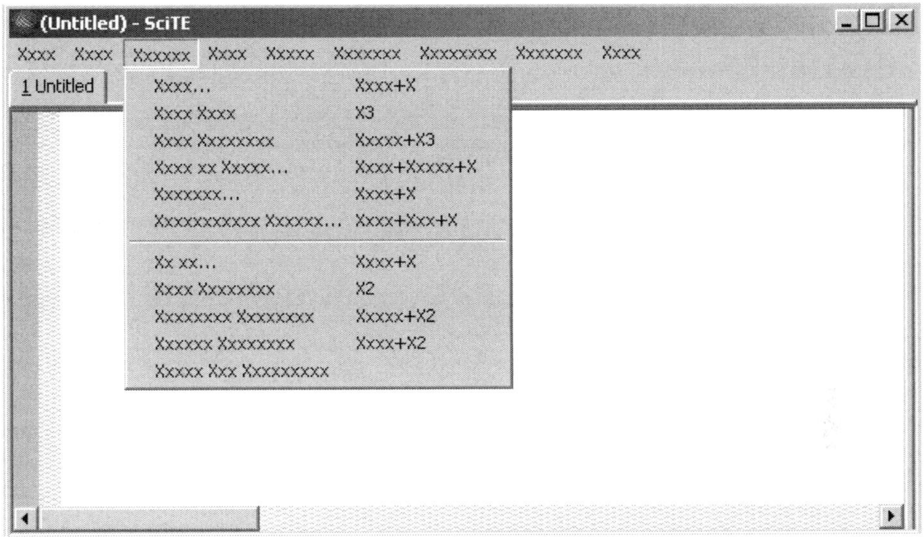

Si os movéis por los menús y observáis que todos los campos traducibles han sido substituidos por XXXxxx, quiere decir que el proceso de importación y exportación funciona correctamente y que podemos empezar a traducir el proyecto. Antes de traducirlo, sin embargo, habrá que borrar todas las traducciones. Haced *Project > Clear translations.*

3.4. Visualización del contexto y nombres de las opciones y accesos directos

Cuando localizamos un programa es muy importante ver el contexto, es decir, ver la pantalla o menú que estamos traduciendo. Esto nos ayudará mucho a escoger las traducciones correctas y, además, a seleccionar el carácter adecuado para actuar como acceso directo.

Veréis que algunos segmentos a traducir incluyen el carácter &. Por ejemplo, *Fi&nd what*. Esto indica que la *n* de *Find* se visualizará subrayada y que se podrá acceder directamente a aquella función pulsando *Alt+n*. Por este motivo es muy importante seleccionar adecuadamente dónde situar el carácter & en la traducción, ya que sólo puede haber un mismo carácter marcado de esta manera dentro de una misma pantalla, menú o cuadro de diálogo. Esta selección no es posible si no podemos ver el contexto.

Para visualizar los contextos, activad el icono . Aparecerá algo parecido a lo que os mostramos a continuación:

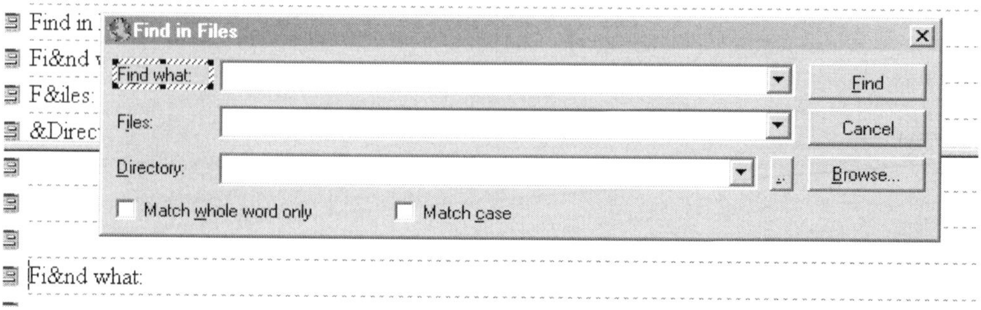

Si traducimos el segmento, nos aparecerá el contexto traducido. Esto es muy interesante porque podremos comprobar, por ejemplo, si el texto de la traducción queda bien dentro de la pantalla (o es demasiado largo, o demasiado corto).

3.5. Trabajar en colaboración

ForeignDesk tiene una opción muy interesante para trabajar en colaboración. Esta opción permite tener como memoria de traducción un proyecto de traducción (finalizado o en curso) abierto en un ordenador remoto.

Para conectarse a un ordenador remoto es necesario conocer la IP del ordenador y hacer *Project > Connect*. En la casilla Server Address se tiene que poner la IP. Entonces, si hay algún proyecto de ForeignDesk en aquél ordenador, podremos conectarnos con el botón *Connect*. A partir de este momento, el proyecto remoto pasará a ser una memoria de traducción para nuestro proyecto. Es posible conectarse a más de un ordenador remoto.

En Windows, para saber la IP hay que ejecutar la instrucción *ipconfig* en una ventana de MS-DOS. Para acceder a la ventana de MS-DOS haced *Inicio > Programas > Accesorios > Símbolo del sistema*.

4. Otras cuestiones: ¿cómo obtener más información sobre la localización?

Podéis obtener mucha información sobre la localización en la página web de la LISA (The Localization Industry Standards Association): www.lisa.org.

Printed in Dunstable, United Kingdom

91218897R00181